# АНГЛО-РУССКИЙ И РУССКО-АНГЛИЙСКИЙ СЛОВАРЬ ПО СОЛНЕЧНОЙ ЭНЕРГЕТИКЕ

# ENGLISH-RUSSIAN AND RUSSIAN-ENGLISH SOLAR ENERGY DICTIONARY

D. S. STREBKOV

# ENGLISH-RUSSIAN AND RUSSIAN-ENGLISH SOLAR ENERGY DICTIONARY

About 12 000 terms

«RUSSO»
MOSCOW
1995

Д. С. СТРЕБКОВ

# АНГЛО-РУССКИЙ И РУССКО-АНГЛИЙСКИЙ СЛОВАРЬ ПО СОЛНЕЧНОЙ ЭНЕРГЕТИКЕ

Около 12 000 терминов

«РУССО»
МОСКВА
1995

ББК 31.6
С 84

**Стребков Д. С.**

С 84 Англо-русский и русско-английский словарь по солнечной энергетике. Ок. 12 000 терминов. – М: РУССО, 1995. – 304 с.

ISBN 5-88721-016-8

Словарь содержит около 6300 терминов по солнечной энергетике и смежным областям в англо-русской части и 5600 терминов в русско-английской части.

Словарь предназначен для преподавателей вузов, студентов и аспирантов, переводчиков научно-технической литературы, а также для инженеров и научно-технических работников, специализирующихся в области солнечной энергетики.

С $\frac{4602030000-020}{15И(03)-95}$ **без объявл.** ББК 31.6 + 81.2 Англ.-4

СПРАВОЧНОЕ ИЗДАНИЕ

**СТРЕБКОВ**
**Дмитрий Семёнович**

**АНГЛО-РУССКИЙ И РУССКО-АНГЛИЙСКИЙ СЛОВАРЬ ПО СОЛНЕЧНОЙ ЭНЕРГЕТИКЕ**

Ведущий редактор
МОКИНА Н. Р.

Редакторы:
НЕЧИПОРЕНКО К. А.
МИТРОВИЧ В. Л.

Лицензия ЛР № 090103
от 28. 10. 1994 г.

Подписано в печать 25.10.95. Формат 84x108/32. Бумага офсетная № 1. Гарнитура таймс. Печать офсетная. Печ. л. 9,5 Уч.-изд. л. 13,8. Тираж 2 060 экз. С 020.

«РУССО», 117071, Москва, Ленинский пр-т, д. 15, к. 325.
Тел./факс 237 2502

Отпечатано с готовых диапозитивов в Московской типографии № 6 Комитета по печати Российской Федерации. 109088, Москва, Южнопортовая, 24. Заказ № 1098.

ISBN 5-88721-016-8

## Д. С. СТРЕБКОВ

*СПРАВКА ОБ АВТОРЕ*

Стребков Дмитрий Семёнович (г.р. 1937) — доктор технических наук. Окончил Московский государственный университет имени М. В. Ломоносова и Московский институт механизации и электрификации сельского хозяйства. Имеет дипломы математика и инженера-электрика. С 1960 г. работает в области фотоэлектрического преобразования солнечной энергии.

Является профессором кафедры радиотехники и телевидения Московского политехнического института. В 1981-82 гг. работал в Монголии в качестве консультанта ООН по проекту «Демонстрация новых источников энергии для развития сельскохозяйственных районов».

С 1987 г. является директором Всероссийского научно-исследовательского института электрификации сельского хозяйства Российской академии сельскохозяйственных наук.

Возглавляет исследования в области фотоэлектричества и использования возобновляемых источников энергии в сельском хозяйстве.

Автор более 330 научных трудов и изобретений, в том числе 25 патентов на изобретения, зарегистрированных в США, Великобритании, Франции, Германии, Японии и других странах.

Является одним из авторов Большого англо-русского политехнического словаря (около 200.000 терминов) по разделу «Солнечная энергетика».

С 1992 г. Д. С. Стребков является членом-корреспондентом Российской академии сельскохозяйственных наук и председателем Российской секции Международного общества солнечной энергии.

С 1994 г. вице-президент Центра солнечной энергии («Intersolarcenter»).

# DMITRI S. STREBKOV

*BIOGRAPHICAL STATEMENT*

Dmitri S. Strebkov (b. 1937), Doctor of Sciences (Engineering). Graduated from the Moscow State University and also from the Institute for Mechanization and Electrification of Agriculture. Holds Diplomas in mathematics and electrical engineering. Since 1960 was involved in Solar photovoltaic program in Russia.

Professor of the Chair of radio engineering and television at the Polytechnical Institute.

In 1981 - 1982 worked in Mongolia as UN consultant (UNDP project Mon-75/006) «Demonstration of New Power Sources for the Development of Rural Areas».

Since 1987, the Director of the All-Russian Research Institute of Electrification of Agriculture (Moscow).

Heads research on photovoltaics and on the utilization of renewable energy sources in agriculture.

The author of over 330 scientific publications and inventions, including 25 patents in USA, Great Britain, France, Germany, Japan, other countries and one of the authors of the Comprehensive English-Russian Scientific and Technical Dictionary (200 000 entries).

Since 1992, the corresponding member of Russian Academy of Agricultural Sciences, the Chairman of Russian section of International Solar Energy Society.

Since 1994, the vice-president of the «Intersolarcenter».

# ПРЕДИСЛОВИЕ

Широкое развитие в мире экологически чистой энергетики, базирующейся на возобновляемых энергоресурсах, привело к значительному росту объема информации в этой области, введению новой терминологии, значительному расширению научно-технических связей, созданию совместных предприятий, разработке и реализации международных проектов. Выпуск специального словаря по солнечной энергетике, издаваемого впервые, будет способствовать информационному обмену, развитию научно-технических связей, расширению контактов между специалистами, подготовке студентов и аспирантов. При составлении словаря использовались специальные научно-технические журналы, материалы конференций, монографии, справочники, стандарты, патенты и каталоги фирм по следующим разделам:

1. Нетрадиционные и возобновляемые источники энергии.
2. Методы и устройства прямого преобразования различных видов энергии в электрическую.
3. Гелиоэнергетика.
4. Солнечные элементы и фотоэлектрические станции.
5. Солнечные термодинамические электростанции.
6. Солнечные системы отопления и горячего водоснабжения.
7. Солнечные технологические установки для сушки, приготовления пищи, опреснения воды и охлаждения.
8. Использование энергии океанов.
9. Малые гидроэлектростанции.
10. Ветроэнергетические станции и установки.
11. Геотермальные станции и установки.
12. Магнитогидродинамические станции и установки.
13. Использование энергии биомассы.
14. Электрические и тепловые аккумуляторы
15. Экономика и экология новых и возобновляемых источников энергии.

Словарь содержит около 6300 терминов в англо-русской части и 5600 терминов в русско-английской части.

Словарь предназначен для инженеров и научных работников, специализирующихся по солнечной энергетике, а также для широкого круга специалистов по электронике, физике, электрохимии, электротехнике и энергетике, которые разрабатывают новые и возобновляемые источники энергии.

Словарь принесет несомненную пользу студентам и аспирантам, обучающимся в указанных областях, а также переводчикам английской научно-технической литературы.

Все замечания и предложения по словарю просьба направлять по адресу: 117071 Москва, Ленинский проспект, 15, к.325, издательство «РУССО».

*Автор*

# PREFACE

Wide development of the ecologically pure power engineering, based on renewable energy sources, has led to considerable increase of information in this field, as well as introduction of new terminology, expansion of scientific and technical contacts, establishment of joint ventures, development and realization of international projects.

The issue of special solar energy dictionary (1st edition) will promote the information exchange, development of scientific, technical and business cooperation, expansion of contacts between specialists, training of students and post-graduate students.

While compiling the Dictionary, special scientific and technical magazines, materials of conferences, monographs, reference books, standards, patents and catalogs of firms have been used covering the following subjects:

1. Non-traditional and renewable sources of various types of energy.
2. Methods and devices of direct conversion of various types of energy into electric power.
3. Solar power engineering.
4. Solar cells and photovoltaic power plants.
5. Solar thermodynamic electric power plants.
6. Solar systems for heating and hot water supply.
7. Solar cookers, dryers, distillers and coolers.
8. Ocean tidal energy.
9. Small hydroelectric power plants.
10. Wind energy power plants.
11. Geothermal plants.
12. Magnetohydrodynamic plants.
13. Use of biomass energy.
14. Electric and thermal storage batteries.
15. Economy and ecology of non-traditional and renewable sources of energy.

The Dictionary contains about 6300 terms in English-Russian part and about 5600 terms in Russian-English part.

The Dictionary has been compiled to meet the needs of engineers and specialists in solar power engineering, as well as for the specialists on electronics, physics, electrical chemistry, electrical and power engineering.

The Dictionary will be of great use to students and post-graduate students, who study the above-mentioned subjects, as well as to translators from or to the language.

All remarks and suggestions concerning the contents of the Dictionary may be sent to «RUSSO» Publishing House, Leninsky avenue, 15, room 325, Moscow 117071.

*The Author.*

# О ПОЛЬЗОВАНИИ СЛОВАРЁМ

В словаре принята алфавитно-гнездовая система, при этом термины, состоящие из слов, пишущихся через дефис, следует рассматривать как слитно написанные слова.

Составные термины, состоящие из определяемого слова и определяющих компонентов, следует искать по определяемому слову. Например, термин **solar access** поступление солнечной радиации следует искать в гнезде **access** доступ, подход. Или термин **тропи́ческий прили́в** в гнезде **прили́в**.

Ведущее слово при последующем упоминании в словарной статье заменяется знаком ~ (тильдой). Например, в гнезде **effect**: термин **greenhouse ~** читается **greenhouse effect**.

В случае препозитивного или постпозитивного определения тильда ставится после или перед определением. Например, в гнезде **amount**: **~ of sunshine** количество солнечной энергии. В тех случаях, когда при последующем употреблении в тексте словарной статьи заглавное слово выступает не в заглавной форме, в нём косой чертой (/) отделяется неизменяемая часть слова и вместо неё в тексте ставится тильда ~ с изменённым окончанием. Например:

**кислот/а́** *ж.* acid

**~ы, жи́рные** fatty acids

Синонимичные варианты переводов или синонимичные эквиваленты даются через запятую. Например:

**кла́пан** *м.* valve

**~, предохрани́тельный** safety vent closure, safety valve.

В случае, если при одном составном термине имеется несколько определений, то они даются в квадратных скобках. Например: **binary compound** бинарное [двойное] соединение. Русскую часть термина следует читать: бинарное соединение, двойное соединение.

Факультативная часть термина даётся в круглых скобках и читается следующим образом:

**photovoltaic (powered) vehicle** фотоэлектрическое транспортное средство: **photovoltaic vehicle, photovoltaic powered vehicle.**

Близкие по значению варианты переводов даются через запятую, далёкие значения — через точку с запятой, различные значения — через цифры.

# HOW TO USE THIS DICTIONARY

Single-word terms are arranged in alphabetical order, hyphenated terms are arranged in the same order as if they were written in one.

Terms consisting of a generic word and a modifier are alphabetized according to the generic word (head-word) as an entry and according to the modifiers within the entry, e.g. **solar access** поступление солнечной радиации should be found under the term access or the term **greenhouse effect** should be found under the term **effect**. When the head-word is repeated in the entry, it is represented by a tilde (~) following or preceding the modifier, e.g. **amount**: ~ **of sunshine** количество солнечной энергии.

If the head-word is repeated in the body of the entry in its inflected form, its ending is separated from the stem by a slant, and the stem is represented by a tilde (~), e.g.:

**кислот/á** *ж.* acid

**~ы, жи́рные** fatty acids

Synonymous translations or synonymous equivalents are separated by commas, e.g.:

**кла́пан** *м.* valve

~, **предохрани́тельный** safety vent closure, safety valve.

Variant modifiers of a translated term are given in square brackets, e.g. **binary compound** бинарное [двойное] соединение.

This should be read as any one of the following: бинарное соединение, двойное соединение.

The optional part of a term is given in brackets and should be read as follows: **photovoltaic (powered) vehicle** фотоэлектрическое транспортное средство: **photovoltaic vehicle, photovoltaic powered vehicle.**

Commas separate translations closely related in meaning, semicolons separate translations remotely related in meaning; numerals separate translations unrelated in meaning.

# АНГЛО-РУССКИЙ СЛОВАРЬ ПО СОЛНЕЧНОЙ ЭНЕРГЕТИКЕ

Около 6 300 терминов

# ENGLISH-RUSSIAN SOLAR ENERGY DICTIONARY

About 6 300 terms

## АНГЛИЙСКИЙ АЛФАВИТ

| | | | |
|---|---|---|---|
| Aa | Hh | Oo | Vv |
| Bb | Ii | Pp | Ww |
| Cc | Jj | Qq | Xx |
| Dd | Kk | Rr | Yy |
| Ee | Ll | Ss | Zz |
| Ff | Mm | Tt | |
| Gg | Nn | Uu | |

# A

**abatement** снижение, уменьшение
**aberration** аберрация
**chromatic** ~ хроматическая аберрация
**spherical** ~ сферическая аберрация
**abrasion** истирание, шлифовка
**absorbability** абсорбционная [поглощающая] способность
**absorbancy** поглощение, абсорбция
**acid** ~ абсорбция кислоты
**absorber** поглотитель
**backwall** ~ тыльный поглотитель; тыльнобарьерный поглотитель *(солнечный элемент)*
**black** ~ чёрный поглотитель
**black nickel selective** ~ селективный поглотитель на основе «чёрного» никеля
**carbonaceous** ~ углеродный солнечный поглотитель
**cermet photothermal** ~ металлокерамический фототермический поглотитель
**heat-pipe** ~ поглотитель на основе тепловой трубы
**molybdenum black** ~ поглотитель на основе «чёрного» молибдена
**nonselective** ~ неселективный поглотитель
**oxidized copper** ~ поглотитель на основе оксида меди
**piezoelectric** ~ пьезоэлектрический поглотитель
**poorly conducting** ~ низкотеплопроводный поглотитель
**pure-metal** ~ поглотитель на основе чистых металлов
**selective** ~ селективный поглотитель
**serpentine-flow** ~ поглотитель змеевикового типа
**solar** ~ солнечный поглотитель
**solar energy** ~ поглотитель солнечной энергии
**stationary reflector tracking** ~ стационарный отражатель со следящим поглотителем
**tracking** ~ следящий поглотитель
**triangular** ~ трёхгранный поглотитель
**tube-in-plate** ~ трубно-пластинчатый поглотитель
**tubular** ~ трубчатый поглотитель

vacuum ~ вакуумированный поглотитель
**absorption** поглощение, абсорбция
**direct** ~ прямое поглощение
**free-carrier** ~ поглощение на свободных носителях
**hydrogen** ~ поглощение [абсорбция] водорода
**indirect** ~ непрямое поглощение
**intersubband** ~ внутреннее поглощение
**optical** ~ оптическое поглощение
**parasitic** ~ паразитное поглощение
**solar energy** ~ поглощение солнечной энергии
**absorptivity** абсорбционная [поглощающая] способность
**acceleration** ускорение
**accelerator** ускоритель, катализатор
**acceptor** акцептор, акцепторная примесь
**ionized** ~ ионизированный акцептор
**access** доступ, подход
**solar** ~ поступление солнечной радиации
**acclimation** акклиматизация
**accumulation** накопление, аккумулирование
~ **of radiation defects** накопление радиационных дефектов
**thermal energy** ~ аккумулирование тепловой энергии
**accumulator** аккумулятор
**hydraulic** ~ гидравлический аккумулятор
**lead/graphite** ~ свинцово-графитовый аккумулятор
**sealed** ~ герметичный аккумулятор
**acetaldehyde** ацетальдегид
**acetate** ацетат
**sodium** ~ ацетат натрия *(термоаккумулирующий материал)*
**acetylene** ацетилен
**acid** кислота
**acetic** ~ уксусная кислота
**fatty** ~**s** жирные кислоты
**hydrobromic** ~ бромистоводородная кислота
**hydrofluoric** ~ фтористоводородная кислота
**phosphoric** ~ фосфорная кислота
**acidity** кислотность
**acre-foot** акр-фут (*единица объёма* 1 *акр-фут* = $= 1{,}23 \cdot 10^6$ *л*)
**action** акт
**electrochemical** ~ электрохимический акт
**activation** активация
**activator** активатор
**activit/y** активность
**demonstration** ~**ies** демонстрационные проекты
**electrocatalytic** ~ электрокаталитическая активность
**electrode** ~ активность электрода
**adaptation** приспособление, адаптация
**adapter** переходник
**battery** ~ корпус-переходник
**additive** присадка; добавка
**gasoline** ~**s** добавки к бензину
**adhesion** адгезия

**adjustment** регулирование
**seasonal** ~ сезонное регулирование
**adsorbent** адсорбент
**adsorption** адсорбция
**advance** ◇ **~s in solar energy technology** успехи гелиотехники
**aeration** аэрация
**aerobe** аэроб, аэробный организм
**aerodynamics** аэродинамика
**aerofoil** профиль крыла *(ветроколеса)*
**aerogenerator** аэрогенератор, ветроэнергетическая установка, ВЭУ
**aerosol** аэрозоль
**affinity** сродство
**electron** ~ электронное сродство
**age** век
**hydrogen** ~ водородный век
**solar** ~ солнечный век, век Солнца
**Agency:**
**International Solar** ~ Международное агентство по солнечной энергии
**agent** агент, вещество
**gelling** ~ гелеобразующее вещество
**gettering** ~ геттер
**wetting** ~ увлажняющий [смачивающий] агент
**agglomeration** агломерация
**air** воздух
**compressed** ~ сжатый воздух
**still** ~ неподвижный воздух
**warm** ~ тёплый воздух
**air-conditioner** кондиционер
**solar (desiccant)** ~ солнечный кондиционер с испарительным охлаждением
**aircraft** самолёт
**solar powered** ~ самолёт с солнечной энергоустановкой
**air-gap** воздушный зазор
**air-gas** горючая смесь
**airing 1.** аэрация **2.** вентиляция
**air-lock** воздушная пробка
**albedo** альбедо
**cloud layer plane** ~ альбедо плоскости облачного слоя
**alcohol** спирт
**ethyl** ~ этиловый спирт
**fuel-grade** ~ спирт в качестве топлива, топливный спирт
**grain** ~ **1.** этиловый спирт **2.** спирт, полученный из зерна
**industrial** ~ промышленный спирт; технический спирт
**wood** ~ древесный спирт
**alcohol(o)meter** спиртомер
**algae** водоросли
**marine** ~ морские водоросли
**nitrogen-fixing** ~ водоросли, связывающие азот; азотфиксирующие водоросли
**alkali 1.** щёлочь **2.** солончаковая почва
**allowance:**
**warming-up** ~ допустимое разогревание, допустимый нагрев
**alloy** сплав
**aluminum paste** ~ сплав на основе алюминиевой пасты

*(для солнечного элемента)*
**bronze** ~ бронзовый сплав
**lead-calcium** ~ свинцово-кальциевый сплав
**low-antimonial lead** ~ малосурьмянистый свинцовый сплав *(в аккумуляторе)*
**low band gap** ~ узкозонный сплав
**silicon-germanium** ~ сплав кремния и германия
**superconducting metal** ~ сверхпроводящий металлический сплав
**alloying** сплавление
**mechanical** ~ сплавление при механическом воздействии
**alternation** чередование
**alternator** генератор
**wind driven** ~ ветровой генератор, ветрогенератор
**altitude** высота (над уровнем моря)
**alumina** оксид алюминия
**beta** ~ бета-глинозём
**amines** амины
**amount** количество
~ **of sunshine** количество солнечной энергии
**ampere** ампер, А
**amperemeter** амперметр
**amplification** усиление
**amplitude** амплитуда
**anaerobe** анаэроб, анаэробный организм
**analysis** анализ
**cash flow** ~ анализ стоимости энергии солнечной установки и замещаемого топлива *(месячный и годовой)*
**equivalent-circuit** ~ анализ эквивалентной схемы
**exergy** ~ анализ эксергии
**finite-difference** ~ анализ методом конечных разностей
**impedance** ~ импедансный анализ, анализ сопротивления
**phase** ~ фазовый анализ
**solar resource** ~ анализ ресурсов солнечной радиации
**spectrum** ~ спектральный анализ
**anemometer** анемометр
**anemometry** анемометрия
**laser beam** ~ лазерная анемометрия
**aneroid** барометр-анероид
**angle** угол
~ **of incidence** угол падения *(света)*
**acceptance** ~ **of concentrator** угол охвата концентратора
**ecliptic** ~ угол эклиптики
**hour** ~ часовой угол *(перемещения солнца,* 1 *час* = = 15°*)*
**incident** ~ угол падения *(света)*
**internal reflection** ~ угол внутреннего отражения
**optimum** ~ оптимальный угол *(солнечной установки)*
**optimum seasonally tilt** ~ оптимальный сезонный угол наклона *(солнечного коллектора)*
**reflection** ~ угол отражения *(света)*
**solar** ~ **of the sun** угловой размер солнечного диска

**tilt** ~ угол наклона
**total internal reflection** ~ угол полного внутреннего отражения
**yaw** ~ угол рысканья
**annealing** отжиг
**accelerated** ~ ускоренный отжиг
**burst** ~ взрывной отжиг
**continuous** ~ непрерывный отжиг
**defect** ~ отжиг дефектов
**electron pulsed beam** ~ импульсный отжиг электронным пучком
**enhanced** ~ повышение эффективности отжига
**flash** ~ отжиг с помощью световой вспышки
**incoherent light** ~ отжиг некогерентным светом
**laser** ~ лазерный отжиг
**liquid phase** ~ отжиг в жидкой фазе
**low temperature periodic** ~ температурный периодический отжиг *(солнечного элемента)*
**microwave** ~ СВЧ-отжиг
**pulsed** ~ импульсный отжиг
**pulsed electron beam** ~ импульсный электронный отжиг
**radiation damage** ~ отжиг радиационных дефектов *(в полупроводниках)*
**reverse** ~ обратимый отжиг
**thermal** ~ термический отжиг
**annihilation** аннигиляция
~ **of vacancies** аннигиляция вакансий
**anode** анод
**bimetallic carbon supported** ~ углеродный анод с биметаллическим катализатором
**corrosion-resistant** ~ коррозионноустойчивый анод
**high-performance** ~ высокоактивный анод
**hydrogen** ~ водородный анод *(в топливном элементе)*
**lead** ~ свинцовый анод
**mercury-free zinc** ~ цинковый анод, не содержащий ртути
**porous** ~ пористый анод
**Raney-nickel based hydrogen** ~ однородный анод на основе никеля Ренея
**anthracite** антрацит
**anticyclone** антициклон
**antitrade** антипассат
**aperture** апертура, отверстие
**collector** ~ апертура коллектора
**concentrator** ~ апертура концентратора
**entrance** ~ апертура входа *(концентратора)*
**large** ~ большая апертура
**reflector** ~ апертура отражателя
**variable** ~ изменяемая апертура
**wide** ~ широкая апертура
**apparatus** аппарат; устройство, прибор ◇ ~ **for collecting solar beams [for collecting sunlight]** солнечный коллектор; ~ **for developing electrical energy** устройство для производства электрической энергии; ~ **for harvesting of solar energy** ап-

паратура, поглощающая солнечную энергию
**air by-pass** ~ устройство для байпасирования воздуха
**anaerobic treatment** ~ аппарат для анаэробной переработки
**charging control** ~ устройство управления зарядом
**current-driven power generating** ~ электрогенерирующее устройство с приводом от водотока
**floating wind powered** ~ плавающая ветроустановка
**hydroelectric conversion** ~ гидроэлектрический преобразователь
**motion damping** ~ устройство демпфирования движения *(ветроколеса)*
**particles separation** ~ аппарат для разделения частиц
**photoelectric converting** ~ фотоэлектрическое преобразующее устройство
**power-supply** ~ энергоустановка, установка энергоснабжения
**solar liquid heating** ~ гелиоводонагреватель
**sunrays focusing** ~ аппарат для фокусировки солнечных лучей
**thermal energy storage** ~ энергоаккумулирующее устройство
**tidal power** ~ устройство для использования приливной энергии
**wave-activated power generating** ~ волновая энергоустановка
**wave energy** ~ устройство для использования энергии волн
**wave powered pumping** ~ волновой насосный аппарат

**appliance** (бытовой) электроприбор

**applicability:**
~ **of solar plants** применимость солнечных установок

**application** применение
**automotive** ~ применение в двигателе внутреннего сгорания
**deep space** ~**s** применение *(солнечной батареи)* в дальнем космосе
**extraterrestrial surface** ~ применение *(солнечных батарей)* на внеземной поверхности
**ground** ~ наземное применение
**off-grid photovoltaic** ~ автономное применение фотоэлектричества
**photovoltaic terrestrial** ~ наземное применение фотоэлектричества
**solar** ~ применение солнечных установок

**aquaculture** аквакультура

**aquifer** водоносный слой

**arc** (электрическая) дуга

**architecture** архитектура
**bioenergetic** ~ биоэнергетическая архитектура *(в солнечном доме)*
**low-energy** ~ архитектура, использующая низкопотенциальную энергию
**solar** ~ гелиоархитектура

**arcing** дугообразование,

межэлектродный пробой *(в МГД-генераторе)*

**arcjet** электродуговой двигатель

**area** 1. площадь; пространство 2. область, зона

**arid** ~ аридная [засушливая] зона

**focal spot [focus]** ~ площадь фокального пятна

**free** ~ свободная площадь

**geometrically projected focal spot** ~ геометрически рассчитанная площадь фокального пятна

**granitic** ~ гранитная порода

**gross** ~ общая площадь *(напр. солнечной установки)*

**gross collector** ~ общая площадь коллектора

**gross cross-sectional** ~ полная площадь поперечного сечения *(плоского коллектора)*

**hazardous** ~ взрывоопасная область

**high-surface** ~ высокая удельная поверхность

**solar cell** ~ полная поверхность солнечного элемента

**transparent frontal** ~ прозрачная фронтальная область; фронтальная лобовая площадь, площадь миделевого сечения *(концентратора)*

**arrangement** устройство, приспособление

**explosion-proof** ~ взрывобезопасное устройство

**fuel feed** ~ устройство для подачи топлива *(в топливном элементе)*

**light distribution** ~ устройство распределения света

**array** 1. батарея 2. решётка; антенна

**advanced photovoltaic solar** ~ усовершенствованная солнечная батарея

**autonomous solar** ~ автономная солнечная батарея

**deployable solar (cell)** ~ раскладываемая (в двух направлениях) солнечная батарея

**electromagnetoclean solar** ~ электромагниточистая солнечная батарея

**flat plate (solar)** ~ плоская (солнечная) батарея

**flexible solar** ~ гибкая солнечная батарея

**high-voltage photovoltaic** ~ высоковольтная фотоэлектрическая батарея

**lightweight solar** ~ лёгкая солнечная батарея

**long-life solar** ~ солнечная батарея с большим сроком службы

**maintenance-free solar** ~ солнечная батарея, не требующая технического обслуживания

**monolithically integrated solar** ~ твердотельная солнечная батарея

**optically pulsed photocell** ~ фотоэлектрическая батарея с импульсным освещением

**photosensor** ~ блок фотоприёмников

**photovoltaic** ~ фотоэлектрическая батарея

**reflector** ~ отражающее устройство
**rigid solar** ~ солнечная батарея жёсткой конструкции
**roof-integrated solar** ~ встроенная в крышу солнечная батарея
**silicon solar(-cell)** ~ батарея солнечных элементов из кремния
**solar-cell [solarvoltaic]** ~ солнечная фотоэлектрическая батарея
**south-facing photovoltaic** ~ фотоэлектрическая установка южной ориентации
**space concentrator** ~ батарея космических концентраторов
**space solar** ~ космическая солнечная батарея
**sun seeking solar** ~ солнечная батарея со слежением за Солнцем

**arrestor:**
**flame** ~ пламягасящее устройство

**arsenide** арсенид
**gallium** ~ арсенид галлия

**aspect** аспект; проблема
**health** ~ проблема здоровья
**safety** ~ проблема безопасности

**assembly** агрегат, сборка ◇ ~ **for harnessing wave energy** устройство для преобразования энергии волн
**accordion folded electrode** ~ зигзагообразно сложенный пакет электродов
**concentrator cell** ~ солнечная батарея для концентратора; секция концентраторных солнечных элементов; скоммутированная группа элементов для преобразования концентрированного излучения
**fuel cell** ~ батарея топливных элементов
**hermetic terminal** ~ сборка герметичного токовывода
**solar absorber** ~ солнечный коллектор; сборка солнечного коллектора
**solar cooker** ~ солнечная кухонная установка
**terminal locking** ~ сборка узла крепления токовывода
**upper head** ~ ветродвигатель с вертикальной осью, ветродвигатель Дарье

**assessment** оценка
**technoeconomic** ~ технико-экономическая оценка
**wind resource** ~ оценка ветровых ресурсов

**atlas** атлас
**geothermal** ~ атлас геотермальных ресурсов
**wind** ~ ветровой атлас

**atmosphere** атмосфера
**dry** ~ сухая атмосфера
**dustfree** ~ свободная от пыли атмосфера

**atom** атом
**interstitial** ~ внедрённый атом

**attachment** крепление
**blade** ~ крепление лопасти *(ветроустановки)*

**attraction** притяжение
**hydrophobic** ~ гидрофобное притяжение

**augmentor** концентратор *(потока)*

**auxiliaries** собственные нужды
~ **of solar power plant** собственные нужды солнечной электростанции
**availability:**
**design day** ~ возможность получения энергии в расчётные сутки; удовлетворение потребности в энергии в расчётные сутки
**axis** ось
**ecliptic** ~ ось эклиптики
**horizontal** ~ горизонтальная ось
**vertical** ~ вертикальная ось
**yaw** ~ ось рысканья
**azimuth** азимут

# B

**bacterium** бактерия
**anaerobic** ~ анаэробная бактерия
**chemoautotrophic** ~ хемавтотрофная бактерия
**balance** баланс
~ **of system** баланс системы; части фотоэлектрической системы, за исключением солнечной батареи
**energy** ~ энергетический баланс
**heat** ~ тепловой баланс
**photovoltaic** ~ фотоэлектрический баланс *(системы)*
**balloon** аэростат
**solar energy collecting** ~ надувной солнечный коллектор
**band 1.** полоса **2.** (энергетическая) зона
**absorption** ~ полоса поглощения
**conduction** ~ зона проводимости
**narrow** ~ узкая зона, узкая полоса
**valence** ~ валентная зона
**bandwidth** полоса пропускания *(напр. голографического концентратора)*
**bar** полоса
**rotating** ~ вращающаяся полоса *(в маховичном аккумуляторе)*
**barium** барий
**barometer** барометр
**barrel** баррель *(1 баррель = = 159,2 л)*
**barrier** барьер
**built-in potential** ~ встроенный потенциальный барьер
**cell** ~ барьер в (солнечном) элементе
**metal-semiconductor** ~ барьер металл — полупроводник
**potential** ~ потенциальный барьер
**Schottky** ~ барьер Шотки
**surface** ~ поверхностный барьер
**vapor** ~ паровой барьер, паровая пробка
**base** база
**centralized MHD data** ~ централизованная база данных по МГД-преобразователям
**data** ~ база данных

**high-doped** ~ сильнолегированная база
**low-doped** ~ слаболегированная база
**baseload** базовая нагрузка *(энергосистем)*
**battery** (аккумуляторная) батарея, аккумулятор ◇ ~ **for back-up power** резервная батарея; **integrated solar cell and** ~ энергоустановка на основе системы солнечная батарея — аккумулятор
**activated** ~ активируемая батарея
**advanced** ~ перспективная батарея *(для аккумулирования энергии)*
**aerospace flight** ~ батарея для космических полётов
**air** ~ воздушная батарея; батарея с воздушным электродом
**alkaline storage** ~ щелочной аккумулятор
**aluminum-air** ~ батарея системы алюминий — воздух
**automotive** ~ автомобильная батарея
**bipolar nickel-hydrogen** ~ биполярная никель-водородная батарея
**calcium-thionyl chloride** ~ батарея системы кальций — тионил хлорид
**carbon-zinc cell** ~ батарея системы углерод — цинк; углерод-цинковая батарея
**cylinder-type** ~ цилиндрическая батарея
**deferred action [deferred actuated]** ~ резервная [активируемая] батарея
**electric storage** ~ аккумуляторная батарея
**enclosed-type** ~ герметичная батарея
**environmentally safer** ~ батарея, безопасная для окружающей среды
**fuel cell** ~ батарея топливных элементов
**gas recombining lead-acid** ~ свинцовая кислотная батарея с рекомбинацией газов
**high-rate secondary** ~ аккумулятор с высокой скоростью разряда
**high-temperature storage** ~ высокотемпературный аккумулятор
**hydrogen-chlorine** ~ водородно-хлорная батарея
**intercalation** ~ батарея с интеркалированными электродами
**large-capacity** ~ батарея большой ёмкости
**lead-acid** ~ свинцовая кислотная батарея
**light-rechargeable** ~ солнечная батарея с аккумулятором, батарея, заряжаемая светом
**liquid activated** ~ активируемая батарея
**lithium** ~ литиевая батарея
**lithium-inorganic rechargeable** ~ литиевый аккумулятор с неорганическим электролитом
**lithium/polyaniline** ~ полианилин-литиевый аккумулятор
**lithium polymer electrolyte** ~ литиевая батарея с полимерным электролитом

**lithium rechargeable** ~ литиевый аккумулятор
**lithium sulfur** ~ батарея системы литий — сера
**lithium thermal** ~ литиевая тепловая батарея
**low-antimonic lead** ~ свинцовая батарея с низким содержанием сурьмы
**magnesium** ~ магниевая батарея
**maintenance-free** ~ необслуживаемый аккумулятор
**memory support** ~ батарея для питания запоминающего устройства
**metal/air** ~ батарея системы металл — воздух, металл-воздушная батарея
**metal-hydrogen secondary** ~ металл-водородный аккумулятор
**molten membrane electrolyte** ~ батарея с расплавленным электролитом и мембраной
**monoblock storage** ~ моноблочная аккумуляторная батарея
**multicell reserve** ~ многоэлементная резервная батарея
**nickel-cadmium** ~ никель-кадмиевая батарея
**nickel-hydrogen** ~ никель-водородная батарея
**nonaqueous secondary** ~ аккумулятор с неводным электролитом
**nuclear** ~ ядерная батарея
**photocharging [photovoltaic]** ~ электрохимическая батарея, заряжаемая от фотоэлектрической станции
**polyaniline/lithium** ~ батарея системы литий — полианилин
**polysulfide** ~ полисульфидная батарея
**pressure-activated reserve** ~ резервная батарея, активируемая давлением
**primary** ~ первичная батарея, первичный химический источник тока
**primary-secondary hybrid** ~ гибридная первичная батарея-аккумулятор
**rechargeable** ~ перезаряжаемая батарея, аккумулятор
**rechargeable solar** ~ электрохимическая аккумуляторная батарея, заряжаемая от фотоэлектрической станции, перезаряжаемая солнечная батарея *(фотоэлектрохимического типа)*
**recombinant electric storage** ~ аккумуляторная батарея с рекомбинацией газов
**recombination** ~ батарея с рекомбинацией газов
**redox** ~ редокс-батарея
**redox-flow** ~ проточный редокс-аккумулятор
**resonant nuclear** ~ резонансная ядерная батарея
**sealed gas-recombinant** ~ герметичная батарея с рекомбинацией газов
**sealed storage** ~ герметичный аккумулятор
**seawater** ~ батарея, активируемая морской водой

**secondary** ~ аккумулятор, аккумуляторная батарея
**secondary organic** ~ органический аккумулятор
**silver-iron** ~ батарея системы серебро — железо
**sodium/iron chloride** ~ аккумулятор системы натрий — хлорид железа
**sodium-sulfur** ~ аккумулятор системы натрий — сера
**solar** ~ солнечная батарея
**solid state** ~ твердотельная батарея
**starved electrolyte** ~ батарея с ограниченным количеством электролита
**stationary** ~ стационарная батарея
**thermal** ~ тепловая батарея
**traction** ~ тяговая батарея
**valve regulated** ~ батарея с регулируемым клапаном
**vented** ~ негерметичная батарея
**zinc-alkaline** ~ батарея с цинковым анодом и щелочным электролитом
**zinc-bromine** ~ бром-цинковая батарея
**zinc-chlorine** ~ хлор-цинковая батарея
**zinc-halogen secondary** ~ галоген-цинковый аккумулятор

**beam** луч
**electron** ~ электронный пучок
**ion** ~ ионный пучок
**photon** ~ поток фотонов
**solar** ~ солнечный луч

**bed** слой; основание
**fluidized** ~ кипящий [псевдоожиженный] слой

**behavior 1.** свойства **2.** поведение
**electrochemical** ~ электрохимическое поведение
**optical** ~ оптические свойства
**transient** ~ переходные свойства

**belt** пояс, зона; полоса
**green** ~ зелёный пояс
**shelter** ~ лесозащитная полоса

**bias** смещение
**applied** ~ приложенное смещение
**forward** ~ прямое смещение
**reverse** ~ обратное смещение

**bimetal** биметалл

**bioconversion** биоконверсия, биологическое преобразование *(энергии)*
~ **of wastes** биоконверсия [биологическая переработка] отходов

**bioenergy** биологическая энергия, биоэнергия

**biofiltration** биофильтрация
**anaerobic** ~ анаэробная фильтрация

**biogas** биогаз

**biomass** биомасса
**forest** ~ лесная биомасса
**humid** ~ влажная биомасса
**hydrotreated** ~ гидрообработанная биомасса
**lignocellulosic** ~ лигноцеллюлозная биомасса
**liquefied** ~ сжиженная биомасса
**short-rotation woody** ~ дре-

весная биомасса с коротким циклом оборота
**sorghum** ~ биомасса из сорго
**woody** ~ древесная биомасса
**biomethanation** биологическое получение метана; получение биогаза
**spentwash** ~ получение метана из смывных вод
**biomonitoring** биомониторинг
**biophotolysis** биофотолиз
**bioreactor** биореактор
**chemoautotrophic** ~ хемавтотрофный реактор
**fixed-film** ~ биореактор с постоянной плёнкой
**fluidized-bed** ~ биореактор с кипящим [псевдоожиженным] слоем
**biosphere** биосфера
**biostabilizer** биостабилизатор *(машина для получения компоста из отходов)*
**biosynthesis** биосинтез
**bismuth** висмут
**bitumen** битум
**black** чернь
**platinum** ~ платиновая чернь
**blade** лопасть
**efficient** ~ эффективная лопасть *(ветроустановки)*
**feathering** ~ поворотная лопасть
**rotating** ~ вращающаяся лопасть
**self-pitch-controlled** ~ саморегулирующая лопасть
**swinging** ~ поворачиваемая лопасть
**blanket:**
**space photovoltaic** ~ космическая фотоэлектрическая станция
**blind** диафрагма
**venetian** ~ венецианская диафрагма, бленда
**blocking** блокировка *(напр. излучения в гелиостатах)*
**blooming** цветение воды *(из-за загрязнения фосфатами)*
**blue** лазурь
**Prussian** ~ берлинская лазурь *(материал для электрода)*
**boat:**
**solar** ~ солнечное судно
**body** тело
**black** ~ чёрное тело
**working** ~ рабочее тело
**boiler** котёл, бойлер
**solar fired** ~ солнечный котёл; котёл с отоплением солнечной энергией
**waste heat** ~ котёл-утилизатор
**bond** связь, притяжение *(между частицами или атомами)*
**conjugated double** ~ сопряжённая двойная связь
**thermal** ~ тепловое соединение; тепловая связь
**bonnet:**
**union** ~ (соединительная) коробка узла «Юнион»
**booster:**
**mirror** ~ зеркальный концентратор
**borofluoride** борофторид
**lithium** ~ борофторид лития
**boron** бор
**borophosphate** борофосфат

**bottle:**
**solar ~** гелиососуд *(для нагрева пищи)*
**boundary** граница
**far-field ~** граница дальнего поля
**grain ~** граница зёрен
**box** блок
**junction ~ for solar modules** коммутационный блок для солнечных модулей
**brake** тормоз
**air ~** воздушный тормоз *(ветроколеса)*
**braking** торможение
**regenerative ~** регенеративное торможение
**break** разрыв
**Tafel ~** разрыв тафелевской кривой *(в электрохимическом аккумуляторе)*
**breakdown** пробой
**Hall field ~** холловский пробой *(в МГД-генераторе)*
**longitudinal interelectrode ~** продольный межэлектродный пробой
**microplasma ~** микроплазменный пробой
**photovoltaic cell reverse ~** обратное пробивное напряжение *(фотоэлектрического элемента)*
**slag layer ~** пробой шлакового слоя
**breaker** прерыватель, предохранитель
**circuit ~** прерыватель цепи; предохранитель *(от короткого замыкания)*
**brine** рассол
**geothermal ~** геотермальный рассол
**silica-rich geothermal ~** геотермальный рассол с высоким содержанием силикатов
**two-phase brine** двухфазный рассол
**bronze** бронза
**budget** баланс
**heat ~** тепловой баланс *(Земли)*
**water ~** водный баланс, водные ресурсы
**building** здание
**bioclimatic ~** биоклиматическое здание
**commercial solar ~** коммерческое солнечное здание; солнечная система для коммерческого здания
**earth-sheltered ~** здание с теплоизоляцией стен грунтом; подземное здание; здание, погружённое в землю
**solar ~** солнечное здание, здание с солнечным энергоснабжением
**busbar** (электрическая) шина
**bypass** резервное ответвление *(трубопровода)*; запасная ветвь *(трубопровода)*
**byproduct** побочный продукт

# C

**cabinet:**
**modular heat storage ~** модульная теплоаккумулирующая ячейка

**cable** кабель
**superconducting** ~ сверхпроводящий кабель
**cadmium** кадмий
**cake** осадок
**filter** ~ осадок на фильтре *(после фильтрации)*
**calculation:**
**wake** ~ расчёт следа
**calculator** калькулятор
**solar** ~ солнечный калькулятор
**calibration** калибрование, калибровка; градуирование, градуировка
**reference solar cell** ~ калибровка эталонного солнечного элемента
**calorie** калория, кал *(1 кал = 4,2 дж)*
**calorifics** наука об отоплении; наука о тепле
**calorimeter** калориметр
**calorimetry** калориметрия
**electrochemical** ~ электрохимическая калориметрия
**candle** 1. кандела, кд 2. свеча
**candlepower** 1. сила света *(в канделах)* 2. британская стандартная свеча (1,02 *кд*)
**canister** ёмкость
**thermal energy storage** ~ теплоаккумулирующая ёмкость
**canopy** свод
**solar** ~ солнечный прозрачный свод, солнечное перекрытие
**cap** колпачок
**battery post** ~ колпачок для защиты борнов батареи
**capacitor** конденсатор
**capacity** 1. (электрическая) ёмкость 2. мощность 3. производительность 4. установленная мощность *(электростанции)*
**burner** ~ теплопроизводительность топочного устройства
**cooling** ~ холодопроизводительность *(кондиционера)*
**effective carrying** ~ эффективная мощность *(от системы аккумулирования)*
**heat** ~ теплоёмкость
**heat storage** ~ тепловая ёмкость аккумулятора
**thermal** ~ теплоёмкость
**car** автомобиль
**hydrogen** ~ водородный автомобиль
**solar(-powered)** ~ солнечный автомобиль
**carbide** карбид
**amorphous silicon** ~ аморфный карбид кремния
**epitaxial silicon** ~ эпитаксиальный карбид кремния
**hydrogenated amorphous silicon** ~ гидрогенизированный аморфный карбид кремния
**silicon** ~ карбид кремния
**carbon** углерод
**activated** ~ активированный уголь
**glassy** ~ стеклоуглерод
**carbonate:**
**surface** ~s поверхностные карбонаты
**carotenoid** каротеноид
**carrier** 1. носитель *(заряда)*

2. несущая (частота) 3. несущая конструкция
base ~ носитель в базе
battery ~ приспособление для переноски батареи
charge ~ носитель заряда
current ~ носитель тока
hot ~ горячий носитель
injected ~ инжектированный носитель
majority ~ основной носитель
minority ~ неосновной носитель
photoexcited ~ фотовозбуждённый носитель
photogenerated ~ фотогенерированный носитель
photon generated ~ носитель, генерированный при поглощении фотона
predominant ~ преобладающий носитель
solar cell ~ несущая конструкция солнечной батареи

**case:**
battery ~ корпус батареи
eolian potential ~ потенциальные запасы энергии ветра

**casing:**
well ~ обшивка скважины колодца

**catalysis** катализ
heterogeneous ~ гетерогенный катализ

**catalyst** катализатор
colloidal ~ коллоидный катализатор
heat-treated ~ термообработанный катализатор
ternary ~ тройной катализатор

**cathode** катод
highly durable ~ катод с высокой стабильностью *(характеристик)*
high-performance ~ высокоэффективный катод
lithium molybdate ~ катод из молибдата лития
low-overvoltage ~ катод с низким перенапряжением
metal chloride ~ катод на основе хлоридов металлов
niobium triselenide ~ катод из триселенида ниобия
pelletized ~ таблетизированный катод
porous graphite ~ катод из пористого графита
pyrite-based ~ катод на основе пирита
silver-molybdenum ~ серебряно-молибденовый катод
solid-phase ~ твердофазный катод
surface modified ~ катод с модифицированной поверхностью
thin-film ~ тонкоплёночный катод
transition metal chloride ~ катод из хлорида переходного металла

**cathodoluminescence** катодолюминесценция

**cavity** полость
Trombe wall ~ полость стены Тромба

**cell** 1. элемент 2. (гальванический) элемент *(первичный химический источник тока)* 3. (электролитическая) ванна, электролизёр
◇ ~ in open-circuit (солнечный) элемент в режиме холостого хода

**alkaline fuel ~** щелочной топливный элемент
**alkaline manganese dioxide-zinc ~** щелочной марганцево-цинковый элемент
**all-sputtered solar ~** солнечный элемент, полученный катодным распылением
**alternative current solar ~** солнечный элемент переменного тока
**aluminum-air fuel ~** алюминий-воздушный топливный элемент
**amorphous solar ~** солнечный элемент из аморфного полупроводника
**anisotropically etched solar ~** солнечный элемент с анизотропно протравленной поверхностью
**back-surface-field solar ~** солнечный элемент с электрическим полем на тыльной поверхности
**balloon calibrated solar ~** солнечный элемент, калиброванный на шаре-зонде
**bifacial solar ~** двусторонний солнечный элемент
**burried contact solar ~** солнечный элемент с глубокими контактными канавками
**button ~** дисковый элемент
**cadmium sulfide-copper sulfide solar ~** солнечный элемент сульфид кадмия — сульфид меди
**cascade solar ~** каскадный солнечный элемент
**chemically invariant ~** химически неизменяемый элемент
**cleft solar ~** отделяющийся (от подложки) солнечный элемент
**CNR ~** неотражающий элемент фирмы «Комсат»
**combined photovoltaic thermoelectric solar ~** комбинированный фотоэлектрический и термоэлектрический элемент
**compound semiconductor solar ~** солнечный элемент на основе полупроводниковых соединений
**Comsat nonreflective ~** неотражающий элемент фирмы «Комсат»
**constant composition n-Al Ga As-p-Al Ga As solar ~** солнечный элемент на основе n-Al Ga As-p-Al Ga As с постоянным составом алюминия
**defective solar ~** дефектный солнечный элемент
**diffused-junction solar ~** солнечный элемент с диффузионным переходом
**directly glassed solar ~** солнечный элемент с непосредственным креплением стеклянной пластины
**drift-field solar ~** солнечный элемент с дрейфовым полем
**dry ~** сухой элемент
**edge-illuminated solar ~** освещаемый с торца солнечный элемент
**electric storage ~** электрический аккумулятор

**electrochemical** ~ электрохимический элемент
**electrolytic** ~ электролитический элемент
**electron-beam-deposited solar** ~ солнечный элемент, полученный электронно-лучевым осаждением
**epitaxial solar** ~ эпитаксиальный солнечный элемент
**faceted solar** ~ фацетный солнечный элемент
**fault tolerant photovoltaic** ~ фотоэлектрический элемент, устойчивый к шунтированию
**flat-type** ~ плоский (электрохимический) элемент
**flexible solar** ~ гибкий солнечный элемент
**flow** ~ элемент с проточным электролитом
**fluid cooled solar** ~ солнечный элемент с жидкостным охлаждением
**four-terminal tandem solar** ~ четырёхэлектродный каскадный солнечный элемент
**front-surface-field solar** ~ солнечный элемент с электрическим полем на передней поверхности
**front-wall solar** ~ переднебарьерный солнечный элемент
**fuel** ~ топливный элемент
**galvanic** ~ гальванический элемент
**graded band gap solar** ~ солнечный элемент с переменной шириной запрещённой зоны
**graded n-Al Ga As-p-Al Ga As solar** ~ солнечный элемент на основе n-Al Ga As-p-Al Ga As с постоянной шириной запрещённой зоны
**grating-type solar** ~ решётчатый солнечный элемент
**heteroface solar** ~ солнечный элемент с гетеропереходом на передней поверхности
**heterojunction solar** ~ солнечный элемент с гетеропереходом
**high-band gap solar** ~ широкозонный солнечный элемент
**high-intensity solar** ~ солнечный элемент для (преобразования) высокоинтенсивного излучения
**high-low emitter** ~ солнечный элемент с эмиттером, имеющим области сильного и слабого легирования
**high-rate** ~ электрохимический элемент с высокой удельной мощностью
**hole matrix vertical (junction) solar** ~ матричный солнечный элемент с вертикальными конусообразными переходами
**hybrid regenerative fuel** ~ гибридный регенеративный топливный элемент
**hybrid-type fuel** ~ гибридная установка с топливным элементом
**hydrogen-air fuel** ~ топливный элемент водород — воздух
**ideal solar** ~ идеальный солнечный элемент
**indium phosphide-based**

**solar** ~ солнечный элемент на основе фосфида индия
**induced-junction solar** ~ солнечный элемент с индуцированным переходом
**integral diode solar** ~ солнечный элемент со встроенным диодом
**interdigitated back-contact solar** ~ солнечный элемент с тыльным контактом из чередующихся полос *(к легированному слою и базе)*
**inversion layer solar** ~ солнечный элемент с инверсионным слоем
**ion-implanted solar** ~ солнечный элемент, изготовленный методом ионной бомбардировки
**junction solar** ~ солнечный элемент с *p* — *n*-переходом
**Knudsen** ~ элемент Кнудсена
**laser processed solar** ~ солнечный элемент, изготовленный методом лазерной обработки
**Leclanché** ~ элемент Лекланше
**liquid junction solar** ~ солнечный элемент с жидкостным переходом
**liquid phase epitaxial solar** ~ солнечный элемент, полученный методом жидкостной эпитаксии
**lithium** ~ литиевый элемент
**lithium counterdoped silicon solar** ~ кремниевый солнечный элемент, компенсированный литием
**lithium-manganese dioxide** ~ элемент литий — диоксид марганца
**lithium-sulfur dioxide electrochemical** ~ электрохимический элемент литий — диоксид серы
**lithium-thionil chloride** ~ элемент литий — тионил хлорид
**low-band gap solar** ~ узкозонный солнечный элемент
**low light level solar** ~ солнечный элемент для низкой интенсивности освещения
**magnesium polythiophene perchlorate** ~ магниево-политиофен-перхлоратный элемент
**matrix solar** ~ матричный солнечный элемент
**mechanically stacked multijunction solar** ~ механически состыкованный многопереходный солнечный элемент
**metal-insulator-n-semiconductor solar** ~ солнечный элемент со структурой металл — диэлектрик — полупроводник *n*-типа
**metal-insulator-semiconductor solar** ~ солнечный элемент со структурой металл — диэлектрик — полупроводник; солнечный элемент с МДП-структурой
**methanol-air fuel** ~ метанол-воздушный топливный элемент
**molten carbonate fuel** ~ топливный элемент с рас-

плавленным карбонатным электролитом
**monofacial solar** ~ солнечный элемент с одной рабочей поверхностью
**monolithic (cascade) solar** ~ монолитный (каскадный) солнечный элемент
**multiband gap (solar)** ~ многозонный солнечный элемент
**multicolor** ~ (солнечный) элемент с многополосной чувствительностью
**multicolor solar** ~ каскадный солнечный элемент
**multijunction solar** ~ многопереходный солнечный элемент
**multijunction structure solar** ~ солнечный элемент с многопереходной структурой
**multilayer solar** ~ многослойный солнечный элемент
**natural gas reformed fuel** ~ топливный элемент с риформером природного газа
**nonaqueous electrochemical** ~ электрохимический элемент с неводным электролитом
**nonhomogeneous illuminated solar** ~ неоднородно освещаемый солнечный элемент
**nonideal solar** ~ неидеальный солнечный элемент
**one-sun solar** ~ солнечный элемент, работающий при нормальной освещённости
**organic electrolyte** ~ элемент с органическим электролитом
**oxide-charge-induced back surface field solar** ~ солнечный элемент с полем на тыльной поверхности, индуцированным зарядом в оксиде
**oxygen blown fuel** ~ топливный элемент с кислородным дутьём
**oxyhalide** ~ оксигалоидный элемент
**parallelepipedic** ~ параллелепипедная электрохимическая ячейка
**passivated emitter and rear solar** ~ солнечный элемент с пассивированными эмиттерной и тыльной поверхностями
**phosphoric acid fuel** ~ фосфорно-кислотный топливный элемент
**photocatalytic** ~ фотокаталитический элемент
**photoelectric** ~ фотоэлектрический элемент
**photoelectrochemical** ~ фотоэлектрохимический элемент
**photoelectrolytic(al)** ~ фотоэлектролитический элемент
**photoelectrosynthetic solar** ~ фотоэлектрический синтетический солнечный элемент
**photogalvanic** ~ фотогальванический элемент
**photointercalation** ~ фотоинтеркалированный элемент
**photon-irradiated solar** ~

солнечный элемент, облучённый фотонами
**photovoltaic** ~ фотоэлектрический элемент
*p-i-n* **solar** ~ солнечный элемент с *p* — *i* — *n*-структурой
**planar (multijunction) solar** ~ планарный (многопереходный) солнечный элемент
**plastic Schottky barrier solar** ~ солнечный элемент из пластмассы с барьером Шотки
**point-contact solar** ~ солнечный элемент с точечными контактами
**polka-dot solar** ~ солнечный элемент с перфорированной поверхностью
**polycrystalline solar** ~ солнечный элемент из поликристаллического полупроводника
**polymer/semiconductor solar** ~ солнечный элемент полимер — полупроводник
**radiation-hardened solar** ~ солнечный элемент с повышенной радиационной стойкостью
**radiation-resistant solar** ~ радиационно-стойкий солнечный элемент
**rechargeable** ~ перезаряжаемый элемент, аккумулятор
**recombination electric storage** ~ рекомбинационный электрический аккумулятор
**rectangular electrochemical** ~ прямоугольный электрохимический элемент
**redox-flow** ~ окислительно-восстановительный элемент с проточным электролитом
**reference solar** ~ эталонный солнечный элемент
**regenerative fuel** ~ регенеративный топливный элемент
**regenerative hydrogen/oxygen fuel** ~ регенеративный водородно-кислородный топливный элемент
**ribbon solar** ~ ленточный солнечный элемент
**Schottky-barrier solar** ~ солнечный элемент с барьером Шотки
**secondary** ~ аккумулятор
**secondary lithium** ~ литиевый аккумулятор
**secondary solid-state** ~ твердотельный аккумулятор
**second-generation fuel** ~ топливный элемент второго поколения
**see-through solar** ~ просвечиваемый солнечный элемент
**semiconductor-electrolyte junction** ~ солнечный элемент с переходом полупроводник — электролит
**semicrystalline solar** ~ солнечный элемент из полупроводника
**shadowed solar** ~ затенённый солнечный элемент
**shallow homojunction solar**

~ солнечный элемент с мелким гомопереходом
**sheet solar ~** 1. ленточный солнечный элемент 2. солнечный элемент из листового кремния
**shock-activated electrochemical ~** электрохимический элемент, активируемый ударом
**silicon-hydrogen solar ~** солнечный элемент из гидрогенизированного кремния
**silicon solar ~** кремниевый солнечный элемент
**single-crystalline solar ~** монокристаллический солнечный элемент
**single-junction solar ~** однопереходный солнечный элемент
**solar ~** солнечный элемент
**solid oxide fuel ~** твердооксидный топливный элемент
**solid polymer electrolyte ~** элемент с твёрдым полимерным электролитом
**solid-state ~** твердотельный элемент
**solid-state sodium ~** твердотельный натриевый аккумулятор
**space(-employed) solar ~** космический солнечный элемент
**spherical solar ~** сферический солнечный элемент
**split-spectrum ~** солнечный элемент с разделением спектра *(излучения)*
**spray-deposited solar ~** солнечный элемент, полученный методом распыления
**stable tandem ~** стабильный каскадный солнечный элемент
**stacked solar ~** каскадный солнечный элемент
**surface-passivated solar ~** солнечный элемент с пассивированной поверхностью
**tandem solar ~** двухкаскадный солнечный элемент
**tandem-type solar ~** каскадный солнечный элемент
**thermal galvanic ~** термогальванический элемент
**thermally diffused solar ~** солнечный элемент, изготовленный методом термической диффузии
**thermally regenerative fuel ~** терморегенеративный топливный элемент
**thermoelectrochemical ~** термоэлектрохимический элемент
**thin-film solar ~** тонкоплёночный солнечный элемент
**three-terminal 3-4 multicolor solar ~** каскадный солнечный элемент на основе трёхкомпонентных соединений 3-4 групп
**through-hole contact solar ~** солнечный элемент с коммутацией через отверстия
**top solar ~** верхний солнечный элемент *(каскада)*
**triple-(multi)junction solar ~** солнечный элемент с тремя переходами
**two-electrode ~** двухэлектродный (электрохимический) элемент

**two-stacked tandem solar** ~ двухпереходный каскадный солнечный элемент
**ultrathin solar** ~ сверхтонкий солнечный элемент
**vanadium redox** ~ ванадиевый редокс-аккумулятор
**vertical junction solar** ~ солнечный элемент с вертикальными переходами
**vertical multiple-junction** ~ вертикальный многопереходный элемент, высоковольтный фотопреобразователь, ВФП
**V-groove solar** ~ солнечный элемент с канавками V-образного сечения
**violet** ~ фиолетовый элемент
**violet solar** ~ фиолетовый солнечный элемент
**voltaic** ~ гальванический элемент
**wedged channel solar** ~ солнечный элемент с клинообразными каналами
**wide-band gap solar** ~ широкозонный солнечный элемент
**wrap-around solar** ~ солнечный элемент с обёрнутым контактом
**zinc-bromine** ~ бром-цинковый элемент
**zinc-carbon** ~ углеродно-цинковый элемент
**II-IY related solar** ~ солнечный элемент на основе соединений II-IY групп

**cellulose** целлюлоза

**center** центр
**deep** ~ глубокий центр
**load** ~ центр нагрузки
**photosynthetic reaction** ~ центр реакций фотосинтеза
**recombination** ~ центр рекомбинации

**centrifuge** центрифуга

**ceramics** керамика
**magnesium-based** ~ керамика на основе магния
**zirconium-based** ~ керамика на основе циркония

**certification:**
**solar cell** ~ паспортизация солнечных элементов

**chamber** камера
**air** ~ воздушная камера
**chlorine-contact** ~ камера для хлорирования; хлорная камера
**combustion** ~ камера сгорания
**salt** ~ солевая камера *(для коррозионных испытаний)*
**vertical cyclone combustion** ~ вертикальная циклонная камера сгорания *(в МГД-генераторе)*

**change** изменение; обмен
**air** ~ воздухообмен
**compositional** ~ изменение состава
**phase** ~ фазовый переход

**channel** канал
**air-cooled MHD** ~ МГД-канал с воздушным охлаждением
**diagonal MHD** ~ диагональный МГД-канал
**heat-exchange** ~ канал для отвода тепла
**MHD** ~ МГД-канал
**ring-shaped** ~ кольцеобразный канал

**characteristic** характеристика; свойство
**dark** ~ темновая характеристика
**discharge** ~ разрядная характеристика
**efficiency-concentration** ~ зависимость кпд от концентрации излучения *(солнечного элемента)*
**hydrogen combustion** ~ характеристика горения водорода
**interface** ~ характеристика границы раздела
**photovoltaic** ~ фотоэлектрическая характеристика
**polarization** ~ поляризационная характеристика
**reverse** ~ обратная характеристика
**spectral** ~ спектральная характеристика
**steady-state** ~ статическая характеристика
**transient** ~ переходная характеристика
**voltage-current** ~ вольт-амперная характеристика
**characterization** снятие характеристик; определение характеристик
**computer-aided** ~ исследование характеристик с помощью компьютера
**simulator spectral** ~ определение спектральной характеристики имитатора
**thin-film** ~ исследование тонких плёнок
**charcoal** древесный уголь
**charge** заряд
**electric** ~ электрический заряд
**negative** ~ отрицательный заряд
**opposite** ~ противоположный заряд
**piezoelectric** ~ пьезоэлектрический заряд
**positive** ~ положительный заряд
**space** ~ пространственный заряд
**charger** зарядное устройство
**controlled fast** ~ регулируемое устройство для ускоренного заряда *(батареи)*
**flux-coupled iron-directed battery** ~ зарядное устройство для батарей с динамической связью
**portable battery** ~ портативное зарядное устройство аккумулятора
**solar** ~ солнечное зарядное устройство
**transformerless** ~ бестрансформаторное зарядное устройство
**charging 1.** зарядка; подзарядка **2.** накопление заряда
**interface** ~ накопление заряда на границе раздела
**solar panel** ~ возникновение электростатического заряда на солнечной панели
**chemistry** химия
~ **of batteries** химия аккумуляторных батарей
**surface** ~ химия поверхности
**chiller** холодильник
**absorption** ~ абсорбционный холодильник
**solar vapor thermal com-**

pression ~ солнечная пароэжекторная холодильная установка

**chimney** труба

solar ~ солнечная вытяжная труба; солнечная электростанция аэродинамического типа

**chip:**

solar-cell ~ чип из солнечных элементов

**Chipboard** *фирм.* «Чипбод» *(торговая марка теплоизоляции для окон)*

**chloride** хлорид

metal ~ хлорид металла

**chlorination** хлорирование

**chloroplast** хлоропласт

**chromium** хром

black ~ «чёрный» хром

**circuit** 1. схема; цепь 2. сеть

battery charging protection ~ схема защиты батареи при заряде

charge control ~ схема регулирования заряда

dual-level-output ~ схема с двухуровневым выходом

electric ~ электрическая цепь

intrinsically safe battery ~ встроенная схема защиты батареи от перезаряда

maximum power control ~ схема регулирования максимальной мощности *(солнечной батареи)*

protection [safe] ~ схема защиты

shuffling ~ схема коммутации *(электродов)*

solar panel output enhancement ~ электронная схема для повышения мощности солнечной батареи

solar power ~ схема с питанием от солнечной энергии

**circuitry** схемы

threshold detecting battery protecting ~ пороговые схемы защиты батареи

**circulation** циркуляция

air ~ циркуляция воздуха

forced ~ принудительная циркуляция

natural ~ естественная циркуляция

thermosiphon ~ термосифонная циркуляция

**clarification** осветление; очистка воды *(путём осаждения частиц или коагуляции)*

**clarifier** устройство для осветления *(воды)*; очиститель *(воды от взвешенных частиц)*

**classification** классификация

fire ~ классификация *(материалов и оборудования)* по пожаробезопасности *(разработана Национальной ассоциацией США по защите от пожаров)*

wind ~ классификация ветра

**cleaner** пылесос

electronic ~ электронный пылесос; электростатический пылесос

**cleavage** разложение, расщепление

photocatalytic water ~ фотокаталитическое разложение воды

**climate** климат

**local micro** ~ местный микроклимат
**moderate** ~ климат
**climatology** климатология
**clo** кло *(единица теплоизоляционной характеристики одежды,* 1 *кло* = 42,7 *Бте на* 1 *кв. фут в час при* 21°*С и* 60% *влажности)*
**cloud** облако
**~s of smoke** клубы дыма
**cloud-burst** ливень
**cloud-drift** перемещение облаков
**cluster 1.** кластер; скопление *(напр. радиационных дефектов)* **2.** многотурбинная ветровая электростанция
**coagulation** коагуляция, свёртывание
**coal** уголь
**brown** ~ бурый уголь
**wood [xyloid]** ~ древесный уголь
**coating** покрытие
**absorptive** ~ поглощающее покрытие
**angular selective** ~ селективное покрытие по углу падения *(света)*
**antireflective** ~ просветляющее покрытие
**black-chromium** ~ покрытие на основе «чёрного» хрома
**cobalt-oxide** ~ покрытие на основе оксида кобальта
**double-layer selective** ~ двухслойное селективное покрытие
**electrochromic** ~ электрохромное покрытие
**heat-reflective** ~ теплоотражающее покрытие
**low-emittance** ~ покрытие с малым коэффициентом излучения
**metal-oxide** ~ металлооксидное покрытие
**multilayer dielectric-metal-dielectric** ~ многослойное покрытие диэлектрик — металл — диэлектрик
**multiple** ~ многослойное покрытие
**optical** ~ оптическое покрытие
**photothermal** ~ фототермическое покрытие
**roughened** ~ шероховатое покрытие
**selective** ~ селективное покрытие
**spectrally selective** ~ спектральное селективное покрытие
**spin-on** ~ покрытие, полученное методом центрифугирования
**wave-length-shifting** ~ покрытие для спектрального увеличения интервала длин волн
**cobalt** кобальт
**coefficient** коэффициент
**~ of expansion** коэффициент расширения
**~ of heat transmission** коэффициент теплоотдачи *(в Бте в час и разности температур* 0,6°*С)*
**~ of performance** коэффициент полезного действия, кпд; коэффициент преобразования энергии; эффективность

**~ of thermal expansion** коэффициент теплового расширения
**absorption ~** коэффициент поглощения
**building overall energy loss ~** коэффициент полных тепловых потерь в здании; удельная тепловая нагрузка здания
**collector overall energy loss ~** коэффициент полных тепловых потерь коллектора
**current temperature ~** температурный коэффициент тока *(солнечного элемента)*
**effective optical absorption ~** коэффициент эффективного оптического поглощения
**energetic ~** энергетический кпд
**film ~** коэффициент теплопроводности за счёт конвекции между стенкой и плёнкой жидкости
**heat transmission ~** коэффициент теплопередачи
**ionic activity ~** коэффициент ионной активности
**radiation damage ~** коэффициент радиационного повреждения
**regression ~** коэффициент регрессии
**shading ~** коэффициент затенения *(в солнечных установках)*
**voltage temperature ~** температурный коэффициент напряжения *(солнечного элемента)*

**cogeneration** производство электрической и тепловой энергии
**chemical ~** комбинированное производство электроэнергии и химикатов

**coil 1.** змеевик **2.** спираль; катушка
**forced-circulation air heating ~** теплообменник с принудительной циркуляцией воздуха
**ground ~** грунтовой змеевик

**collection 1.** собирание, сбор **2.** улавливание *(солнечной радиации)*
**carrier ~** собирание носителей
**drift-assisted ~** собирание *(неосновных носителей)* за счёт дрейфа
**photogenerated-carrier ~** собирание фотогенерированных носителей

**collector** коллектор *(для солнечных установок)* ◇ **~ with one piece of glass** коллектор с одинарным остеклением; **~ with two pieces of glass** коллектор с двойным остеклением
**active solar ~** активный солнечный коллектор *(с ориентацией на Солнце)*
**aerospace solar ~** космический солнечный коллектор
**air-type solar ~** воздушный солнечный коллектор
**all-glass evacuated ~** стеклянный вакуумированный коллектор
**black-liquid solar ~** солнеч-

ный коллектор с чёрной жидкостью
**centrifugal** ~ центробежный (газовый) коллектор *(для удаления аэрозолей в газовой струе)*
**closed-loop solar** ~ солнечный коллектор с замкнутым контуром
**combined** ~ комбинированный коллектор
**concentrating** ~ концентрирующий коллектор
**concentrating solar (beam)** ~ коллектор, концентрирующий солнечные лучи
**concrete solar** ~ бетонный солнечный коллектор
**current** ~ токоотвод
**cyclone** ~ циклонный коллектор *(пыли)*; центробежный пылеуловитель
**direct evaporating solar** ~ солнечный коллектор прямого испарения
**distributed** ~ распределённый коллектор
**do-it-yourself solar** ~ самодельный солнечный коллектор
**double glass** ~ коллектор с двойным остеклением
**evacuated tube** ~ коллектор на основе вакуумированных труб; вакуумированный трубчатый коллектор
**fiber-reinforced concrete solar** ~ солнечный коллектор из бетона, армированного стекловолокном
**fixed position solar** ~ неподвижный солнечный коллектор
**fixed spherical solar** ~ неподвижный сферический солнечный коллектор
**flat-plate solar** ~ плоский солнечный коллектор
**fluidized bed solar** ~ солнечный коллектор с псевдоожиженным [кипящим] слоем
**Fresnel** ~ (солнечный) коллектор, использующий линзы Френеля
**heat-pipe solar** ~ солнечный коллектор с тепловыми трубами
**honeycomb solar** ~ сотовый солнечный коллектор
**hybrid solar** ~ гибридный солнечный коллектор
**inflation supported solar** ~ надувной солнечный коллектор
**linear** ~ линейный коллектор
**line-focus solar** ~ солнечный коллектор на основе концентратора с линейным фокусом
**liquid(-type) solar** ~ солнечный коллектор с жидким теплоносителем
**nonmetallic solar** ~ неметаллический солнечный коллектор
**nontracking solar** ~ неследящий солнечный коллектор
**open-loop solar** ~ солнечный коллектор с открытым контуром
**parallel-flow solar** ~ солнечный коллектор с параллельным потоком
**passive solar** ~ пассивный

солнечный коллектор *(без ориентации на Солнце)*
**porous medium solar ~** солнечный коллектор с пористым поглотителем
**prismatic solar thermal ~** призменный солнечный тепловой коллектор
**reduced drag solar ~** солнечный коллектор с пониженным лобовым сопротивлением *(ветровой нагрузке)*
**rooftop solar ~** солнечный коллектор, устанавливаемый на крыше
**sand solar ~** песчаный солнечный коллектор
**self-powered solar ~** солнечный коллектор с собственным энергообеспечением
**solar ~** солнечный коллектор
**solar concrete ~** солнечный бетонный коллектор
**solar sill ~** коллектор солнечного опреснителя
**solar siphon ~** солнечный коллектор с термосифоном
**spiral shaped ~ ~** спиральный солнечный коллектор
**tracking ~** следящий коллектор, коллектор с системой слежения за Солнцем
**trickle ~** струйный [трубчатый, капельный] коллектор
**trickle-down ~** струйный коллектор с движущейся вниз водой
**triple-pass solar air ~** трёхходовой солнечный воздушный коллектор
**trough-shaped (solar) ~** параболоцилиндрический (солнечный) коллектор
**tube(-type) solar ~** трубчатый солнечный коллектор
**unglazed ~** неполированный коллектор, коллектор без покрытия

**collector-concentrator** концентрирующий коллектор, коллектор-концентратор

**column** колонна *(ректификационная)*
**oscillating water ~** осциллирующий водяной столб *(в волновой электростанции)*

**combustion** сгорание; горение
**complete ~** полное сгорание
**incomplete ~** неполное сгорание
**internal ~** внутреннее сгорание
**oscillatory ~** пульсационное горение
**stationary-state ~** стационарное горение

**combustor** камера сгорания
**cyclone coal ~** угольная камера сгорания циклонного типа
**first-stage ~** первая ступень камеры сгорания
**two-stage coal ~** двухступенчатая угольная камера сгорания

**community** сообщество
**solar ~** солнечное сообщество

**compass** компас
**sun ~** солнечный компас

**compatibility** совместимость

chemical ~ химическая совместимость
**complex** комплекс
plant pigment-protein ~ растительный пигмент-протеиновый комплекс
ruthenium bipyridyl ~ рутений-бипиридиловый комплекс
**component** 1. компонент 2. компонента
battery ~ компонент батареи
diffuse ~ диффузная компонента *(солнечного излучения)*
**composite** композит, композитный материал
**composition** состав
chemical ~ химический состав
constant ~ постоянный состав
equilibrium ~ равновесный состав
isotopic ~ изотопный состав
oxidant ~ состав окислителя
stack gas ~ состав дымовых газов
**compost** компост; разложившаяся органика
**composting** компостирование; изготовление компоста
**compound** (химическое) соединение
binary ~ бинарное [двойное] соединение
cyclic ~ циклическое соединение
hydrogen storage intermetallic ~ интерметаллическое соединение для хранения водорода
intercalation ~ интеркалированное соединение
joint ~ соединительный компаунд; материал для соединения *(трубопроводов)*
novel ~ новое соединение
pentenary ~ соединение из пяти элементов
quaternary ~ четверное соединение
rare earth ~ редкоземельное соединение
ternary ~ тройное соединение
**compression** сжатие
adiabatic ~ адиабатическое сжатие
compound ~ многоступенчатое сжатие
**compressor** компрессор
**Comsat** «Комсат» *(фирма США по солнечной энергетике)*
**concentration** концентрация
impurity ~ концентрация примеси
ionized acceptor ~ концентрация ионизированных акцепторов
mobil ion ~ концентрация мобильных ионов
photovoltaic ~ фотоэлектрическое преобразование концентрированного излучения
soft ~ низкая концентрация
uniform ~ однородная концентрация
**concentrator** концентратор
asymmetrical cylindrical ~

асимметричный параболоцилиндрический концентратор
**azimuth-altitude tracking solar ~** солнечный концентратор со слежением по азимуту и высоте склонения Солнца
**beam splitting ~** концентратор с расщеплением луча *(по спектру)*
**bifocused solar energy ~** двухфокусный концентратор солнечной энергии
**compound cone ~** фокон
**compound cylindrical ~** фоклин
**compound dielectric ~** диэлектрический фокон; фоклин
**compound hyperbolic ~** гиперболоцилиндрический фоклин
**compound parabolic ~** параболоторический фокон
**compound truncated ~** укороченный фокон; фоклин
**compound-wedge cylindrical ~** клиновидный фоклин
**conically-shaped compound parabolic ~** фокон; сложный параболический концентратор типа конуса
**cylindrical parabolic ~** параболоцилиндрический концентратор
**dielectric compound parabolic ~** диэлектрический фокон
**dielectric light ~** диэлектрический световой концентратор
**faceted ~** фацетный концентратор
**first-stage ~** первичный концентратор *(в каскаде)*
**fixed ~** неподвижный концентратор
**fixed solar ~** солнечный концентратор с неподвижным зеркалом
**fixed zenith ~** концентратор с фиксированной установкой по зениту
**fixed zenith-moving azimuth ~** концентратор с фиксированной установкой по зениту и со слежением по азимуту
**flat-sided rectilinear trough ~** клиновидный фоклин
**flow ~** концентратор потока
**fluorescent ~** флюоресцентный концентратор
**Fresnel ~** концентратор Френеля
**Fresnel-Winston tandem ~** комбинированный концентратор из линзы Френеля и фоклина
**half-circular cylindrical ~** полукруглый цилиндрический концентратор
**holographic ~** голографический концентратор
**holo-loop ~** (голографический) концентратор с многократным прохождением излучения через голограмму
**ideal ~** идеальный концентратор
**imaging ~** концентратор, сохраняющий изображение *(Солнца в фокальной области)*

**incident energy** ~ концентратор лучистой энергии
**inflatable** ~ надувной концентратор
**large-aperture** ~ широкоапертурный концентратор
**liquid solar** ~ жидкостный солнечный концентратор
**luminescent** ~ люминесцентный концентратор
**modular** ~ модульный концентратор
**moving azimuth** ~ концентратор со слежением по азимуту
**multiple layer** ~ многослойный концентратор
**multistage solar energy** ~ многоступенчатый концентратор солнечной энергии
**nonfocusing solar** ~ фоклинный солнечный концентратор
**nonimaging** ~ концентратор, не сохраняющий изображения *(Солнца в фокальной области)*
**nonimaging cylindrical** ~ фоклин
**nontracking** ~ неследящий концентратор
**parabolic trough** ~ параболоцилиндрический концентратор
**paraboloid (simple)** ~ параболоидный (простой) концентратор
**photovoltaic** ~ фотоэлектрический концентратор
**planar** ~ плоский концентратор
**planar-sectioned** ~ концентратор на основе плоских фацет
**point focus** ~ концентратор с точечным фокусом
**polar** ~ концентратор с ориентацией «север — юг»
**polygon** ~ многогранный концентратор
**precise** ~ точный концентратор
**primary** ~ первичный концентратор *(в каскаде)*
**prism solar** ~ призменный солнечный концентратор
**quasi-static** ~ квазистатический концентратор
**refractive wedge** ~ призменный концентратор
**refractor-reflector radiation** ~ концентратор излучения рефрактор — отражатель
**secondary [second-stage]** ~ вторичный концентратор *(в каскаде)*
**slab-diffuser fiber** ~ волоконный диффузный концентратор
**solar** ~ солнечный концентратор
**solar bowl** ~ солнечный сферический концентратор
**solid-dielectric compound parabolic** ~ твердотельный диэлектрический фоклин
**spherical** ~ сферический концентратор
**spherical reflector** ~ концентратор со сферическим отражателем
**static [stationary]** ~ неподвижный концентратор
**stationary spherical** ~ стационарный сферический концентратор
**thin-sheet Fresnel** ~ тонко-

листовой концентратор Френеля
three-dimensional ~ трёхмерный концентратор
toroidal ~ тороидальный концентратор
tracking ~ следящий концентратор
trapezoidal grooves ~ концентратор с трапецеидальным профилем
trough-type ~ лотковый концентратор
truncated compound ~ укороченный фокон
unprecise ~ неточный концентратор; несовершенный концентратор
V-trough (solar) ~ клиновидный фоклин
water-borne tracking solar ~ плавающий в воде следящий солнечный концентратор
wide-aperture ~ широкоапертурный концентратор
wind ~ ветровой концентратор
Winston ~ фокон; фоклин; концентратор Винстона

**concrete** бетон
fiber-reinforced ~ бетон, армированный стекловолокном

**condensate** конденсат

**condensation** конденсация

**condenser** конденсатор
dual-zoned ~ двухзонный конденсатор
shell-and-plate-type ~ пластинчатый конденсатор

**condition** 1. условие 2. состояние, положение
charge neutrality ~s условия нейтральности заряда
design ~s условия для расчёта; исходные данные для расчёта
dusty ~s условия запылённости
nominal operating cell temperature ~s номинальные температурные условия работы (солнечного) элемента

**conditioner** кондиционер
air ~ воздушный кондиционер
load ~ регулятор нагрузки
solar powered air ~ воздушный кондиционер с питанием от солнечной батареи

**conditioning** кондиционирование
air ~ кондиционирование воздуха
comfort air ~ комфортное кондиционирование воздуха; кондиционирование воздуха для комфортного проживания
industrial air ~ промышленное кондиционирование воздуха; кондиционирование воздуха в промышленных предприятиях
solar-assisted comfort ~ комфортное кондиционирование воздуха с использованием солнечной энергии

**conductance** проводимость
high-frequency ~ высокочастотная проводимость
shunt ~ шунтовая проводимость *(солнечного элемента)*

thermal ~ теплопроводность

**conduction** 1. электропроводность 2. теплопроводность

axial current ~ осевая электропроводность *(в МГД-канале)*

heat ~ теплопроводность

ionic ~ ионная проводимость

thermal ~ теплопроводность

**conductivity** проводимость; удельная проводимость

dark ~ темновая проводимость

electric(al) ~ удельная электрическая проводимость; удельная электропроводность

thermal ~ удельная теплопроводность

**conductor** проводник *(тока)*

multivalent ionic ~ высоковалентный ионный проводник

transparent ~ прозрачный проводник

**Conference:**

Intersociety Energy Conversion Engineering ~ Межведомственная конференция по преобразованию энергии

**configuration** конфигурация

backwall ~ тыльнобарьерная конфигурация *(в гетеропереходе)*

downwind ~ расположение ветроколеса *(с горизонтальной осью)* после башни *(по отношению к потоку ветра)*

frontwall ~ переднебарьерная конфигурация *(в гетеропереходе)*

heliostat field ~ конфигурация поля гелиостатов

**coning:**

fixed ~ фиксированный угол раскрытия *(лопастей ветроколеса)*

**connection** соединение

cross ~ поперечное соединение

**connector** соединитель, вилка

battery terminal ~ кабельная вилка аккумулятора

electrically insulated fluid ~ электрически изолированный соединительный трубопровод

**conservation** сбережение, сохранение

energy ~ сохранение энергии, энергосбережение

**consideration** расчёт

~ of lens optics расчёт оптики линзы

wind loading ~ in solar array расчёт ветровых нагрузок в солнечной батарее

**constant** постоянная

gas ~ газовая постоянная *(в уравнении идеального газа)*

optical absorption ~ постоянная оптического поглощения

Planck ~ постоянная Планка

solar ~ солнечная постоянная

solar spectral ~ спектральная характеристика солнечного излучения

time ~ постоянная времени

**consumer** потребитель

photovoltaic ~ потребитель

фотоэлектрического оборудования

**consumption** потребление

**energy** ~ потребление энергии

**total gross energy** ~ полное потребление всех видов энергии

**total net energy** ~ полное чистое потребление энергии, полная энергия, доходящая до потребителя

**world energy** ~ мировое потребление энергии

**contact** контакт

**back** ~ контакт к тыльной поверхности *(солнечного элемента)*

**coplanar back** ~ копланарный контакт на тыльной поверхности

**flame sprayed aluminum** ~ контакт из алюминия, нанесённый методом распыления в пламени газовой горелки

**front** ~ контакт к фронтальной поверхности *(солнечного элемента)*

**intercell ohmic** ~ межэлементный омический контакт *(в каскадном солнечном элементе)*

**intercell optical** ~ межэлементный оптический контакт *(в каскадном солнечном элементе)*

**interdigitated back** ~ контакт к тыльной поверхности *(солнечного элемента)* в виде чередующихся полос *(к базе и легированному слою)*

**nonrectifying** ~ невыпрямляющий контакт

**point** ~ точечный контакт

**quasi-ohmic** ~ квазиомический контакт

**rear** ~ контакт к тыльной поверхности *(солнечного элемента)*

**screen printed** ~ контакт, полученный методом трафаретной печати

**thermally stable** ~ термически стабильный контакт

**top** ~ контакт к фронтальной поверхности *(солнечного элемента)*

**contamination** загрязнение

**environment** ~ загрязнение окружающей среды

**content** содержание

**heat** ~ теплосодержание, энтальпия

**control** 1. регулирование, управление 2. контроль 3. регулятор

**aerodynamic** ~ аэродинамическое регулирование

**biological** ~ биологический контроль

**centrifugal reef** ~ центробежный регулятор *(ветроустановки)*

**daily** ~ дневное регулирование *(солнечной энергии)*

**electrohydraulic** ~ электрогидравлическое регулирование

**heliostat** ~ управление гелиостатом

**ignition** ~ регулирование воспламенения *(за счёт добавок к топливу)*

**liquid level** ~ регулирование уровня жидкости

operator ~ регулирование с помощью оператора
precise ~ прецизионное регулирование
yaw ~ контроль рысканья
**controller** регулятор; контроллер
adaptive ~ адаптивный контроллер
linear ~ линейный контроллер
maximum power ~ регулятор максимальной мощности *(солнечной батареи)*
power ~ энергетический контроллер; регулятор мощности
static voltage ~ статический регулятор напряжения
**convection** конвекция
forced ~ принудительная конвекция
gravity ~ гравитационная конвекция
natural ~ естественная конвекция
**convector** конвектор
**conversion** преобразование; превращение
animal waste ~ переработка отходов животноводства
biological ~ биологическое преобразование энергии
direct nuclear energy ~ прямое преобразование ядерной энергии
electrocatalytic ~ электрокаталитическое преобразование
energy ~ преобразование энергии
fluorescent energy ~ люминесцентное преобразование энергии
heliothermal ~ гелиотермическое преобразование
high-temperature solar thermal energy ~ высокотемпературное преобразование тепловой солнечной энергии
ocean thermal energy ~ преобразование тепловой энергии океана
photoelectrochemical ~ фотоэлектрохимическое преобразование *(энергии)*
photon energy ~ преобразование энергии фотона
photothermal ~ фототермическое преобразование *(энергии)*
photovoltaic ~ фотоэлектрическое преобразование *(энергии)*
pyroelectric ~ пироэлектрическое преобразование
pyrolytic ~ пиролитическая переработка
solar energy ~ преобразование солнечной энергии
solar-to-chemical ~ фотоэлектрохимическое преобразование *(энергии)*
thermionic emission ~ термоэмиссионное преобразование
thermoelectric ~ термоэлектрическое преобразование
thermogalvanic ~ термогальваническое преобразование
yeast ~ дрожжевое превращение
**converter** преобразователь
electrochemical carbone monoxide ~ электрохими-

ческий преобразователь оксида углерода
**electrothermodynamic power** ~ электротермодинамический преобразователь
**endless belt-type wind energy** ~ преобразователь ветровой энергии с бесконечной ремённой передачей
**energy** ~ преобразователь энергии
**flap-type wave energy** ~ волновая энергетическая установка створчатого типа
**hydrogen thermoelectrochemical** ~ водородный термоэлектрохимический преобразователь
**power** ~ преобразователь энергии
**pyroelectric** ~ пироэлектрический преобразователь
**radiant energy** ~ преобразователь лучистой энергии
**renewable energy** ~ установка для преобразования возобновляемых видов энергии
**resonant** ~ резонансный преобразователь
**solid state heat-to-electricity** ~ твердотельный преобразователь тепловой энергии в электрическую
**thermal electric** ~ тепловой электрический преобразователь
**thermionic** ~ термоионный преобразователь
**thermoelectric** ~ термоэлектрический преобразователь
**triple heterojunction** ~ преобразователь с тремя гетеропереходами
**water-wave energy** ~ преобразователь энергии морских волн
**wind energy** ~ преобразователь ветровой энергии

**Cooker** ◇ **Solar Box ~s International** Компания по производству солнечных кухонь *(в штате Калифорния, США)*

**cooker 1.** кухня **2.** печь, плита
**box-type solar** ~ солнечная кухонная печь камерного типа
**convective solar** ~ конвективная солнечная кухня
**focus solar** ~ фокусирующая солнечная кухня
**hot-box solar** ~ солнечная кухня типа «горячий ящик»
**hydrogen catalytic combustion** ~ водородная печь каталитического сжигания
**multipurpose solar** ~ многоцелевая солнечная кухонная печь
**solar** ~ **1.** солнечная плита **2.** солнечная кухня
**urban solar** ~ городская солнечная кухня

**cooking:**
**solar** ~ приготовление пищи на солнечной кухне

**cooling** охлаждение
**evaporative** ~ испарительное охлаждение

forced ~ принудительное охлаждение
heat-actuated ~ охлаждение, полученное в результате переноса тепла
**copolymer** сополимер
**copper** медь
**coproduct** побочный продукт
**corrosion** коррозия
galvanic ~ электрохимическая коррозия
**corrugation:**
solar ~ солнечная гофрированная панель
**cost** 1. стоимость; цена; взнос 2. *pl* затраты, издержки
capital ~s капитальные затраты
economic optimal solar system ~ экономически оптимальная стоимость солнечной системы; стоимость солнечной системы, обеспечивающая наибольшую годовую экономию
electric utility company fuel ~ стоимость потреблённого электроэнергетической компанией топлива, отнесённая к его теплосодержанию
first [initial] ~ первоначальный взнос, первоначальная плата *(за солнечную систему)*
variable ~ переменная цена
**costing** 1. стоимость 2. *pl* взнос, плата, затраты
life cycle ~ оценка стоимости *(системы)* за срок службы
**coulomb** кулон, Кл
**counterflow** противоток; встречное движение теплоносителя *(в теплообменнике)*
**couple** пара
electrochemical ~ электрохимическая пара
redox ~ пара *(электродов)*, участвующая в реакции восстановления — окисления, редокс-пара
**coupling** 1. соединение 2. связь
capacitive ~ ёмкостная связь
direct ~ прямое подключение
galvanic ~ гальваническая связь
gas dynamic ~ газодинамическая связка *(электродных пар)*
**cover** покров, покрытие
cloud ~ облачный покров, облачность
mean sky ~ средняя облачность
multiple lens ~ покрытие *(солнечного коллектора)* из множества линз
protective ~ защитное покрытие *(солнечного элемента)*
sky ~ облачный покров, облачность
total sky ~ суммарная облачность
**crack** трещина
artificial subsurface ~ искусственная подповерхностная трещина
**credit:**
capacity ~ фактическая мощность *(солнечной станции)*; доля номиналь-

ной мощности *(на выходе солнечной станции)*

**crisis:**

**energy ~** энергетический кризис

**criterion** критерий

**air quality ~** критерий качества воздуха

**solar cell quality ~** критерий качества солнечного элемента

**water quality ~** критерий качества воды

**crops:**

**annual energy ~** однолетние растения для энергетического использования

**field ~** полевые культуры

**marine ~** морские водоросли

**crosswind** поперечный ветер

**crystal** кристалл

**ferroelectric ~** сегнетоэлектрический кристалл

**crystallization** кристаллизация

**interface controlled ~** регулируемая кристаллизация на поверхности раздела

**cultivation** выращивание, культивация

**curing 1.** формовка **2.** отверждение

**accelerated ~** ускоренная формовка

**high-temperature ~** высокотемпературное отверждение

**current 1.** (электрический) ток **2.** течение

**alternating ~** переменный ток

**critical ~** критический ток *(в сверхпроводнике)*

**direct ~** постоянный ток

**electric ~** электрический ток

**ground ~** ток в земле

**intercell ~** межэлементный ток *(утечки)*

**leakage ~** ток утечки

**photogenerated ~** фототок

**photon-beam-induced ~** ток, индуцированный пучком фотонов

**ripple ~** пульсирующий ток

**saturation ~** ток насыщения

**shunt ~** ток утечки

**transversal ~** поперечный ток

**wind-driven ~** океаническое течение, вызванное ветром

**curve** кривая

**absorption ~** графическая зависимость поглощённой радиации от толщины *(поглотителя)*

**I-V ~** график вольт-амперной характеристики

**learning ~** кривая снижения стоимости продукции с увеличением объёма производства

**universal ~** универсальная кривая *(полученная компьютерным моделированием)*

**wind speed duration ~** кривая распределения продолжительности скорости ветра

**wind speed frequency ~** кривая частоты изменения скорости ветра

**cycle** цикл

**annual ~** годовой цикл

**binary ~** бинарный цикл

**Brayton ~** цикл Брайтона

**Carnot** ~ цикл Карно
**closed** ~ замкнутый цикл
**economizer** ~ цикл экономайзера *(в системе кондиционирования воздуха)*
**heat** ~ тепловой цикл
**hybrid** ~ гибридный цикл
**hydrologic** ~ 1. гидрологический цикл 2. круговорот воды
**Krebs** ~ цикл Кребса
**life** ~ 1. срок службы 2. цикл долговечности; жизненный цикл
**MHD bottoming** ~ паротурбинный цикл МГД
**ocean open** ~ открытый цикл использования тепловой энергии океана
**open** ~ открытый цикл
**oxygen** ~ кислородный цикл
**power** ~ энергетический цикл
**topping** ~ цикл отгонки лёгких фракций
**triple combined** ~ тройной комбинированный цикл
**cyclone** циклон
**cycloturbine** циклотурбина
**cylinder** цилиндр *(в механической водоподъёмной ветроустановке)*

# D

**damage** повреждение
**environmental** ~ загрязнение окружающей среды
**hot-electron** ~ повреждение, вызванное горячими электронами
**radiation** ~ радиационное повреждение
**space radiation** ~ радиационное повреждение *(солнечного элемента)* в космосе
**damper** демпфер
**air** ~ воздушный демпфер
**data** данные
**aerofoil section** ~ характеристики профиля крыла *(лопасти ветроустановки)*
**energy supply** ~ данные об использовании первичных энергоресурсов
**day** день
**carry through** ~s число дней без солнца; число дней работы солнечного аккумулятора тепла
**demand** ~ дневная потребность; суточная потребность *(в газе или электроэнергии)*
**design** ~ расчётный день; расчётные сутки *(максимальной потребности в энергии)*
**deadband** мёртвая зона *(регулирования термостата)*
**debris:**
**vegetation** ~ измельчённая растительная масса
**decay** спад; затухание; ослабление
**open circuit (voltage)** ~ спад фотоэдс
**photovoltage** ~ спад фотонапряжения
**deck:**
**hot** ~ камера горячего воз-

духа *(в вентиляционной установке)*
**declination** склонение *(Солнца)*
**solar** ~ угол склонения Солнца
**decomposition** разложение
**glow discharge** ~ разложение в тлеющем разряде
**thermal** ~ термическое разложение
**thermochemical** ~ термохимическое разложение
**defect** дефект
**deep-level** ~ дефект с глубоким уровнем
**electron-irradiation** ~ радиационный дефект при электронном облучении
**intrinsic** ~ собственный дефект *(в полупроводнике)*
**lattice** ~ дефект решётки
**point** ~ точечный дефект
**deflector** отражатель, дефлектор
**deformation:**
**wave** ~ деформация волны
**degeneracy:**
**Fermi** ~ вырождение Ферми *(в полупроводниках)*
**degradation** деградация
**encapsulant** ~ деградация герметизирующего материала
**light-induced** ~ световая деградация
**metastable** ~ метастабильная деградация
**optical** ~ оптическая деградация
**radiation** ~ радиационная деградация
**solar** ~ деградация *(материалов)* под действием солнечного излучения
**degree** градус; степень ◇ ~ **Kelvin** градус Кельвина; ~ **Rankine** градус Рэнкина *(абсолютная температура по шкале Фаренгейта)*
**~s of freedom in solar plant** (термодинамические) степени свободы в солнечной электростанции
**degree-day** градусо-день
**cooling** ~ охлаждающий градусо-день *(единица измерения для системы отопления и охлаждения зданий)*
**heating** ~ тепловой градусо-день *(для оценки погоды)*
**industrial** ~ промышленный градусо-день
**degree-hour** градус-час *(единица измерения для системы отопления и охлаждения зданий)*
**dehumidifier** осушитель
**solar** ~ солнечный осушитель
**dehumidify** снижать влажность
**dehydration** обезвоживание; сушка
**~ of wood** обезвоживание древесины
**absorption** ~ абсорбционное обезвоживание *(спирта)*
**food** ~ обезвоживание [сушка] продуктов
**solar** ~ обезвоживание с помощью солнечной энергии
**dehydrator** устройство обезвоживания; осушитель, сушилка

solar ~ солнечный осушитель
solar fish ~ солнечная сушилка для рыбы
solar fruit ~ солнечная сушилка для фруктов
**dehydrogenation** удаление водорода
**deintercalation** деинтеркалирование
**deionization** удаление ионов *(из раствора химическим путём)*
**delivery** поставка, доставка, передача
energy ~ 1. передача энергии 2. энергопроизводительность
solar module energy ~ энергопроизводительность солнечного модуля
yearly energy ~ годовая энергопроизводительность *(солнечной установки)*
**delta** треугольник, соединение треугольником
**demand** потребность, спрос
annual maximum ~ годовой максимум потребления *(электроэнергии)*; годовой максимум *(электрической)* нагрузки
average ~ средняя потребность *(напр. в энергии)*
biological oxygen ~ биологическая потребность в кислороде *(для аэробной переработки органического вещества)*
chemical oxygen ~ химическая потребность в кислороде *(для окисления неорганических соединений в воде)*
domestic energy ~ внутренний спрос на энергию
energy ~ спрос на энергию, потребность в энергии
**denaturant** полностью денатурированный спирт; спирт с добавкой денатурата
**dendrite** дендрит
**densification:**
biomass ~ прессование [переработка] биомассы
**density** плотность, концентрация
~ of gap states плотность состояний в запрещённой зоне
bulk ~ объёмная плотность; удельный вес
charge ~ плотность заряда
energy ~ плотность энергии; отношение энергии *(источников)* к весу
flux ~ плотность потока *(излучения)*
grain boundary states ~ плотность состояний на границе зёрен
heliostat packing ~ плотность размещения гелиостатов *(отношение суммарной площади отражателей к площади поля гелиостатов)*
junction saturation current ~ плотность обратного тока насыщения *(солнечного элемента)*
nonequilibrium carrier ~ плотность неравновесных носителей
photocurrent ~ плотность фототока
reflected flux ~ плотность отражённого потока

**solar radiant flux** ~ плотность потока солнечного излучения
**Department:**
~ **of Agriculture** Департамент сельского хозяйства *(в США)*
~ **of Energy** Департамент энергетики *(в США)*
~ **of Housing and Urban Development** Департамент жилищ и сельского хозяйства *(в США, ответственный за программы солнечного отопления и охлаждения)*
**depletion** истощение; обеднение
**field-induced** ~ истощение, индуцированное полем
**trap** ~ опустошение ловушек
**deposition** осаждение
**chemical vapor** ~ химическое осаждение из газовой фазы
**electrochemical** ~ электрохимическое осаждение
**electroless** ~ неэлектрохимическое осаждение
**ion-beam** ~ ионно-лучевое осаждение
**low-pressure** ~ осаждение при низком давлении
**metalorganic chemical vapor** ~ химическое осаждение из паров металлорганических соединений
**photochemical vapor** ~ фотохимическое осаждение из газовой фазы
**plasma-enhanced** ~ плазменное осаждение
**reactive** ~ реактивное осаждение
**solid** ~ твёрдое отложение
**depth** глубина
~ **of stratum** глубина стратосферы
**junction** ~ глубина *(залегания)* *p* — *n*-перехода
**light penetration** ~ глубина проникновения света
**depuration:**
**anaerobic** ~ анаэробная очистка
**desalination** опреснение
**solar sea-water** ~ солнечное опреснение морской воды
**desalinization** расслоение (почвы)
**desiccant** осушитель, влагопоглотитель
**liquid** ~ жидкий осушитель
**desiccator** сушильный шкаф; эксикатор
**solar** ~ солнечная сушилка
**design** проектирование; разработка
**fatigue** ~ расчёт усталостной прочности *(ветроустановок)*
**photovoltaic system** ~ проектирование фотоэлектрической системы
**solar cell** ~ проектирование солнечного элемента
**solar power system** ~ проектирование солнечной энергосистемы
**thermofluid dynamic** ~ теплогидродинамический расчёт
**desorption** десорбция
**hydrogen** ~ десорбция водорода

**desulfurization** десульфуризация
**detector** детектор; датчик
**charge completion** ~ датчик окончания заряда
**far-infrared** ~ детектор дальнего инфракрасного излучения
**pyroelectric** ~ пироэлектрический детектор *(для измерения солнечной радиации)*
**voltage imbalance** ~ детектор разбаланса напряжений
**deterioration:**
**performance** ~ ухудшение характеристики
**detonation** детонация
**device** прибор; установка; устройство
**battery blanket** ~ чехол для батареи
**battery cycling** ~ устройство для циклирования батареи
**battery watering** ~ устройство для заливки воды в батарею
**charging** ~ зарядное устройство
**container** ~ контейнер
**electrochromic** ~ электрохромное устройство
**electrolyte-free electrochromic** ~ безэлектролитное электрохромное устройство
**electronic battery testing** ~ электронный прибор для испытаний батарей
**energy** ~ энергетическое устройство
**flexible photovoltaic** ~ гибкий фотоэлектрический преобразователь
**focusing** ~ фокусирующее устройство
**Fresnel scroll solar tracking** ~ устройство слежения за Солнцем с рулонной линзой Френеля
**fuel-cell** ~ устройство на топливных элементах
**heat recovery** ~ устройство *(в печи)* для использования тепла продуктов сгорания; устройство для возврата тепла; устройство для снижения тепловых потерь
**heat regulation** ~ устройство регулирования потока тепла *(через солнечный коллектор)*
**hydroelectric** ~ гидроэлектрическое устройство
**magnetic field transfer** ~ устройство для передачи магнитного поля
**nonimaging** ~ (оптический) прибор, не создающий изображения *(объекта)*
**photochemical** ~ фотохимическое устройство
**photoconductive** ~ фотопроводящее устройство
**photoelectrolysis** ~ фотоэлектролизный прибор
**photovoltaic** ~ фотоэлектрический прибор
**pressure relief** ~ устройство сброса давления
**pulverization** ~ устройство для напыления, пульверизатор
**solar collection** ~ устройст-

во для собирания солнечной энергии
solar distillation ~ солнечная опреснительная установка
solar drying ~ солнечная сушилка
solar lighting ~ солнечное осветительное устройство
solar ray collecting ~ коллектор солнечных лучей
solar tracking ~ солнечное следящее устройство
static ~ статическое устройство
switch ~ отключающее устройство
temperature control ~ регулятор температуры
wind energy ~ ветроэнергетическое устройство
windmill ~ ветронасосная установка
**dewatering** обезвоживание
**dewpoint** точка [температура] насыщения; точка росы
**dextrose** декстроза; глюкоза
**diagram** диаграмма
band [energy band] ~ диаграмма энергетических зон, зонная диаграмма
sunshine ~ диаграмма солнечного сияния
**dialysis** диализ; мембранная сепарация *(жидкости)*
**die** фильера
capillary ~ капиллярная фильера
**dielectric** диэлектрик ‖ диэлектрический
**difference** разность
~ of potentials разность потенциалов
contact potential ~ контактная разность потенциалов
potential ~ разность потенциалов
**diffuser** диффузор
subsonic ~ дозвуковой диффузор
**diffusion** диффузия
ionic ~ ионная диффузия
laser induced ~ лазерная диффузия
monoatomic hydrogen ~ диффузия атомарного водорода в кремнии
simultaneous ~ одновременная диффузия
**diffusivity** коэффициент диффузии
**digester** реактор
anaerobic ~ анаэробный биореактор
dome plug flow anaerobic ~ бытовой анаэробный биореактор
fixed anaerobic ~ стационарный анаэробный биореактор
two-stage ~ двухстадийный реактор
**digestion** перегнивание; сбраживание
anaerobic ~ анаэробная переработка
mesophilic aerobic ~ мезофильное аэробное разложение
poultry manure ~ переработка помёта птицы
semi-continuous anaerobic ~ полунепрерывная анаэробная переработка
thermophilic aerobic ~ термофильное аэробное разложение

two-phase anaerobic ~ двухфазная анаэробная переработка
two-stage ~ двухстадийное сбраживание
**diode** диод
blocking ~ блокирующий диод
integral bypass ~ встроенный шунтирующий диод *(в солнечном элементе)*
long base ~ диод с длинной базой
peripheral bypass ~ встроенный по периферии *(солнечного элемента)* шунтирующий диод
Shockley ~ диод Шокли
shunt ~ шунтирующий диод
**dioxide** диоксид
beta-lead ~ бета-диоксид свинца
beta-manganese ~ бета-диоксид марганца
carbon ~ диоксид углерода, углекислый газ
manganese ~ диоксид марганца
pyrolytic manganese ~ пиролитический диоксид марганца
**dipole** диполь
**direction** направление
downhill ~ of heat flow направление потока тепла от горячего к холодному
**dirigible** дирижабль
solar (powered) ~ дирижабль с энергоснабжением от солнечных батарей
**discharge** 1. разряд 2. остывание *(аккумулятора тепла)*
cathodic ~ катодный разряд
constant resistance ~ разряд при постоянном сопротивлении
constricted ~ шнуровой разряд
deep ~ глубокий разряд
nonuniform ~ неоднородный разряд
unsteady ~ нестационарный разряд
**discontinuity** разрыв
band ~ разрыв зоны
**dish** параболоидный концентратор
**disinfection** дезинфекция
**disk** диск
solar heating ~ солнечный нагревательный диск
**dislocation** дислокация *(в полупроводнике)*
**dispersion** дисперсия
semiconductors ~ полупроводниковая взвесь
**displacement** замещение
annual energy ~ годовое замещение энергии
**disruption** разрушение
climatic ~ климатическое разрушение
**dissipation** рассеяние
energy ~ рассеяние энергии *(в виде тепла)*
**dissipator** рассеиватель *(тепла)*
**dissociation** диссоциация
photosensitized ~ фотохимическая диссоциация
**dissolution** растворение
~ of electrode materials растворение электродного материала
anodic ~ анодное растворение

**distillate** дистиллят
**distillation** дистилляция; очистка; перегонка
**continuous** ~ непрерывная дистилляция; непрерывный процесс перегонки
**fractional** ~ фракционная очистка *(при перегонке)*; дистилляция с разделением на фракции
**solar** ~ солнечное опреснение
**vacuum** ~ перегонка в вакууме; вакуумная дистилляция
**distiller** опреснитель
**basin-type solar** ~ солнечный опреснитель бассейнового типа
**solar** ~ солнечный опреснитель
**distillery** перегонная установка
**alcohol** ~ установка для получения денатурированного спирта
**distribution** распределение
**flux** ~ распределение плотности потока (излучения)
**frequency** ~ частотное распределение
**isotropic** ~ изотропное распределение
**primary current** ~ первичное распределение тока
**reference solar spectral irradiance** ~ эталонное спектральное распределение солнечного излучения
**secondary current** ~ вторичное распределение тока
**spectral energy** ~ спектральное распределение энергии излучения
**spectral irradiance** ~ распределение спектральной плотности потока солнечного излучения
**spectral photon** ~ распределение фотонов в спектре
**distributor:**
**radiation** ~ перераспределитель излучения
**divacancy** дивакансия *(в полупроводнике)*
**dollar** доллар ◇ **~s per peak watt** доллары за пиковый ватт *(электрической мощности станции)*; **~s per rated watt** доллары за потреблённый ватт *(электрической мощности нагрузки)*
**constant** ~ постоянный [неизменяемый] доллар *(по уровню цен)*
**donor** донор, донорная примесь
**dopand** легирующая примесь
**doping** легирование
**~ of impurity atoms** легирование атомами примеси
**cold** ~ холодное легирование
**heavy** ~ сильное легирование
**ion-assisted** ~ ионное легирование
**ion beam** ~ ионно-лучевое легирование
**neutron transmutation** ~ нейтронное трансмутационное легирование
**reversible electrochemical** ~ обратимое химическое легирование
**trench sidewall** ~ легирова-

ние боковых стенок канавок
**douser:**
**solar** ~ солнцезащитное ограждение
**downpoint 1.** низшая точка; минимальная температура *(аккумулятора тепла)* **2.** нижний предел работоспособности
**downstream** вниз по течению; вдоль потока
**drain** дренаж; канализационная труба
**area** ~ дренажная система, дренаж
**drainage** дренирование
**land** ~ дренирование почвы
**drainage-basin** бассейн реки
**drop** падение
**line** ~ падение напряжения в линии *(электропередач)*
**dry** засуха
**dryer** сушилка
**cabinet-type solar** ~ солнечная сушилка камерного типа
**grain** ~ зерносушилка
**greenhouse-type solar** ~ солнечная сушилка парникового типа
**solar crop** ~ солнечная сушилка сельскохозяйственной продукции
**solar food** ~ солнечная сушилка для пищевых продуктов
**solar rubber sheet** ~ солнечная сушилка для каучукового листа
**drying** сушка
**air** ~ воздушная сушка
**grain** ~ сушка зерна
**kiln** ~ искусственная сушка
**open-air sun** ~ солнечная сушка на открытом воздухе
**solar hay** ~ солнечная сушка сена
**durability** долговечность
**atomic-oxygen** ~ стойкость к воздействию кислорода *(зеркального отражателя)*
**solar collector** ~ долговечность солнечного коллектора
**duration:**
**load** ~ продолжительность нагрузки
**dynamo** генератор постоянного тока
**dyne** дина *(единица силы)*

# E

**eccentric** эксцентрик
**ecologist** эколог
**ecology** экология
**economics** экономика
**wind farm** ~ экономика ветровых ферм
**economizer** экономайзер; теплообменник, использующий тепло отходящих газов
**econom/y 1.** экономика; хозяйство **2.** экономия
**~ies of scale** экономия от увеличения масштабов производства
**hydrogen** ~ водородная экономика; экономика водородной энергетики

photovoltaic power system ~ экономика фотоэлектрических систем
ecosystem экосистема
village ~ экосистема деревни
edge край, граница
depletion layer ~ граница обеднённого слоя
trailing ~ задняя кромка *(в системе преобразования ветровой энергии)*
effect эффект, явление
bulk photovoltaic ~ объёмный фотоэлектрический эффект
cloud ~ влияние облачности
Compton ~ эффект Комптона
Dember ~ эффект Дембера
earthquake action ~ эффект воздействия землетрясения
electrostatic ~ электростатический эффект
field ~ эффект (электрического) поля
greenhouse ~ парниковый эффект; тепличный эффект *(в солнечных установках)*
Hall ~ эффект Холла
heating ~ тепловой эффект; эффективность отопления
heat island ~ эффект локального перегрева *(воздуха)*
heavy doping ~ эффект сильного легирования
high-field ~ эффект сильного (электрического) поля
hot spots ~ влияние горячих точек *(в солнечном элементе)*
humidifying ~ 1. эффект увлажнения 2. количество теплоты, израсходованной на испарение воды в единицу времени
light-induced ~ светоиндуцированный эффект
Meissner ~ эффект Мейснера
memory ~ эффект памяти
photoelectromagnetic ~ фотоэлектромагнитный эффект
photovoltaic ~ фотоэлектрический эффект
screening ~ экранирующий эффект
second order ~ эффект второго порядка
Seeback ~ эффект Зеебека
shading ~ эффект затенения
sun ~ эффект солнечного отопления
swirling ~ вихревой эффект
total cooling ~ полный охлаждающий эффект
wall ~ пристеночный эффект *(в МГД-генераторе)*
effectiveness эффективность *(теплообменника)*
efficiency коэффициент полезного действия, кпд; эффективность, выход
aerodynamic ~ аэродинамическая эффективность
bifacial ~ кпд *(солнечного элемента)* при двустороннем освещении
boiler ~ эффективность котла
Carnot ~ кпд Карно; эффективность цикла Карно
collection ~ эффективность

собирания *(носителей заряда)*
**collector** ~ эффективность [кпд] коллектора
**combustion** ~ эффективность сгорания
**conversion** ~ эффективность преобразования
**diffraction** ~ дифракционная эффективность *(голографического концентратора)*
**external quantum** ~ внешняя квантовая эффективность
**fluorescence quantum** ~ квантовый выход флуоресценции
**fuel** ~ эффективность (сгорания) топлива; тепловая эффективность топлива
**internal quantum** ~ внутренняя квантовая эффективность
**limit** ~ предельный кпд *(солнечного элемента)*
**maximum practical** ~ максимальная практическая эффективность; максимальный практический кпд
**overall** ~ полная эффективность; полный кпд
**photovoltaic** ~ эффективность фотоэлектрических установок
**quantum (collection)** ~ квантовая эффективность (собирания) *(носителей заряда)*
**record** ~ рекордный кпд
**total collection** ~ эффективность полного собирания *(носителей заряда)*
**turnaround** ~ эффективность преобразования (энергии)
**voltage** ~ кпд по напряжению *(солнечного элемента)*
**volumetric** ~ объёмный кпд
**wood heating** ~ теплотворная способность дерева

**effusion** экзодиффузия, излияние

**ejector** эжектор

**elasticity** эластичность; упругость

**electricity** электричество
**solar (generated)** ~ солнечное электричество *(электричество, получаемое из энергии солнца)*

**electrobus 1.** электробус, автобус с электрическим приводом **2.** троллейбус

**electrocatalysis** электрокатализ

**electrocatalyst** электрокатализатор

**electrochemistry** электрохимия

**electrode** электрод
**auxiliary** ~ вспомогательный электрод
**bifunctional** ~ двухфункциональный электрод
**bipolar** ~ биполярный электрод
**carbon-lithium** ~ углеродлитиевый электрод
**carbon-plastic** ~s углеродно-пластиковые электроды
**catalytic** ~ каталитический электрод
**cathodic** ~ катодный электрод, катод
**ceramic** ~ керамический электрод

**coiled** ~ рулонный электрод
**combination** ~ комбинированный электрод
**composite cermet** ~ композитный металлокерамический электрод
**cylindrical** ~ цилиндрический электрод
**diffusion** ~ газодиффузионный электрод
**discharged** ~ разряженный электрод
**ferrocene** ~ ферроценовый электрод
**fiber structured** ~ волокнистый электрод
**flow-through porous** ~ пористый электрод для батареи с проточным электролитом
**fuel cell** ~ электрод для топливного элемента
**gas diffusion** ~ газодиффузионный электрод
**gas-evolving** ~ газовыделяющий электрод
**glass-membrane** ~ электрод со стеклянной мембраной
**grained transparent** ~ крупнозернистый прозрачный электрод
**hydrogen gas diffusion** ~ водородный газодиффузионный электрод
**ion-selective** ~ ионоселективный электрод
**latex coated** ~ электрод с латексным покрытием
**lead dioxide** ~ электрод из диоксида свинца
**low-resistance fuel** ~ топливный электрод с низким сопротивлением
**modified** ~ модифицированный электрод
**nickel hydroxide** ~ электрод из гидроксида никеля
**nonmetallic nitride** ~ неметаллический электрод на основе нитридов
**normal hydrogen** ~ нормальный водородный электрод
**oxygen** ~ кислородный электрод
**oxygen-stable** ~ кислородостойкий электрод
**passivated** ~ пассивированный электрод
**platinum catalysed** ~ электрод, активированный платиной
**polyacetylene** ~ полиацетиленовый электрод
**polymer-modified** ~ модифицированный полимерный электрод
**polymethylthiophene** ~ полиметилтиофеновый электрод
**polypyrrol** ~ электрод из полипиррола
**porous iron** ~ пористый железный электрод
**porous nickel** ~ пористый никелевый электрод
**powder** ~ порошковый электрод
**protective** ~ защитный электрод
**quasi-bipolar** ~ квазибиполярный электрод
**recombination** ~ рекомбинационный электрод
**redox** ~ редокс-электрод
**rotating disk** ~ вращающийся дисковый электрод

semiconductor ~ полупроводниковый электрод *(для фотоэлектрического солнечного элемента)*
silicon ~ кремниевый электрод
silicon heterojunction ~ кремниевый электрод с гетеропереходом
sodium ion-selective ~ ионоселективный натриевый электрод
spiral ~ спиральный электрод
sulfur tolerant ~ электрод, устойчивый [не чувствительный] к сере
transparent ~ прозрачный электрод *(солнечного элемента)*
wound ~ спиральный электрод
**electrodeposition** электролитическое осаждение, электроосаждение
cathodic ~ гальваническое [катодное электрохимическое] осаждение
**electrodeposits** электролитическое покрытие
**electrodialysis** электродиализ
**electroinsertion** электровнедрение
**electroluminescence** электролюминесценция
**electrolysis** электролиз
brine ~ электролиз раствора солей
chloralkali ~ хлорщелочной электролиз
gas-phase ~ газофазный электролиз
high-temperature ~ высокотемпературный электролиз
steam ~ электролиз водяного пара
wave-powered ~ электролиз с использованием волновой энергии
**electrolyte** электролит
acidic ~ кислотный электролит
alkaline ~ щелочной электролит
aprotic organic ~ апротонный органический электролит
aqueous carbonate ~ водный карбонатный электролит
ceria-based solid ~ твёрдый электролит на основе оксида церия
composite ~ композитный электролит
divalent ~ электролит с двухвалентными ионами
gel ~ гелеобразный электролит
gelled ~ загущённый электролит; гелеобразный электролит
immobilized ~ иммобилизованный электролит
inorganic ~ неорганический электролит
molten carbonate ~ расплавленный карбонатный электролит
molten salt ~ расплавленный солевой электролит
organic ~ органический электролит
polyethylene-sodium perchlorate ~ электролит перхлорат натрия — полиэтилен оксид

polymeric ~ полимерный электролит
polysilica ~ полисиликатный электролит
polyurethane ~ электролит на основе полиуретана
salt ~ солевой электролит
slightly acidic ~ слабокислотный электролит
solid oxide ~ твердооксидный электролит
solid polymer ~ твёрдый полимерный электролит
two-phase ~ двухфазный электролит
vitreous ~ стекловидный электролит

**electrolyzer** электролизёр
photoactivated ~ фотоактивируемый электролизёр

**electromagnet** электромагнит

**electromagnetism** электромагнетизм

**electromigration** электромиграция

**electron** электрон
hot ~ горячий электрон
photoinjected hot ~ фотоинжектированный горячий электрон

**electron-volt** электрон-вольт, эВ

**electroplating** нанесение гальванического покрытия, нанесение покрытия методом осаждения

**electroreduction** электролитическое восстановление

**electroreflectance** электроотражение

**electrosynthesis** электросинтез

**element** элемент
heat absorbing ~ теплопоглощающий элемент
holographic optical ~ голографический оптический элемент
photovoltaic ~ фотоэлектрический элемент
solar collector ~ элемент солнечного коллектора
thermionic ~ ядерный термоэмиссионный элемент
thermoelectric ~ термоэлектрический элемент

**elevation** высота
solar ~ высота Солнца

**ellipsometry** эллипсометрия

**emission** эмиссия
carbon monoxide ~ эмиссия оксида углерода

**emissivity, emittance** 1. излучательная способность 2. коэффициент излучения; коэффициент черноты
high ~ высокая излучательная способность
low ~ низкая излучательная способность

**emitter** 1. эмиттер 2. излучатель
diffused phosphorus ~ эмиттер, полученный диффузией фосфора
heavily doped [high] ~ сильнолегированный эмиттер
intermediate ~ промежуточный эмиттер, переизлучатель
low ~ слаболегированный эмиттер
pollution ~ источник загрязнения
selective ~ селективный излучатель

thermionic ~ термоэмиссионный эмиттер
V-grooved ~ эмиттер с V-образными канавками
**encapsulation** герметизация
bi-glass ~ двусторонняя герметизация
solar cell ~ герметизация солнечного элемента
**enclosure:**
concentrator ~ полость концентратора
polymeric ~ полимерная оболочка
**energy** энергия
alternative ~ энергия из альтернативных [нетрадиционных] источников
ambient ~ энергия окружающей среды
auxiliary ~ вспомогательная энергия
average photon ~ средняя энергия фотона
band gap ~ энергия свободного электрона *(в твёрдом теле)*
barrier ~ энергия (потенциального) барьера
biological ~ биологическая энергия
clean ~ чистая энергия
closed-cycle ocean thermal ~ замкнутый цикл использования тепловой энергии океана
comfort ~ энергия, расходуемая на создание комфортных условий; энергия для отопления и охлаждения зданий
dissociation ~ энергия диссоциации
electric(al) ~ электрическая энергия
free ~ свободная энергия
geothermal ~ геотермальная энергия
gravitational ~ гравитационная энергия
high ~ высокая [высокопотенциальная] энергия
hydrogen ~ водородная энергия
incident ~ падающая энергия
incident solar ~ падающая солнечная энергия
indirect ~ непрямые затраты энергии
interfacial ~ энергия межфазного взаимодействия
ionization ~ энергия ионизации
kinetic ~ кинетическая энергия
light ~ световая энергия
low ~ низкая [низкопотенциальная] энергия
magma ~ энергия магмы
maximum daily gross mechanical ~ максимальная суточная механическая энергопроизводительность
microwave ~ микроволновая энергия
ocean ~ энергия океана
photon ~ энергия фотона
radiant ~ лучистая энергия; энергия излучения
renewable ~ возобновляемая энергия
safe ~ безопасная энергия
sea ~ энергия моря
solar [sun(light)] ~ энергия солнечного света, солнеч-

ная энергия, энергия Солнца
tidal ~ энергия приливов, приливная энергия
total ~ полная энергия
total gross ~ все виды энергии
valence ~ энергия валентной зоны
wave ~ энергия волн
wind ~ энергия ветра, ветровая энергия

**engine** двигатель
**alternative combustion** ~ альтернативный двигатель внутреннего сгорания
**biomass-based Stirling** ~ двигатель Стирлинга, работающий на биомассе
**Brayton** ~ двигатель Брайтона
**buoyancy** ~ поплавковый двигатель
**compound** ~ комбинированная паровая машина; двухступенчатый двигатель
**compression ignition** ~ двигатель с воспламенением от сжатия
**diesel** ~ дизельный двигатель, дизель
**external combustion** ~ двигатель внешнего сгорания
**heat** ~ тепловой двигатель
**hydrogen-fueled** ~ двигатель на водородном топливе
**internal combustion** ~ двигатель внутреннего сгорания
**low-speed heat** ~ тихоходный тепловой двигатель
**methanol** ~ двигатель, работающий на метаноле
**MHD** ~ МГД-установка
**oxygen heat** ~ кислородный тепловой двигатель
**reciprocating solar** ~ поршневой солнечный двигатель
**solar** ~ солнечный двигатель
**solar Brayton** ~ солнечная тепловая машина с циклом Брайтона
**solar-driven heat** ~ солнечный тепловой двигатель
**solar gas** ~ газовый солнечный двигатель
**thermomagnetic heat** ~ термомагнитная тепловая машина
**two-cycle** ~ двухтактный двигатель
**water** ~ водяной двигатель
**wave** ~ ~ волновая энергетическая машина; двигатель на волновой энергии

**engineering** техника
**offshore** ~ шельфовая техника
**solar** ~ гелиотехника

**enhancement** улучшение, усиление ◇ ~ **in divacancy production** ускоренное образование дивакансий
**absorption** ~ увеличение поглощения

**enrichment:**
**uranium** ~ обогащение урана

**enthalpy** энтальпия

**entropy** энтропия

**entry** вход; шлюз
**air-lock** ~ **1.** шлюзовая камера **2.** утеплённый вход; вестибюль с двойной дверью

**envelope** оболочка

building ~ оболочка здания
environment окружающая среда
environmentalist специалист по охране окружающей среды
epitaxy эпитаксия
hot-wall ~ эпитаксия методом горячих стенок
liquid-phase ~ эпитаксия из жидкой фазы, жидкофазная [жидкостная] эпитаксия
molecular-beam ~ молекулярная [молекулярно-пучковая] эпитаксия
vapor-phase ~ эпитаксия из паровой [газовой] фазы, парофазная [газофазная] эпитаксия
equation уравнение
Ångström-type ~ уравнение Ангстрёма *(для оценки солнечной радиации)*
Arrenius ~ уравнение Аррениуса
continuity ~ уравнение непрерывности
diffusion ~ уравнение диффузии
diode ~ уравнение диода
Fresnel ~ уравнение Френеля
minority carrier diffusion ~ уравнение диффузии неосновных носителей
perfect gas ~ уравнение идеального газа
Poisson ~ уравнение Пуассона
Shockley-Read ~ уравнение Шокли — Рида
transport ~ уравнение переноса
equilibrium равновесие
chemical ~ химическое равновесие
equinox равноденствие
equipment оборудование
photovoltaic ~ фотоэлектрическое оборудование
photovoltaic measurement ~ оборудование для фотоэлектрических измерений
equivalent:
energy ~ энергетический эквивалент
erosion эрозия
wind ~ ветровая эрозия
error:
tracking ~ ошибка слежения
escalation:
zero differential ~ рост цены топлива и зарплаты одинаковыми темпами
estimation:
two-state Marcovian ~ оценка на основе двухуровневой марковской модели *(в солнечной энергосистеме)*
etching травление
photoelectrochemical ~ фотоэлектрохимическое травление
ethanol этанол
anhydrous ~ обезвоженный этанол
fermentation ~ этанол, полученный ферментацией *(из органических веществ)*
ethanolamine этаноламин
ethylene этилен
evaporation испарение

flash ~ мгновенное испарение
molecular beam ~ молекулярно-лучевое испарение
multisource ~ испарение из нескольких источников
evaporator испаритель
falling film ~ испаритель с падающими плёнками
solar ~ солнечный испаритель
vertical spout ~ испаритель с вертикальным разбрызгиванием
evolution:
hydrogen ~ выделение водорода
exchange обмен
electron ~ обмен электронами
ion ~ ионный обмен
exchanger теплообменник
counterflow heat ~ теплообменник со встречным движением теплоносителя
double-wall heat ~ теплообменник с двойной стенкой, теплообменник с рубашкой
heat ~ теплообменник
liquid-to-air heat ~ теплообменник «жидкость — воздух»
liquid-to-liquid heat ~ теплообменник «жидкость — жидкость»
metal hydride heat ~ металлогидридный теплообменник
water-air heat ~ водно-воздушный теплообменник, теплообменник «вода — воздух»
expander расширитель
organic ~ органический расширитель
expansion расширение
geothermal energy ~ расширение использования геотермальной энергии
thermal ~ тепловое расширение
extraction экстракция
solvent ~ экстракция растворителя
supercritical ~ сверхкритическая экстракция
eyeball:
solar ~ концентрирующий солнечный коллектор с газовой системой слежения

# F

fabrication изготовление
continuous ~ непрерывное изготовление
magnetron ~ изготовление путём магнетронного распыления
facility станция; установка
aquatic photovoltaic ~ плавучая фотоэлектрическая станция
central receiver test ~ испытательная установка с центральным приёмником
energy-storage ~ установка аккумулирования энергии
MHD ~ МГД-установка
photovoltaic ~ фотоэлектрическая станция
photovoltaic test ~ установ-

ка для испытания фотоэлектрических батарей
**solar hydrogen production** ~ установка для производства водорода с использованием солнечной энергии
**solar-powered drying** ~ солнечная сушильная установка
**utility-installed photovoltaic** ~ пущенная в эксплуатацию фотоэлектрическая станция
**factor** коэффициент; фактор
~ **of safety** фактор безопасности
**building heat-loss** ~ тепловые потери здания; потребности здания в тепле *(в расчёте на один градусо-день)*
**capacity** ~ коэффициент мощности
**concentration** ~ коэффициент концентрации *(излучения)*
**conversion fuel** ~ энергетический эквивалент топлива; теплотворная способность топлива
**emission** ~ коэффициент эмиссии; количество выбросов на единицу производимого продукта
**energy recovery** ~ фактор возмещения энергетических затрат
**environmental** ~ фактор окружающей среды, экологический фактор
**fill** ~ коэффициент заполнения *(вольт-амперной характеристики)*
**utilization** ~ коэффициент использования
**factory:**
**photovoltaic** ~ завод по производству фотоэлектрических батарей
**fan** вентилятор
**exhaust** ~ вытяжной вентилятор
**tube axial** ~ трубчатый осевой вентилятор
**tubular centrifugal** ~ трубчатый центробежный вентилятор
**farm** ферма
**demo wind** ~ демонстрационная ветровая ферма, группа демонстрационных ветроэлектростанций
**energy** ~ энергетическая ферма *(для получения энергии из биомассы)*
**fuel self-sufficient** ~ ферма с самообеспечением топливом
**offshore** ~ прибрежная ветровая ферма
**silvicultural** ~ энергетическая плантация из быстрорастущих деревьев
**solar** ~ солнечная ферма, солнечная электростанция
**fault** дефект
**feeder** питатель
**feet** футы
**one hundred cubic** ~ сто кубических футов *(единица измерения объёма природного газа)*
**fence:**
**solar electric** ~ солнечная электрическая изгородь
**fermentation** ферментация

continuous ~ непрерывная ферментация
ethanol ~ ферментация этанола
methane ~ ферментация метана
microbial ~ микробиологическая ферментация

**fertilizer** удобрение
bacterial ~ бактериальное удобрение
nitrogen ~ азотное удобрение

**fiber** волокно
glass ~ стекловолокно
lead-coated ~ волокно, покрытое свинцом
optical ~ волоконный световод

**fiberglass** стекловолокно, *фирм.* фиберглас

**field** 1. поле 2. пространство 3. область
array ~ поле (солнечных) батарей
back surface ~ поле на тыльной поверхности *(солнечного элемента)*
built-in ~ встроенное (электрическое) поле
depletion layer ~ поле обеднённого слоя
distributed collector ~ поле распределённых коллекторов
drift ~ дрейфовое поле
electrical ~ электрическое поле
flow ~ поле течения
front surface ~ поле на фронтальной поверхности *(солнечного элемента)*
Hall ~ поле Холла
heliostat ~ поле гелиостатов
induced ~ индуцированное поле
irradiation ~ поле излучения
junction internal ~ встроенное (электрическое) поле *p — n*-перехода
magnetic ~ магнитное поле
multidimensional electric ~ многомерное электрическое поле
oxide-charge-induced ~ (электрическое) поле, индуцированное зарядом в оксиде
photovoltaic ~ область фотоэлектричества
photovoltaic array ~ поле фотоэлектрических батарей
pulsation magnetic ~ пульсирующее магнитное поле
temperature ~ температурное поле
transverse magnetic ~ поперечное магнитное поле

**film** плёнка
amorphous chlorinated ~ плёнка аморфного кремния, легированного хлором
antireflection ~ неотражающая плёнка
conducting ~ проводящая плёнка
dielectric ~ диэлектрическая плёнка
doped ~ легированная плёнка
electrodeposited ~ электроосаждённая плёнка
electron-beam evaporated ~ плёнка, полученная мето-

дом электронно-лучевого испарения
**indium-tin oxide** ~ плёнка оксидов индия и олова *(для солнечных установок)*
**intrinsic** ~ плёнка из собственного полупроводника
**low-defect** ~ плёнка с малой концентрацией дефектов
**modified** ~ модифицированная плёнка
**obliquely deposited thin** ~ тонкая плёнка, напылённая под углом *(к подложке)*
**oil** ~ нефтяная плёнка
**polarized** ~ поляризованная плёнка
**reflecting** ~ отражающая плёнка
**self-supporting silicon** ~ самоподдерживающаяся плёнка кремния *(отслаиваемая от подложки)*
**spray deposited** ~ плёнка, нанесённая методом распыления
**thick** ~ толстая плёнка
**thin** ~ тонкая плёнка
**tin oxide** ~ плёнка оксида олова *(для солнечных установок)*
**transparent** ~ прозрачная плёнка
**vacuum-evaporated** ~ осаждённая в вакууме плёнка

**Filon** файлон *(продукт фирмы «Vistron Corp.», содержит фиберглас, полиэфир, с покрытием из тедлера)*

**filter** фильтр
**active power** ~ активный энергетический фильтр
**air** ~ воздушный фильтр
**anaerobic** ~ анаэробный фильтр
**band-pass** ~ полосовой фильтр
**dichroic** ~ дихроичный фильтр
**fabric** ~ тканевый фильтр
**infrared** ~ инфракрасный фильтр
**interference** ~ интерференционный фильтр
**narrow band-pass** ~ узкополосный фильтр
**trickling** ~ капельный фильтр

**filtration** фильтрация

**flame** пламя
**combustor** ~ пламя камеры сгорания
**hydrogen-oxygen** ~ водородно-кислородное пламя

**flange** фланец
**welding neck** ~ фланец с шейкой для приварки *(к трубопроводу)*

**flight** полёт
**solar(-powered)** ~ полёт с использованием солнечной энергии, солнечный полёт

**flow** поток; течение
**axisymmetric MHD** ~ осесимметричное МГД-течение
**converging** ~ сходящийся поток
**energy** ~ поток энергии
**fluid** ~ течение жидкости
**heat** ~ тепловой поток
**laminar** ~ ламинарный поток

MHD Couette ~ МГД-течение Куэтта
MHD generator channel ~ течение *(рабочего тела)* в канале МГД-генератора
natural air ~ естественный поток воздуха
pulsated ~ пульсирующее течение
recirculating ~ рециркуляционное течение
secondary ~ вторичное течение
sludge ~ течение стоков
turbulent ~ турбулентный поток
two-phase ~ течение двухфазного рабочего тела
unsteady ~ нестационарное обтекание
volume ~ объёмный поток
wake ~ поток в следе *(за ветроустановкой)*

**flowcell** элемент с проточным электролитом

**flowmeter** расходомер

**fluctuation** колебание; флуктуация
cloud-induced ~ флуктуация излучения, вызванная облачностью
random ~ случайная флуктуация
thermal ~ тепловая флуктуация

**fluid** жидкость, жидкая среда
cesium-seeded working ~ рабочее тело с присадкой цезия
collector ~ коллекторная жидкость; коллекторный теплоноситель
heat transfer [heat transport] ~ жидкий теплоноситель
working ~ рабочее тело

**fluidity** текучесть; жидкое состояние

**fluoride** фторид
graphite ~ фторированный графит
molten ~s расплав фторидов

**fluorine** фтор

**flutter** флаттер

**flux** поток *(излучения)*
heat ~ тепловой поток
incident ~ падающий поток
optical ~ оптический поток
photon ~ поток фотонов
radiant ~ лучистый поток
reflected ~ отражённый поток

**flywheel** маховик *(для аккумулирования энергии)*

**f-number** f-число *(концентратора)*

**focus** фокус *(концентратора)*
line ~ линейный фокус
point ~ точечный фокус

**fog** туман

**foil** фольга
silicon ~ 1. кремниевая фольга 2. лента кремния
solidified silicon ~ затвердевающая кремниевая фольга

**foot-candle** 1. фут-свеча (10,764 *лк*) 2. сила света на уровне пола

**force** сила
Coriolis ~ сила Кориолиса
electromotive ~ электродвижущая сила, эдс
gravitation ~ сила гравитации

image ~ сила отображения
inertial ~ сила инерции
lift ~ подъёмная сила
Van der Waals ~s ван-дер-ваальсовы силы
**formation** формирование, образование
dislocation ~ образование дислокаций
hydrogen ~ получение водорода
junction ~ формирование перехода
mixture ~ смесеобразование
**fraction:**
annual load ~ доля годовой *(тепловой)* нагрузки; доля годовой потребности *(в тепле)*
diffuse ~ рассеянная составляющая *(солнечной радиации)*
seed ~ содержание присадки
solar ~ доля солнечной энергии *(в потреблении энергии)*
**freezer:**
photovoltaic chest ~ фотоэлектрическая морозильная камера
**freon** фреон
**frequency** частота
angular ~ угловая частота
**front** фронт
crystallization ~ фронт кристаллизации
wave-energy ~ фронт волновой энергии
**fructose** фруктоза
**fuel** топливо
alternative automobile ~ альтернативное автомобильное топливо
biomass ~ топливо, полученное из биомассы
boiler ~ котельное топливо
briquetted ~ брикетированное топливо
clean ~ чистое топливо
ecological ~ экологическое топливо
farm tractor ~ топливо для фермерского трактора
fossil ~ ископаемое топливо
hydrocarbon conversed ~ топливо, полученное при конверсии метана
hydrogen ~ водородное топливо
liquid ~ жидкое топливо
liquid hydrogen ~ жидкое водородное топливо
nonfossil ~ неископаемое топливо
renewable ~ возобновляемое топливо
solar ~ солнечное топливо
synthetic liquid ~ синтетическое жидкое топливо
transportation ~ транспортное топливо
**fuelwood** топливо из дров
**function** функция
collection ~ функция собирания
optical transfer ~ оптическая передаточная функция
probability density ~ функция плотности вероятности
utilizability ~ коэффициент использования *(солнечной радиации)*
work ~ работа выхода
**functioning:**
diode ~ диодное функцио-

нирование *(солнечной отопительной системы)*

**fund:**

**Cabot** ~ фонд Кэбота *(по солнечной энергетике)*

**fundamentals of solar energy conversion** основы преобразования солнечной энергии

**furnace** печь

**arc** ~ дуговая печь

**electric** ~ электрическая печь

**high-temperature solar** ~ высокотемпературная солнечная печь

**image** ~ оптическая печь с параболоидными зеркалами; солнечная параболическая печь; печь с концентратором, сохраняющим изображение источника излучения

**solar** ~ солнечная печь

**two-stage solar** ~ двухзеркальная солнечная печь

**warm air** ~ калорифер

**fuse** предохранитель

**battery terminal** ~ предохранитель для аккумулятора

**fusion 1.** плавка, плавление, расплавление **2.** расплавленная масса **3.** ядерный синтез

**nuclear** ~ ядерный синтез

# G

**gage:**

**air** ~ манометр

**gain 1.** усиление **2.** коэффициент передачи

**heat** ~ увеличение теплоты *(за счёт солнечного излучения, природных факторов и деятельности людей)*

**indirect solar** ~ солнечная система отопления с промежуточным поглощением и перераспределением энергии; пассивная солнечная система непрерывного нагрева

**internal** ~ внутреннее тепловыделение *(в здании)*

**isolated solar** ~ изолированная солнечная система отопления; пассивная солнечная система с передачей тепла от изолированного приёмника излучения

**solar** ~ доля солнечной энергии, поступающей через остекление зданий, в потреблении энергии

**useful energy** ~ коэффициент передачи полезной энергии

**galena** галенит *(сульфид свинца)*

**gallium** галлий

**gap** запрещённая (энергетическая) зона; ширина запрещённой (энергетической) зоны

**band** ~ запрещённая (энергетическая) зона; ширина запрещённой (энергетической) зоны

**constant band** ~ постоянная ширина запрещённой зоны

**direct band** ~ зона с прямыми переходами

**energy** ~ запрещённая энергетическая зона
**graded band** ~ переменная ширина запрещённой (энергетической) зоны
**high band** ~ широкая запрещённая зона *(в полупроводнике)*
**insulator** ~ изоляторная вставка *(в МГД-генераторе)*
**low band** ~ узкая запрещённая зона *(в полупроводнике)*
**optical band** ~ оптическая ширина запрещённой (энергетической) зоны
**wide band** ~ широкая запрещённая зона *(в полупроводнике)*

**gas** газ
~ **of low calorific value** низкокалорийный газ
**acid** ~ кислый газ
**bottled** ~ сжиженный газ в баллонах, баллонный газ
**digester** ~ анаэробный газ
**dry** ~ сухой газ; осушенный газ
**fuel** ~ топливный газ
**gasification** ~ газ, полученный в процессе газификации
**gobar** ~ биогаз
**ideal** ~ идеальный газ
**inert** ~ инертный газ
**landfill** ~ газ из органических отходов, биогаз из естественных грунтовых выемок
**noncondensable** ~ неконденсирующийся газ
**perfect** ~ идеальный газ
**pyrolysis** ~ пиролитический газ
**synthesis** ~ синтез-газ
**wood** ~ газ, полученный из древесины

**gasification** газификация
**air** ~ воздушная газификация *(угля)*
**allothermal** ~ аллотермическая газификация
**biomass** ~ газификация биомассы
**catalytic** ~ каталитическая газификация
**electrochemical** ~ электрохимическая газификация
**fluidized-bed** ~ газификация в псевдоожиженном [кипящем] слое
**lignite** ~ газификация лигнита
**pyrolysis** ~ пиролитическая газификация

**gasifier** газогенератор
**counter-current** ~ противоточный газогенератор
**fluidized-bed** ~ газогенератор с псевдоожиженным слоем

**gasohol** бензоспирт, газохол *(торговая марка автомобильного топлива, содержащего 10% этилового спирта и 90% бензина)*

**gasoline** бензин
**alcohol** ~ алкогольный бензин, бензин с добавкой спирта

**gassing** газовыделение

**gel** гель
**anode** ~ анодный гель
**cloud** ~. облачный гель, «клауд гель» *(торговая марка оконного стекла с*

*изменяющейся прозрачностью)*
**silica** ~ силикагель
**gelatin** желатин
**generation** генерация, производство
**biogas** ~ производство биогаза
**carrier** ~ генерация носителей (заряда)
**direct-to-load photovoltaic power** ~ фотоэлектрическое получение энергии непосредственно у потребителя *(в месте потребления)*
**dispersed photovoltaic** ~ производство энергии с помощью распределённых фотоэлектрических генераторов
**electric arc plasma steam** ~ производство пара в плазме дугового разряда
**photoinitiated hydrogen** ~ фотоинициированное производство водорода
**photovoltaic** ~ генерирование (энергии) с помощью фотоэлектричества
**solar electric [solar power]** ~ производство электроэнергии из энергии солнца
**specific annual energy** ~ удельная годовая выработка энергии
**stochastic magnetic field** ~ стохастическая генерация магнитного поля
**utility-interactive photovoltaic** ~ взаимодействие с энергосистемой фотоэлектрических генераторов
**wind** ~ производство энергии с помощью ветра
**generator** генератор
**argon-cesium MHD** ~ аргон-цезиевый МГД-генератор
**asynchronous** ~ асинхронный генератор
**back-up** ~ резервный генератор
**brushless excited** ~ генератор с бесщёточным возбуждением
**buoyancy driven power** ~ генератор, использующий подъёмную силу поплавков
**coal-fired MHD** ~ МГД-генератор, работающий на продуктах сгорания угля
**compact hydrogen** ~ компактный генератор водорода
**diagonal MHD** ~ диагональный МГД-генератор
**electric** ~ электрический генератор
**eolic** ~ ветровой генератор, ветрогенератор
**Faraday MHD** ~ МГД-генератор Фарадея
**fluid pipe** ~ генератор в трубопроводе для перекачки жидкости
**fluid powered electrical** ~ струйный ветрогенератор
**fuel** ~ топливный генератор
**fuel cell** ~ генератор на топливных элементах
**geophysical MHD** ~ геофизический МГД-генератор
**gravity driven power** ~ гравитационный электрогенератор
**high-voltage photovoltaic** ~

высоковольтный электрический генератор
**homopolar** ~ униполярный генератор
**hydrogen** ~ генератор водорода
**hydrogen fueled thermoelectric** ~ термоэлектрический генератор на водородном топливе
**hydrogen-oxygen steam** ~ водородно-кислородный парогенератор
**induction** ~ индукционный генератор
**large-scale MHD** ~ крупномасштабный МГД-генератор
**liquid-metal MHD** ~ жидкометаллический МГД-генератор
**low-inertia steam** ~ малоинерционный (солнечный) парогенератор
**magnetoplasmodynamic** ~ магнитоплазмодинамический генератор
**MHD disk** ~ МГД-генератор дискового типа
**nonequilibrium MHD** ~ МГД-генератор с неравновесной плазмой
**open-cycle MHD** ~ МГД-генератор с открытым циклом
**permanent-magnet** ~ генератор с постоянными магнитами
**photovoltaic** ~ фотоэлектрический генератор
**photovoltaic thermoelectric** ~ фототермоэлектрический генератор
**plasma** ~ генератор плазмы
**pulsed MHD** ~ импульсный МГД-генератор
**pyroelectric** ~ пироэлектрический генератор
**recirculating** ~ генератор с непрерывной циркуляцией *(теплоносителя)*
**rocket-driven MHD** ~ МГД-генератор с ракетной камерой сгорания
**self-excited induction** ~ генератор с самовозбуждением
**separately excited** ~ генератор с независимым возбуждением
**shunt excited** ~ генератор с шунтовым возбуждением
**slagging MHD** ~ МГД-генератор со шлаковой плёнкой
**solar** ~ солнечный генератор
**solar vapor** ~ солнечный парогенератор
**subsonic** ~ дозвуковой генератор
**subsonic Faraday-type MHD** ~ дозвуковой фарадеевский МГД-генератор
**supersonic** ~ сверхзвуковой генератор
**synchronous** ~ синхронный генератор
**terrestrial solar** ~ наземный солнечный генератор
**thermochemical magnetic** ~ магнитотермохимический генератор
**thermomagnetic** ~ термомагнитный генератор
**thermomechanical electrical** ~ термомеханический электрогенератор

turbine ~ турбогенератор
variable speed wind ~ ветрогенератор с переменной скоростью вращения
wave (action) [wave activated] power ~ волновой генератор энергии
wind (power) ~ ветровой генератор, ветрогенератор
wind turbine(-driven) ~ генератор с приводом от ветровой турбины, ветровой турбинный генератор

**geometry** геометрия, конфигурация
junction ~ геометрия *p — n*-перехода

**geophysics** геофизика

**getter** геттер

**gettering** геттерирование *(примесей или дефектов)*
backside damage ~ геттерирование с помощью дефектной области на тыльной поверхности *(солнечного элемента)*
impurity ~ геттерирование примесей

**geyser** гейзер

**glass** стекло
coating ~ покровное стекло
cover ~ покровное стекло; защитное стекло
double ~ двойное стекло
ionic conductive ~ стекло с ионной проводимостью
laminated ~ многослойное стекло
low-iron ~ стекло с низким содержанием железа *(для солнечных установок)*
phosphosilicate ~ фосфоросиликатное стекло
plate ~ зеркальное стекло
prismatic cover ~ призматическое покровное стекло
safety ~ 1. защитное стекло 2. безосколочное стекло; небьющееся стекло
sol-gel ~ стекло «солнечный гель»
water-white ~ стекло цвета чистой воды

**glassing:**
direct ~ непосредственное крепление стекла *(к солнечному элементу)*

**glazing** остекление
double ~ двойное остекление
single ~ одинарное остекление
sunspace ~ остекление солнечных помещений
triple ~ тройное остекление

**glucose** глюкоза

**glycol** гликоль *(в антифризе)*
triethylene ~ триэтиленгликоль

**gradient** градиент
compositional ~ градиент состава
gap ~ градиент ширины запрещённой зоны *(в полупроводнике)*
geothermal ~ геотермальный градиент *(температуры в земле)*
solar radiation pressure ~ градиент давления солнечных лучей

**graph** график
duration ~s графики частотного распределения *(солнечной радиации)*

**graphite** графит

**anisotropic** ~ анизотропный графит *(в аккумуляторе)*

**grating** решётка

**diffraction** ~ нанесение штрихов дифракционной решётки

**volume holographic** ~ объёмная голографическая решётка

**greenhouse** парник, теплица

**solar** ~ гелиотеплица

**grid 1.** электродная решётка **2.** сеть **3.** контактная сетка *(солнечного элемента)* **4.** энергосистема

**diesel power** ~ энергосистема из дизельных электростанций

**metal** ~ металлическая контактная сетка

**growth 1.** рост **2.** выращивание ◇ ~ **by heat exchanger method** выращивание *(кристаллов)* методом теплообменника; ~ **from melt** выращивание *(кристаллов)* из расплава

***a*-Si:H** ~ выращивание аморфного гидрогенизированного кремния

**Czochralski** ~ выращивание *(кристаллов)* методом Чохральского

**dendritic** ~ **1.** рост дендритов **2.** выращивание дендритов

**edge-defined film-fed** ~ выращивание профилированных лент через фильеру

**edge-stabilized silicon ribbon** ~ выращивание профилированных лент кремния

**epitaxial** ~ эпитаксиальный рост

**exponential** ~ экспоненциальный рост

**heteroepitaxial** ~ гетероэпитаксиальное выращивание

**load** ~ рост нагрузки

**monitored** ~ управляемое выращивание

**multiple silicon ribbon** ~ одновременное выращивание нескольких лент кремния

**photoheterotropic** ~ фотогетеротропное выращивание *(водорослей)*

**silicon ribbon** ~ выращивание ленты кремния

**silicon sheet** ~ выращивание листового кремния

**vapor-liquid-solid** ~ выращивание *(кристаллов)* из фаз газ — жидкость — твёрдое тело

**vapor phase** ~ выращивание *(кристаллов)* из газовой [паровой] фазы

**VLS** ~ выращивание *(кристаллов)* из фаз газ — жидкость — твёрдое тело

**gust** порыв ветра

# H

**half-cell** нормальный элемент

**halogen** галоген

**harmonics** гармонические колебания, гармоники

**harvesting** сбор [уборка] урожая

biomass ~ сбор урожая биомассы
solar energy ~ собирание солнечной энергии
**hazard** риск, опасность
health ~ опасность для здоровья
**haze** дымка, мгла
**head** 1. напор 2. головка
~ of combustion chamber головка камеры сгорания
friction ~ потери напора на трение *(в трубопроводах)*
high ~ высокий напор
hydrostatic ~ давление водяного столба
low ~ низкий напор
**heat** тепло; теплота
~ of combustion теплота сгорания *(топлива)*
~ of condensation теплота конденсации
~ of fusion теплота плавления
~ of vaporization теплота парообразования, теплота испарения
civic ~ тепло для гражданских нужд
crystallization ~ теплота кристаллизации
deep ~ глубинное тепло
electrical ~ электрическое тепло; джоулево тепло; тепло, возникающее при движении электронов
geothermal ~ геотермальное тепло; тепло земной коры
industrial process ~ теплота, используемая для промышленных целей
latent ~ скрытая теплота *(конденсации или затвердевания)*
total ~ теплосодержание, энтальпия
useful solar ~ полезное солнечное тепло
waste ~ отходящая [сбросная] теплота
wet ~ влажное тепло
**heater** нагреватель
bath-type solar water ~ солнечный водонагреватель в виде ванны
built-in storage solar water ~ солнечный водонагреватель со встроенным тепловым аккумулятором
collective solar water ~ коллективный солнечный водонагреватель
direct-fired ~ нагреватель воздуха с прямым обогревом
double-loop solar ~ двухконтурный солнечный нагреватель
flat-plate solar water ~ плоский солнечный водонагреватель
forced-circulation solar water ~ солнечный водонагреватель с принудительной циркуляцией
hot-water ~ водонагреватель
matrix(-type) solar air ~ солнечный воздухонагреватель матричного типа
multiple-pass solar air ~ многоходовой солнечный воздухоподогреватель
multitunnel air ~ многоканальный воздухонагреватель
shallow solar pond water ~ водонагреватель, использу-

ющий принцип мелкого солнечного пруда
**solar** ~ солнечный нагреватель
**solar air** ~ солнечный воздухоподогреватель
**solar collector-storage water** ~ солнечный водонагреватель с коллектором-аккумулятором
**storage** ~ тепловой аккумулятор
**thermosiphon circulation [thermosiphon-driven] solar water** ~ термосифонный солнечный водонагреватель
**two-glass-cover solar air** ~ солнечный воздухоподогреватель с двойным остеклением
**two-outlet** ~ двухканальный нагреватель
**two-pass solar air** ~ двухходовой солнечный воздухоподогреватель
**two-phase water** ~ двухфазный водонагреватель
**unit** ~ отопительный агрегат; конвектор; калорифер
**water** ~ водонагреватель

**heating** 1. нагрев, нагревание 2. обогрев, отопление
**automatic** ~ автоматизированное отопление; автоматический нагрев *(воздуха или воды)*
**corner** ~ прогрев периферийной области *(электрохимического элемента)*
**degree-day** ~ потребности в отоплении в градусо-днях
**district** ~ 1. центральное отопление 2. отопление группы зданий; отопление жилого района
**forced-air** ~ принудительное воздушное отопление
**house** ~ отопление дома
**solar** ~ солнечный обогрев; солнечное отопление
**solar space** ~ солнечное отопление помещений
**time-lag** ~ нагрев с выдержкой времени, инерционный нагрев
**water** ~ водяное отопление

**height** высота
**barrier** ~ высота (потенциального) барьера
**hub** ~ высота оси ветровой турбины
**potential barrier** ~ высота потенциального барьера
**tide** ~ высота прилива

**heliochronometry** гелиохронометрия *(определение времени по положению Солнца)*

**heliostat** гелиостат
**stretched-membrane** ~ гелиостат с напряжённой мембраной

**heliothermometer** гелиотермометр

**helium** гелий
**liquid** ~ жидкий гелий

**hematite** гематит *(материал для электрода)*

**hemisphere** полусфера *(отражателя)*
**clear** ~ прозрачная полусфера
**mirrored** ~ зеркальная полусфера

**heteroepitaxy** гетероэпитаксия

**heteroface** лицевая поверхность *(солнечного элемента)* с гетеропереходом

**heterojunction** гетеропереход
- **isotype** ~ изотипный гетеропереход
- **photovoltaic** ~ фотоэлектрический гетеропереход
- **screen printed** ~ гетеропереход, полученный методом сеткографии

**heterostructure** гетероструктура
- **mixed** ~ сложная гетероструктура

**HISPER** ХИСПЕР *(компьютерная программа для оценки параметров солнечной установки)*

**HITEX** ХИТЕКС *(эвтектическая смесь, используемая в качестве рабочего тела в солнечной теплоэлектрической установке)*

**holder:**
- **gas** ~ газгольдер; газохранилище

**hole** дырка
- **photoexcited** ~ фотовозбуждённая дырка

**homojunction** гомопереход
- **shallow** ~ мелкий гомопереход
- **Shockley** ~ гомопереход Шокли

**horsepower** лошадиная сила, л.с.; мощность в л.с.
- **air** ~ воздушная лошадиная сила; мощность в л.с., затрачиваемая на перекачку воздуха
- **boiler** ~ мощность котла в л.с.
- **design** ~ расчётная мощность в л.с.
- **effective** ~ эффективная мощность в л.с.
- **indicated** ~ индикаторная мощность в л.с.

**horsepower-hour** лошадиная сила-час

**hot-spot** место перегрева *(солнечной батареи)*, «горячая точка»

**hour** час
- **~s of storage** число часов работы *(энергетической установки)* от аккумулятора; время разряда аккумулятора

**house** дом
- **multiapartment solar** ~ многоквартирный солнечный дом
- **multifamily solar** ~ многосемейный солнечный дом
- **one-family solar** ~ односемейный солнечный дом
- **photovoltaic-powered** ~ дом с электроснабжением от фотоэлектрических батарей
- **plastic** ~ плёночная теплица
- **solar** ~ солнечный дом
- **solar-heated** ~ дом с солнечным отоплением
- **total energy** ~ дом с полным энергообеспечением

**humidifier** увлажнитель

**humidistat** гигростат; регулятор влажности

**humidity** влажность
- **absolute** ~ абсолютная влажность
- **isopsychric** ~ постоянная относительная влажность
- **relative** ~ относительная влажность

**hyacinth:**
**water** ~ водный гиацинт *(для получения биомассы)*
**hydrate** гидрат
**salt** ~s гидраты солей
**sodium salt** ~ гидрат солей натрия *(для солнечного пруда)*
**hydration** гидратация
**hydride** гидрид
**solid** ~ твёрдый гидрид
**hydrocarbon** углеводород
**light** ~s лёгкие углеводороды
**hydrodynamics** гидродинамика
**hydroelectricity** гидроэлектричество
**hydrogen** водород
**inexhaustible** ~ неисчерпаемый водород
**monoatomic** ~ атомарный водород
**nuclear-electrolytic** ~ водород, полученный электролизом с использованием атомной энергии
**hydrogenase** гидрогеназа
**hydrogenation** гидрогенизация
**electrochemical** ~ электрохимическая гидрогенизация
**hydrography** гидрография
**hydroliquefaction** сжижение
**catalytic** ~ каталитическое сжижение
**hydrology** гидрология
**hydrolysis** гидролиз
**acid** ~ кислотный гидролиз
**low-temperature** ~ низкотемпературный гидролиз
**hydromechanics** гидромеханика
**hydrometer** ареометр
**optical-type** ~ оптический ареометр
**hydropower** гидроэнергия
**hydrosphere** гидросфера
**hydrostat** гидростат
**hydrostatics** гидростатика
**hydrostorage** гидроаккумулирование
**hydrotreating** гидрообработка
**hydroxide** гидроксид
**calcium** ~ гидроксид кальция
**cobalt** ~ гидроксид кобальта
**nickel** ~ гидроксид никеля
**hysteresis** гистерезис

# I

**ice** лёд
**vacuum** ~ вакуумный лёд
**ice-house** ледник; льдохранилище
**igniter** воспламенитель; зажигатель
**piezoelectric** ~ пьезоэлектрический воспламенитель
**ignition** воспламенение; зажигание
**illuminants** примеси, дающие светящееся окрашенное пламя *(при сгорании газа)*
**illumination** освещение
**bifacial** ~ двустороннее освещение
**high-flux** ~ освещение потоком высокой интенсивности

**high-intensity** ~ освещение с высокой интенсивностью
**nonuniform** ~ неоднородное освещение
**photovoltaic** ~ фотоэлектрическое освещение
**solar** ~ солнечное освещение
**image** изображение
~ **of the sun** изображение солнца
**heliostat** ~ изображение, формируемое гелиостатом
**imager:**
**reflecting** ~ отражатель, сохраняющий изображение *(объекта)*
**impact 1.** удар; толчок **2.** воздействие; влияние
**environmental** ~ влияние на окружающую среду
**implantation** имплантация
**ion** ~ ионная имплантация
**implanter** установка ионной имплантации
**ion** ~ установка ионной имплантации
**impurity** примесь
**deep-level** ~ примесь, создающая глубокий (энергетический) уровень
**spin-on** ~ примесь, полученная методом центрифугирования
**inch** дюйм
~ **of mercury** дюйм ртутного столба *(единица давления)*
~ **of water** дюйм водного столба *(единица давления)*
**incineration** сжигание
**incinerator** мусоросжигательная печь
**inclination 1.** наклон *(напр. солнечной установки)* **2.** склонение
**index** индекс; показатель; коэффициент
~ **of refraction** коэффициент преломления
**discomfort** ~ показатель дискомфорта
**refractive** ~ коэффициент преломления
**indicator** индикатор
**battery condition** ~ индикатор степени заряда батареи
**electrolyte level** ~ индикатор уровня электролита
**sun intensity** ~ индикатор интенсивности солнечного излучения
**induction** индукция
**industry** промышленность
**photovoltaic** ~ фотоэлектрическая промышленность
**solar** ~ гелиоэнергетическая промышленность, гелиоэнергетика
**solar thermal** ~ гелиотеплоэнергетическая промышленность, гелиотеплоэнергетика
**wind** ~ ветроэнергетическая промышленность, ветроэнергетика
**ingot 1.** слиток **2.** выращенный кристалл
**Czochralski grown** ~ кристалл, выращенный по методу Чохральского
**multicrystalline silicon** ~ слиток поликристаллического кремния
**inhibition:**
**growth-rate** ~ замедление скорости роста
**inhibitor** ингибитор

**inhomogeneity** неоднородность
**internal** ~ внутренняя неоднородность
**injection** инжекция
**controlling** ~ регулируемая инжекция
**direct** ~ прямая инжекция
**forward-bias** ~ инжекция при прямом смещении
**high** ~ сильная инжекция
**minority-carrier** ~ инжекция неосновных носителей (заряда)
**injector** инжектор
**hydrogen** ~ водородный инжектор
**insertion** внедрение
**lithium** ~ внедрение лития
**insolation** энергетическая экспозиция солнечного излучения, инсоляция
**clear day** ~ энергия солнечного излучения в ясный день
**diffuse** ~ энергетическая экспозиция рассеянного солнечного излучения, рассеянная инсоляция
**direct** ~ энергетическая экспозиция прямого солнечного излучения, прямая инсоляция
**direct normal** ~ прямое солнечное излучение на поверхность, перпендикулярную к излучению
**global** ~ энергетическая экспозиция суммарного солнечного излучения на горизонтальной поверхности, инсоляция на горизонтальной поверхности
**total** ~ энергетическая экспозиция суммарного солнечного излучения на наклонной поверхности, суммарная инсоляция на наклонной поверхности; суммарная солнечная радиация
**instability** неустойчивость
**MHD resistive** ~ резистивная МГД-неустойчивость
**installation** установка
**high-ratio** ~ установка с высокой концентрацией *(солнечного излучения)*
**parallel piping** ~ установка с параллельно соединёнными трубами
**Institute:**
**Electric Power Research** ~ Электроэнергетический научно-исследовательский институт *(США)*
**insulation** изоляция
**honeycomb** ~ сотовая изоляция
**light transmissive** ~ светопрозрачная изоляция
**transparent** ~ прозрачная изоляция
**V-corrugated** ~ изоляция с V-образным рифлением
**intensity** интенсивность
**$AM_1$ solar** ~ интенсивность солнечного излучения со спектром, соответствующим атмосферной массе 1
**calorific** ~ температура сгорания *(топлива)*; интенсивность сгорания
**energy** ~ интенсивность энергии
**illumination** ~ интенсивность освещения
**solar (radiation) [sun]** ~

интенсивность солнечного излучения
**interaction** взаимодействие
**aerodynamic** ~ аэродинамическое взаимодействие
**electron-lattice** ~ электронно-решёточное взаимодействие
**rock-water** ~ взаимодействие горных пород
**sodium-concrete** ~ взаимодействие натрия и бетона
**strong MHD** ~ сильное МГД-взаимодействие
**intercalation** интеркалирование
**interconnection** соединение
**welded** ~ сварное соединение *(напр. солнечных элементов)*
**intercooling** внутреннее охлаждение *(при сжатии газа)*
**interface** поверхность раздела; граница раздела
**membrane-solution** ~ граница раздела мембрана — раствор
**platinum/electrolyte** ~ граница раздела платина — электролит
**semiconductor-electrolyte** ~ поверхность раздела полупроводник — электролит
**solar cell-air** ~ поверхность раздела солнечный элемент — воздух
**solid/liquid** ~ поверхность раздела твёрдое тело — жидкость
**interrupter** размыкатель
**cell circuit** ~ размыкатель для электрохимического элемента
**interseparator:**
**modified cellophane** ~ модифицированный целлофановый сепаратор
**interstitial** междоузлие *(в кристаллическом полупроводнике)*
**interval** интервал
**demand** ~ интервал времени, в котором потребление энергии соответствует потребности *(в среднем)*; интервал удовлетворённого спроса *(на энергию)*
**introduction** введение, внесение
**defect** ~ введение дефектов
**inventory** инвентаризация
**emission** ~ инвентаризация выбросов загрязняющих веществ
**inversion** инверсия
**surface** ~ поверхностная инверсия
**inverter** инвертор
**line-commutated** ~ инвертор с синхронизацией от сети
**load independent** ~ инвертор с кпд, не зависящим от нагрузки
**resonant** ~ резонансный преобразователь
**stand-alone** ~ автономный инвертор
**synchronous** ~ инвертор, синхронизирующийся с сетью
**three-level bridge** ~ трёхуровневый мостовой инвертор, инвертор по мостовой схеме с тремя уровнями напряжения
**transformerless** ~ бестрансформаторный инвертор

**ion** ион
**ionization** ионизация
  **full ~** полная ионизация
**irradiance** поверхностная плотность потока излучения; энергетическая освещённость
  **back ~** энергетическая освещённость тыльной поверхности *(солнечного элемента)*
  **diffuse ~** поверхностная плотность потока рассеянного излучения; энергетическая освещённость рассеянного излучения
  **direct ~** поверхностная плотность потока прямого солнечного излучения; энергетическая освещённость прямого солнечного излучения
  **fixed ~** фиксированная поверхностная плотность потока излучения; фиксированная (энергетическая) освещённость
  **front ~** энергетическая освещённость передней поверхности *(солнечного элемента)*
  **global ~** поверхностная плотность потока суммарного солнечного излучения *(на горизонтальной поверхности)*
  **incident ~** поверхностная плотность падающего потока излучения; (энергетическая) освещённость падающего излучения
  **solar ~** поверхностная плотность потока солнечного излучения; энергетическая освещённость солнечного излучения
  **solar spectral ~** спектральное распределение солнечного излучения
  **spectral ~** спектральная плотность потока (солнечного) излучения
  **spectral photon ~** спектральная плотность потока электронов
  **total ~** поверхностная плотность потока суммарного солнечного излучения; энергетическая освещённость суммарного солнечного излучения *(на наклонной поверхности)*, суммарная облучённость
**irradiation** энергетическая экспозиция *(энергия излучения, поступающая на единицу площади поверхности за определённый промежуток времени)*
  **diffuse ~** энергетическая экспозиция рассеянного излучения
  **direct ~** энергетическая экспозиция прямого солнечного излучения
  **global ~** энергетическая экспозиция суммарного солнечного излучения *(на горизонтальной поверхности)*
  **solar ~** энергетическая экспозиция солнечного излучения
  **total ~** энергетическая экспозиция суммарного солнечного излучения *(на наклонной поверхности)*
**irrigation** ирригация

**solar powered** ~ ирригация, использующая солнечную энергию *(для привода насосов)*

**island:**

**ultrafine metal** ~ сверхтонкий металлический островок

**isolation** изоляция

**fault** ~ повреждённая изоляция

**junction** ~ изоляция перехода

**isomerization** изомерное превращение, изомеризация

# J

**jacket** уплотнение, оболочка

**vacuum** ~ вакуумное уплотнение, вакуумная оболочка

**joint** соединение; стык

**expansion** ~ соединение *(трубопровода)* для компенсации линейного расширения

**weld** ~ сварное соединение

**joule** джоуль, Дж

**junction** переход; контакт; *p — n*-переход

**asymmetric** ~ несимметричный *p — n*-переход

**cell** ~ переход в (солнечном) элементе

**diffused** ~ диффузионный переход

**diode** ~ диодный переход

**induced** ~ индуцированный переход

**isotype** ~ изотипный переход

**laser processed** ~ переход, изготовленный методом лазерной обработки

**liquid** ~ жидкий *p — n*-переход

**metal-semiconductor** ~ переход металл-полупроводник

**oxide-charge induced** ~ переход, индуцированный встроенным зарядом в слое оксида

**photovoltaic** ~ фотоэлектрический *p — n*-переход

**planar** ~ планарный *p — n*-переход

**p-n** ~ *p — n*-переход

**Schottky barrier** ~ барьер Шоттки

**semiconductor electrolyte** ~ переход полупроводник — электролит

**shallow** ~ мелкий переход

**single** ~ одиночный *p — n*-переход

**solid-state** ~ *p — n*-переход в твёрдом теле

**step** ~ резкий *p — n*-переход

**surface barrier** ~ переход с поверхностным барьером

**tunneling** ~ туннельный переход

# K

**killer:**

**lifetime** ~ примесь, резко уменьшающая время жизни *(носителей заряда)*

**kiln** сушильная печь
**solar dry** ~ гелиосушилка
**solar/wood energy** ~ солнечно-дровяная сушильная печь
**kilovolt-ampere** киловольт-ампер, кВА
**kilowatt** киловатт, кВт
**kilowatt-hour** киловатт-час, кВт·ч
**kinetics** кинетика
**annealing** ~ кинетика отжига
**growth** ~ кинетика роста
**reaction** ~ кинетика реакций

# L

**lactose** лактоза, молочный сахар
**lagoon** лагуна, мелкий пруд
**anaerobic** ~ анаэробный бассейн
**lake** озеро
**solar** ~ солнечное озеро
**laminate** листовой слоистый материал
**lamination** ламинирование
**vacuum** ~ вакуумное ламинирование
**laminator** ламинатор *(установка для нанесения слоистого пластика)*
**solar array** ~ установка для герметизации солнечной батареи
**lamp** лампа
**arc** ~ дуговая лампа
**gas** ~ газовая лампа
**hydrogen ceramic mantle gas** ~ водородная газовая лампа с керамическим излучателем
**safety** ~ безопасная лампа
**land:**
**marginal** ~ засушливая земля
**langley** лэнгли *(единица измерения интенсивности солнечного излучения, 1 лэнгли = 1 кал/см²)*
**lanthanum** лантан
**laser** лазер
**excimer** ~ эксимерный лазер
**gas** ~ газовый лазер
**solar (powered) gas** ~ солнечный газовый лазер
**solar pumped** ~ лазер с солнечной накачкой
**latex** латекс
**latitude** широта *(местности)*
**high** ~ высокая широта
**low** ~ низкая широта
**lattice** (кристаллическая) решётка
**crystal** ~ кристаллическая решётка
**restoring crystal** ~ восстановленная кристаллическая решётка
**law** закон
~ **of refraction** закон преломления
~ **of superposition** закон суперпозиции
~ **of the cube** закон кубов *(мощность ветроустановки пропорциональна кубу скорости ветра)*
~ **of thermodynamics** закон термодинамики

**Darcy's** ~ закон Дарси *(для скорости потока жидкости в пористой среде)*
**ideal gas** ~ закон идеального газа
**Joule's** ~ закон Джоуля
**solar access** ~ **1.** право на солнечную энергию **2.** правовые аспекты солнечной энергетики; законодательство по солнечной энергетике
**Wien's** ~ закон Вьена

**layer** слой
**air-filled insulation** ~ заполненный воздухом теплоизоляционный слой
**anodic** ~ анодный слой
**atmospheric** ~ атмосферный слой
**barrier** ~ барьерный слой, сепаратор
**base** ~ базовый слой *(солнечного элемента)*
**binder** ~ связующий слой
**boundary** ~ (по)граничный слой
**cloud** ~ облачный слой
**coal slag** ~ слой угольного шлака *(в МГД)*
**conductive oxide** ~ проводящий оксидный слой
**dead** ~ мёртвый слой
**depletion** ~ обеднённый слой
**dichromated gelatin** ~ дихроматичный желатиновый слой
**dipole** ~ дипольный слой
**doped** ~ легированный слой
**double** ~ двойной слой
**electrical double** ~ электрический двойной слой
**epitaxial** ~ эпитаксиальный слой
**gelatin** ~ желатиновый слой
**gradient** ~ слой с градиентом (температуры)
**Helmholtz** ~ слой Гельмгольца
**high-emission** ~ слой с высокой излучательной способностью
**immersion-formed** ~ иммерсионный слой; слой, образованный электролитическим осаждением
**intermediate** ~ промежуточный слой
**intrinsic** ~ слой с собственной электропроводностью
**inversion** ~ инверсионный слой
**low-emission** ~ слой с низкой излучательной способностью
**monocrystalline** ~ монокристаллический слой
**near-electrode** ~ приэлектродный слой
**passivating** ~ пассивирующий слой
**plasma turbulent boundary** ~ граничный слой турбулентной плазмы
**polarized slag** ~ поляризованный шлаковый слой
**screen-printed** ~ слой, полученный методом сеткографии
**sealing** ~ уплотняющий [герметизирующий] слой
**semiconductor** ~ полупроводниковый слой
**semi-transparent** ~ полупрозрачный слой

**shallow diffused** ~ диффузионный слой
**sintered** ~ спечённый слой
**slag** ~ шлаковый слой
**spatially modulated intrinsic** ~ пространственно модулированный собственный слой
**storage** ~ аккумулирующий слой *(в солнечном пруде)*
**surface** ~ поверхностный слой
**turbulent boundary** ~ турбулентный пограничный слой
**undoped** ~ нелегированный слой

**leaching** выщелачивание, травление
**acid** ~ кислотное травление

**lead** свинец

**leakage** утечка
**current** ~ утечка тока
**interelectrode current** ~ межэлектродная утечка тока
**perimeter** ~ утечка (*тока*) по периметру *(солнечного элемента)*

**length** длина
**volume diffusion** ~ объёмная диффузионная длина

**lens** линза
**acrylic** ~ акриловая линза
**circular Fresnel** ~ круговая линза Френеля
**Fresnel** ~ линза Френеля
**holographic** ~ голографическая линза
**hybrid silicone-glass Fresnel** ~ гибридная линза Френеля из кремнийорганической смолы и стекла
**linear Fresnel** ~ линейная линза Френеля
**liquid** ~ жидкостная линза
**mini-dome** ~ миниатюрная выпуклая линза
**silicone-glass Fresnel** ~ линза Френеля из кремнийорганической смолы и стекла
**two-stage linear Fresnel** ~ двухступенчатая линейная линза Френеля

**level** уровень
**acceptor** ~ уровень акцептора
**background** ~ равновесный [естественный] уровень *(загрязнения воздуха)*
**doping** ~ уровень легирования
**electrical ~ of vacancy** электрический уровень вакансий
**Fermi** ~ уровень Ферми
**high-illumination** ~ высокий уровень освещённости
**high-injection** ~ высокий уровень инжекции
**illumination** ~ уровень освещённости
**injection** ~ уровень инжекции
**monthly insolation** ~ месячное значение энергии солнечного излучения
**redox Fermi** ~ уровень Ферми для реакции восстановления — окисления
**solar flux** ~ уровень солнечной радиации
**transmission** ~ передаваемая мощность
**vacuum** ~ вакуумный уровень

**leveling** выравнивание
**load** ~ выравнивание графика нагрузки, сглаживание пиковых нагрузок
**life:**
**design** ~ расчётный срок службы
**extended** ~ увеличенный ресурс
**useful** ~ ресурс использования
**lifetime** время жизни
**base carrier** ~ время жизни носителей в базе *(солнечного элемента)*
**carrier** ~ время жизни носителей
**photoluminescence** ~ время жизни, измеренное с помощью фотолюминесценции
**light** свет
**coherent** ~ когерентный свет
**collimated** ~ коллимированный свет
**concentrated sun** ~ концентрированный солнечный свет
**incident** ~ падающий свет
**incoherent** ~ некогерентный свет
**photovoltaic (powered) security** ~ охранное освещение с фотоэлектрическим источником электропитания
**sun** ~ солнечный свет
**visible** ~ видимый свет
**lighthouse** маяк
**unmanned** ~ необслуживаемый маяк
**lignin** лигнин
**lignite** лигнит
**limitation** ограничение
**energy** ~ энергетическое ограничение
**limnology** лимнология, озероведение
**line** линия
**isobar** ~ изобара
**isotherm** ~ изотерма
**liquid hydrogen transfer** ~ трубопровод для перекачки жидкого водорода
**photovoltaic production** ~ промышленная линия по производству фотоэлектрических батарей
**silicon wafer production** ~ промышленная линия по производству кремниевых пластин
**sky** ~ линия горизонта
**transmission** ~ линия электропередачи
**lining** облицовка
**high-refractory** ~ термостойкая облицовка
**liquefaction** переход в жидкое состояние; сжижение
**direct** ~ прямое сжижение *(биомассы)*
**liquid** жидкость
**spectrally selective** ~ спектрально селективная жидкость
**load** (электрическая) нагрузка || нагружать
**annual** ~ годовая нагрузка
**appliance** ~ бытовая нагрузка
**building** ~ (тепловая) нагрузка здания
**connected** ~ присоединённая нагрузка
**cooling** ~ нагрузка на систему охлаждения *(здания)*

demand ~ потребная нагрузка
design ~ расчётная нагрузка
heating ~ тепловая нагрузка
total cooling ~ полная охлаждающая нагрузка *(сумма воспринимаемого и скрытого тепла)*

**loan:**
solar ~ заём для потребителей солнечных установок

**localization** локализация
platinum ~ локализация платины

**lock** затвор, замок
fermentation ~ водяной затвор для ферментёра
vapor ~ паровая пробка

**loop** контур
closed ~ замкнутый контур
electrolyte ~ контур электролита
expansion ~ петля *(в трубопроводе)* для компенсации линейного расширения
open ~ открытый контур
separate ~ разделённый контур
solar air ~ воздушный контур солнечной установки

**loss** потери
absorption ~ потери на поглощение
boil-off ~ потери от испарения
bulk resistive ~ потери на сопротивление в объёме *(солнечного элемента)*
capacity ~ потери мощности
connection ~ схемные потери
energy ~ потери энергии
exergy ~ потери эксергии
heat ~ потери тепла
inherent ~ внутренние потери
mismatch ~ схемные потери *(в солнечной батарее)*
radiation ~ 1. потери на излучение 2. радиационные потери
resistive ~ потери на сопротивление
standby heat ~ потери тепла через стенки аккумулятора тепла и трубопроводов
tip-leanage ~ потери у конца лопатки *(ветроколеса)*

**lumen** люмен, лм

**luminescence** люминесценция

**luminosity** 1. яркость 2. спектральная световая эффективность
solar ~ яркость солнечного освещения

# M

**machine** машина; механизм
consumer-owned wind ~ частная ветроустановка
Darrieus ~ машина Дарье *(ветроустановка)*
polyphase commutator ~ многофазная коллекторная машина
reciprocating wind ~ ветродвигатель с возвратно-поступательным движением

wave ~ волновая установка
wind motor ~ ветродвигатель
**machinery** машины; механизмы; оборудование
**magma** магма
**magnesium** магний
**magnet** магнит
superconducting ~ сверхпроводящий магнит
**magnetogasdynamics** магнитогазодинамика
**magnetohydrodynamics** магнитогидродинамика, МГД
**magnetopause** магнитопауза
**main** магистраль
water ~ водопроводная магистраль
**maintaining** ◇ ~ maintenance-free batteries обслуживание батарей, не требующих ухода
**manifold** коллектор
fuel cell ~s коллектор для пакета топливных элементов
gas ~ газовый коллектор
**mantle** оболочка
ceramic ~ керамическая оболочка
**manure** навоз
dairy ~ коровий навоз
dry dairy ~ сухой навоз
fresh dairy ~ свежий навоз
poultry ~ помёт птицы
**marker** знак
battery ~s указатели полюсов батареи
solar powered yard ~ номерной знак с питанием от солнечной батареи
**market:**
fuel cell ~ рынок топливных элементов
**mass** масса
active ~ активная масса *(в аккумуляторе)*
air ~ воздушная масса
air ~ zero нулевая воздушная масса *(для солнечного излучения за пределами атмосферы)*
internal ~ внутренняя масса
rest ~ масса покоя
**material** материал
active ~ активный материал *(электрода)*
agricultural raw ~ сельскохозяйственное сырьё
anode-active ~ активный материал анода
battery explosion attenuation ~ материал, подавляющий взрыв газов в батарее
carbon ~ углеродный материал
cathode-active ~ катодоактивный материал
cellulosic ~ целлюлозный материал
constant band gap ~ материал с постоянной шириной запрещённой зоны
cover ~ 1. покровный материал 2. покров из почвы для твёрдых отходов
direct band gap ~ материал с прямыми переходами, прямозонный материал
disordered ~ материал с неупорядоченной структурой
encapsulant ~ герметизирующий материал
glassing ~ прозрачный материал *(покрытие солнечной установки)*
graded band gap ~ матери-

ал с переменной шириной запрещённой зоны
**highly conductive** ~ материал с высокой проводимостью
**highly disordered** ~ сильно разупорядоченный материал
**highly doped base** ~ сильнолегированный материал базы *(солнечного элемента)*
**high-purity** ~ особо чистый материал
**low-mobility photovoltaic** ~ фотоэлектрический материал с низкой подвижностью *(носителей)*
**macromolecular** ~ макромолекулярный материал
**MBE-grown** ~ материал, полученный молекулярной эпитаксией
**membrane** ~ мембранный материал
**MOCVD-grown** ~ материал, выращенный методом химического газового осаждения из металлорганических соединений
**molecular** ~ молекулярный материал
**noncorroding** ~ некорродирующий материал
**phase-change** ~ материал с фазовым переходом
**photovoltaic** ~ фотоэлектрический материал
**powdery active** ~ порошковый активный материал
**runner** ~ материал рабочего колеса
**solar energy storage** ~ материал для аккумулирования солнечной энергии
**starting** ~ **1.** исходный материал **2.** сырьё
**thermoelectric** ~ термоэлектрический материал
**toxic** ~ токсичный материал
**transparent insulation** ~ прозрачный изоляционный материал
**undercooled** ~ переохлаждённый материал
**weakly absorbing** ~ слабопоглощающий материал
**zeolite-like** ~ цеолитоподобный материал

**mat:**
**solar heating ~s** солнечные нагревательные маты

**matrix** матрица
**electrolyte** ~ электролитная матрица

**maximum** максимум
**annual** ~ годовой максимум
**theoretical** ~ теоретический максимум

**means:**
**cooling water/static water removal** ~ статическое устройство для охлаждения и удаления воды *(в топливном элементе)*

**measurement** измерение
**current harmonic** ~ измерение гармонических составляющих тока
**photoacoustic** ~ фотоакустическое измерение
**photovoltaic** ~ измерение фотоэлектрических характеристик
**reflectance** ~ измерение коэффициента отражения

transient ~ измерение переходных процессов *(в солнечном элементе)*
turbulence ~ измерение турбулентности
wind ~ измерение ветра
4-point method ~ измерение четырёхзондовым методом

**mechanics** механика
fluid ~ гидродинамика
offshore ~ техника для шельфа

**mechanism** механизм
concentration ~ механизм концентрации
degradation ~ механизм деградации
dominant junction transport ~ доминирующий механизм переноса тока
self-discharge ~ механизм саморазряда
solar array drive ~ механизм привода солнечной батареи
tunneling ~ туннельный механизм
valve ~ клапанный механизм

**medium** среда
alkaline ~ щелочная среда
aprotic ~ апротонная среда
heating ~ теплоноситель
low-conductivity ~ среда с низкой проводимостью
porous ~ пористая среда
refractive ~ преломляющая среда
storing ~ аккумулирующая среда
transfer ~ теплоноситель

**melt** расплав
crystallizing silicon ~ кристаллизирующийся расплав кремния
organosulfur ~s органосульфидные расплавы

**membrane** мембрана
anion-exchange ~ анионообменная мембрана
cation-exchange ~ катионообменная мембрана
composite ~ композиционная мембрана
conducting ~ проводящая мембрана
ion-exchange ~ ионообменная мембрана
microporous ~ микропористая мембрана
permeation ~ проницаемая мембрана
photosynthetic ~ фотосинтезирующая мембрана
proton-exchange ~ протонообменная мембрана
solid electrolyte ~ твердоэлектролитная мембрана
thylakoid ~ тилакоидная мембрана

**meniscus** мениск

**merocyanine** мероцианин

**metabolism:**
basal ~ тепловыделение человека в покое

**metal** металл
alkali ~s щелочные металлы
earth ~s щёлочно-земельные металлы
glassed ~ остеклованный металл, металл со слоем стекла
trace ~s следы металлов
transition ~s переходные металлы

**metallization** металлизация

**back surface** ~ металлизация задней [тыльной] поверхности *(солнечного элемента)*
**front surface** ~ металлизация передней [лицевой] поверхности *(солнечного элемента)*
**screen printed** ~ металлизация методом сеткографии
**meter 1.** метр **2.** измеритель, счётчик
**contamination** ~ прибор для измерения радиоактивности
**cubic** ~ кубический метр *(1 куб.м = 35,3 куб.фута)*
**current** ~ **1.** амперметр **2.** измеритель скорости жидкости
**demand** ~ измеритель потребляемой мощности *(в том числе максимума)*
**induction** ~ индукционный измеритель *(энергии и мощности электрической сети)*; электросчётчик
**time-of-use** ~ счётчик времени работы
**venturi** ~ расходомер Вентури
**methanogenesis** производство метана, метаногенезис
**thermophilic** ~ термофильный метаногенезис
**method** метод
~ **of generating power** метод производства энергии
~ **of monitoring electrochemical cell** метод регулирования режима разряда электрохимического элемента
~ **of purifying electrolytes** метод очистки электролитов
**autoregressive** ~ метод регрессивного анализа
**current-slaved pilot cell** ~ метод регулирования *(солнечной батареи)* по току эталонного элемента
**Eva-Adam** ~ метод передачи энергии путём транспортировки метана и воды с обратимой реакцией между ними с образованием оксида углерода и водорода
**finite element** ~ метод конечных элементов
**heat-distribution** ~ метод распределения тепла *(от теплового аккумулятора)*
**heat-exchange** ~ метод теплообменника *(выращивания кремния)*
**least-square** ~ метод наименьших квадратов
**OCD [open circuit decay]** ~ метод измерения по спаду фотоэдс
**optimal sizing** ~ метод расчёта оптимальных размеров
**paint-on-diffusant** ~ метод нанесения диффузанта путём погружения в раствор
**photoinduced open-circuit voltage decay** ~ метод измерения по спаду фотоэдс
**SPV [surface photovoltage]** ~ метод измерения по поверхностному фотонапряжению
**4-point** ~ четырёхзондовый метод
**microbattery** микробатарея

**solid state** ~ твердотельная микробатарея
**microclimates:**
**solar** ~ микроклиматические характеристики солнечной радиации
**microelectrode** микроэлектрод
**microheterojunction** микрогетеропереход
**micronozzle** микросопло
**injection** ~ инжекционное микросопло
**microorganisms:**
**methane** ~ метаногенные микроорганизмы
**microstation:**
**energy** ~ малая энергоустановка
**microstructure** микроструктура
**mirror** зеркало
**concave** ~ вогнутое зеркало
**concentrating** ~ концентрирующее зеркало
**cylinder parabolic** ~ параболоцилиндрическое зеркало
**cylindrical Fresnel** ~ цилиндрическое зеркало Френеля
**diaphragm** ~ зеркало в виде диафрагмы
**dichroic** ~ дихроичное зеркало
**extended** ~ внешнее зеркало
**facet (cylindrical)** ~ фацетное (цилиндрическое) зеркало
**fixed** ~ неподвижное зеркало
**flat** ~ плоское зеркало
**Fresnel** ~ зеркало Френеля
**heat** ~ тепловое [теплоотражающее] зеркало
**membrane concave** ~ мембранное вогнутое зеркало
**minority carriers** ~ отражатель неосновных носителей
**optical** ~ оптическое зеркало
**parabolic Fresnel** ~ параболическое зеркало Френеля
**paraboloidal** ~ параболоидное зеркало
**point** ~ точечное зеркало
**silvered glass** ~ посеребрённое стеклянное зеркало
**solar** ~ солнечное зеркало
**spherical** ~ сферическое зеркало
**mismatch** несоответствие; несовпадение
**lattice** ~ несоответствие параметров (кристаллической) решётки
**mixer** смеситель
**hydrogen-air** ~ водородно-воздушный смеситель
**mixing** смешивание
**homogeneous** ~ гомогенное смешивание
**mixture** смесь
**ethanol/water** ~ смесь этанола и воды
**eutectic** ~ эвтектическая смесь
**fluid/gaseous fuel** ~ газожидкостная топливная смесь
**fuel** ~ топливная смесь
**hydrogen-rich** ~ смесь, обогащённая водородом
**stoichiometric** ~ стехиометрическая смесь
**mobility** подвижность

carrier ~ подвижность носителей (заряда)
Hall ~ холловская подвижность
low ~ низкая подвижность *(носителей заряда)*

**model** модель
Shockley-Read recombination ~ модель рекомбинации Шокли — Рида
two-band ~ двухзонная модель *(солнечной радиации)*

**modeling** моделирование
device ~ моделирование прибора
off-design ~ моделирование в нерасчётных режимах
wind energy ~ моделирование ветровой энергии

**modification** модификация
electrode ~ модификация электрода

**modularity** модульное исполнение
~ of photovoltaic system модульное исполнение фотоэлектрической системы

**modulation** модуляция
amplitude ~ амплитудная модуляция
conductivity ~ модуляция проводимости

**module** модуль
albedo-collecting solar ~ солнечный модуль, использующий отражённое излучение
amorphous silicon power ~ энергетический модуль на основе аморфного кремния
bifacial solar ~ солнечный модуль с двусторонней поверхностью
concentrating photovoltaic ~ фотоэлектрический модуль с концентратором
flat-plate solar ~ плоский солнечный модуль
multistring photovoltaic ~ многосекционный фотоэлектрический модуль
pilot cell ~ модуль эталонных солнечных элементов
point-focusing photovoltaic ~ фотоэлектрический модуль с точечным фокусом
reflector ~ модуль отражателя
shingle-type photovoltaic ~ фотоэлектрический модуль черепичной конструкции
solar ~ фотоэлектрический модуль; солнечный модуль
solar array [solar battery] ~ модуль солнечной батареи
stowable solar ~ складываемый солнечный модуль

**molecule** молекула
photooxidized ~ фотоокисляющая молекула
photoreduced ~ фотовосстановительная молекула

**monitor** установка контроля, монитор
battery energy ~ устройство для контроля энергии в аккумуляторе
solar (powered) pollution ~ установка контроля загрязнения воздуха с солнечным энергоснабжением

**monitoring** контроль; мониторинг
condition ~ контроль состояния
life-cycle ~ ресурсные испытания

**monolayer** монослой
**monoxide:**
**carbon** ~ монооксид углерода
**motion** движение
**alternate** ~ возвратно-поступательное движение
**translational** ~ поступательное движение
**motor** двигатель
**permanent magnet synchronous** ~ синхронный двигатель с постоянными магнитами
**photovoltaic** ~ электродвигатель, работающий от фотоэлектрической батареи
**sail-driver wind** ~ парусная ветроустановка
**shunt direct current** ~ двигатель постоянного тока с параллельным возбуждением
**superconducting** ~ электродвигатель со сверхпроводящей обмоткой
**wave** ~ волновой двигатель
**wind** ~ ветровой двигатель, ветродвигатель
**mounting** установка; монтаж
**collector** ~ установка коллектора; монтаж коллектора
**mover** движитель, источник энергии
**electrochemical hydrogen prime** ~ электрохимический водородный первичный движитель
**multijunction** множественный переход

# N

**narrowing** сужение
**band gap** ~ сужение запрещённой (энергетической) зоны
**nature:**
~ **of conduction** природа проводимости
**network** сеть; система
**global solar power** ~ глобальная солнечная энергетическая система
**solar metric** ~ сеть станций по измерению солнечной радиации
**neutrality** нейтральность
**charge** ~ нейтральность зарядов
**neutron** нейтрон
**niche** ниша
**ecological** ~ экологическая ниша
**nitride** нитрид
**fluorinated silicon** ~ фторированный нитрид кремния
**lithium aluminum** ~ нитрид литий — алюминия
**silicon** ~ нитрид кремния
**titanium** ~ нитрид титана
**nitrogen** азот
**liquid** ~ жидкий азот
**noise** шум(ы)
**voltage** ~ шумы напряжения
**nonlinearity** нелинейность
**nonstoichiometry** нестехиометричность
**nonuniformity** неоднородность
**electrical** ~ электрическая неоднородность

**flow** ~ неоднородность потока
**nozzle** сопло
**accelerating** ~ ускоряющее сопло
**nucleation** зародышеобразование
**number** число
**Reynolds** ~ число Рейнольдса

# O

**object** объект
**flying solar** ~ летающий солнечный объект
**oil** 1. нефть 2. масло
**biomass** ~ масло из биомассы
**chemically modified vegetable** ~ химически модифицированное растительное масло
**diesel** ~ дизельное масло
**fuel** ~ мазут
**fusel** ~ сивушное масло
**pyrolytic** ~ пиролизное масло
**operation** работа
**fixed-voltage** ~ работа *(солнечной батареи)* при фиксированном напряжении
**operator** оператор
**around-the-clock** ~ круглосуточный оператор
**optics** оптика
**Fresnel** ~ оптика (линз) Френеля
**lens** ~ линзовая оптика
**option:**
**seed reprocessing** ~ регенерация присадки
**stand-alone** ~ (фотоэлектрическая) автономная система электроснабжения *(здания)*
**orientation** ориентация
**building** ~ ориентация здания *(на юг)*
**interface** ~ ориентация поверхности раздела
**optimum** ~ оптимальная ориентация *(солнечного коллектора)*
**wall** ~ ориентация стены *(здания)*
**yaw** ~ направление рысканья
**output** 1. выход; вывод 2. выходная мощность 3. выработка; производительность
**daily energy** ~ дневная выработка электроэнергии
**photovoltaic** ~ выходная мощность фотоэлектрической батареи
**photovoltaic power system** ~ выходная мощность фотоэлектрической системы
**spectral** ~ спектральное распределение выходной мощности *(излучения)*
**outside:**
**design** ~ расчётная минимальная наружная температура
**oven** печь
**solar** ~ солнечная печь
**overdischarge** переразряд, сверхразряд
**overpotential** (электрическое) перенапряжение

**oxygen** ~ перенапряжение выделения кислорода
**overvoltage** (электрическое) перенапряжение
**oxidant** окислитель
**oxidation** окисление
~ **of methane** окисление метана
**anodic** ~ анодное окисление
**biological** ~ биологическое окисление
**direct** ~ прямое окисление
**electrochemical** ~ электрохимическое окисление
**internal** ~ внутреннее окисление
**oxide** оксид
**carbone** ~**s** оксиды углерода
**chlorine-containing** ~ хлорсодержащий оксид
**fluorine doped tin** ~ оксид олова, легированный фтором
**indium-tin** ~ оксид индия и олова
**lead** ~ оксид свинца
**magnesium** ~ оксид магния
**metal** ~ оксид металла
**rare-earth** ~ оксид редкоземельных элементов
**oxidizer** окислитель
**oxyanion** оксианион
**oxygen** кислород
**dissolved** ~ растворённый *(в воде)* кислород

# P

**package:**
**battery** ~ упаковка батареи
**pair** пара
**electron-hole** ~ электронно-дырочная пара
**generated** ~ генерированная пара
**pane** оконное стекло
**panel** панель
**albedo-collecting** ~ панель, использующая отражённое излучение
**ceiling** ~ потолочная панель
**flat bifacial** ~ плоская двусторонняя панель *(солнечных элементов)*
**folding solar** ~ складная солнечная панель
**reflector** ~ отражающая панель
**self-regulating voltage** ~ солнечная панель с регулируемым напряжением *(заряда)*
**solar (energy) collecting** ~ панель солнечного коллектора
**solar (energy) collecting roof** ~ панель солнечного коллектора, размещаемая на крыше
**solar heating** ~ солнечная отопительная панель
**south facing solar** ~ солнечная панель южной ориентации
**tracking flat solar** ~ следящая плоская солнечная панель
**tubelet** ~ трубчатая панель
**paper** бумага
**carbon backing** ~ подложка из углеродной бумаги *(в электроде топливного элемента)*
**paraboloid** параболоид

**parameter** параметр
**deep trap** ~ параметр глубоких ловушек
**kinetic** ~ кинетический параметр
**thermoacoustic** ~ термоакустический параметр
**park:**
**wind** ~ ветровой парк, парк ветроустановок
**parking** <> **photovoltaic equipped** ~ **and shade** крытая автомобильная стоянка с питанием от солнечных батарей
**particle** частица
**atmospheric** ~ атмосферная частица
**charged** ~ заряженная частица
**passageway:**
**curvilinear** ~ криволинейный проходной канал *(в солнечном коллекторе)*
**passivation** пассивация
~ **of grain boundaries** пассивация границ зёрен
**defect** ~ пассивация дефектов
**paste** паста
**cured** ~ отверждённая паста
**lead-oxide** ~ паста оксида свинца
**positive** ~ положительная паста
**path** путь
**heat-flow** ~ путь теплового потока
**payback:**
**energy** ~ возмещение энергетических затрат
**peak** пик
**daily insolation** ~ дневной пик солнечной радиации
**watt** ~ пиковая [максимальная] мощность
**winter** ~ зимний пик *(максимальная нагрузка электрических или тепловых систем)*
**peat** торф
**pellet** гранула, шарик
**hydrogen fuel** ~ водородная топливная пуля
**lithium** ~ литиевая гранула
**penetration** проникновение
**light** ~ проникновение света
**penstock** напорный трубопровод
**perchlorate** перхлорат
**perfluorosulfonimide** перфторсульфонимид *(в топливном элементе)*
**performance** 1. характеристика 2. эффективность
**albedo enhanced** ~ улучшение характеристик *(солнечного элемента)* за счёт отражения
**array field** ~ характеристика поля *(солнечных батарей)*
**biogas plant** ~ эффективность биогазовой установки
**end-of-life** ~ характеристика в конце срока службы *(солнечного элемента)*
**energy delivery** ~ энергопроизводительность *(солнечной установки)*
**fluid dynamic** ~ гидродинамическая характеристика
**long-term** ~ ресурсная характеристика

**peak** ~ предельная характеристика
**photovoltaic** ~ фотоэлектрическая характеристика
**solar cell** ~ характеристика солнечного элемента
**solar still** ~ эффективность солнечного опреснителя
**transient** ~ переходная характеристика
**permeability** проницаемость
**permeation** проникновение
**electrochemical** ~ электрохимическое проникновение
**permit** разрешение
**alcohol fuel producer's** ~ разрешение на производство спирта в качестве топлива
**peroxide** пероксид
**hydrogen** ~ пероксид водорода
**perturbation** возмущение, нарушение
**temperature** ~ всплеск температуры
**phase** фаза
**liquid** ~ жидкая фаза
**vapor** ~ газовая [паровая] фаза
**phenomenon** явление
**arcing** ~ явление дугообразования
**passivation** ~ явление пассивации
**photoemission** ~ явление фотоэмиссии
**transient** ~ переходный процесс
**unsteady** ~ нестационарный процесс
**phosphide** фосфид
**indium** ~ фосфид индия
**photoanode** фотоанод
**photobioreactor** фотобиореактор
**photocalorimetry** фотокалориметрия
**photocapacitance** фотоёмкость
**photocatalyst** фотокатализатор
**semiconductor** ~ полупроводниковый фотокатализатор
**photocathode** фотокатод
**photocell** фотоэлемент
**photochemistry** фотохимия
**photocleavage** фоторасщепление *(воды)*
**photoconductivity** фотопроводимость
**bulk** ~ объёмная фотопроводимость
**injection** ~ инжекционная фотопроводимость
**transient** ~ переменная фотопроводимость
**photocorrosion** фотокоррозия
**photocurrent** фототок
**transient** ~ переходная характеристика фототока
**photodecomposition** фоторазложение
**photodetector** фотодетектор
**integrated** ~ встроенный фотодетектор
**photodiode** фотодиод
**photodissociation** фотодиссоциация
**photoelectrocatalysis** фотоэлектрокатализ
**photoelectrochemistry** фотоэлектрохимия
**interfacial** ~ фотоэлектрохимия поверхности раздела фаз

**pulsed** ~ импульсная фотоэлектрохимия
**photoelectrode** фотоэлектрод
**ruthenium disulfide** ~ фотоэлектрод из дисульфида рутения
**silicide-coated** ~ фотоэлектрод с покрытием из силицида
**photoelectrolysis** фотоэлектролиз
**photoemission** фотоэмиссия
**internal** ~ внутренняя фотоэмиссия
**photoexcitation** фотовозбуждение
**photofixation** фотофиксация
**photogeneration** фотогенерация
**carrier** ~ фотогенерация носителей (заряда)
**photointercalation** фотоинтеркалирование
~ **of lamellar semiconductor** фотоинтеркалирование слоистых полупроводников
**photoisomer** фотоизомер *(вещество с перестраиваемой электронной структурой для аккумулирования солнечной энергии)*
**photoluminescence** фотолюминесценция
**photolysis** фотолиз
**photon** фотон
**absorbed** ~ поглощённый фотон
**effective** ~ эффективный фотон *(фотон с энергией, равной ширине запрещённой зоны)*
**long-wavelength** ~ длинноволновый фотон
**unused** ~ неиспользованный фотон
**photoproduction** фотохимическое производство *(водорода)*
**photoresponse** 1. характеристика свет — сигнал 2. фототок
**photosensitizer** фотосенсибилизатор
**photosensor** фотодатчик, фотосенсор
**photosplitting** фоторасщепление, фотокаталитическое расщепление
**photostimulation** фотостимуляция
**photosynthesis** фотосинтез
**artificial** ~ искусственный фотосинтез
**photovoltage** 1. фотонапряжение *(напряжение, получаемое при фотоэлектрическом эффекте)* 2. фотоэлектродвижущая сила, фотоэдс
**Dember** ~ фотонапряжение Дембера
**surface** ~ поверхностная фотоэдс
**photovoltaics** 1. фотоэлектричество 2. фотоэлектрическая энергетика ◇ ~ **for rural development** фотоэлектрическая энергетика для развития сельских районов
**concentrating** ~ фотоэлектричество с концентрирующими системами
**remote village** ~ фотоэлектрическая энергетика для электроснабжения отдалённых посёлков

residential ~ фотоэлектрическая энергетика для электроснабжения зданий
space ~ космическая фотоэлектрическая энергетика
terrestrial ~ наземная фотоэлектрическая энергетика

**phthalocyanine** фталоцианин *(материал для солнечного элемента)*
**copper** ~ фталоцианин меди
**zinc** ~ фталоцианин цинка

**physics** физика
**device** ~ физика прибора
**solar-terrestrial** ~ солнечно-земная физика

**piece:**
~ **of water** пруд, озеро
**one ~ of glass** одинарное стекло
**two ~s of glass** двойное стекло

**pigment** пигмент
**photosynthetic** ~ фотосинтетический пигмент

**pipe 1.** труба **2.** трубопровод
**ABC plastic ~s** набор чёрных пластиковых труб *(для систем отопления и кондиционирования воздуха)*
**alloy** ~ труба из легированной стали
**black** ~ труба из нелегированной стали; труба из стали без гальванического покрытия
**carbon steel** ~ труба из углеродистой стали
**delivery** ~ напорная труба
**double** ~ двойная труба, труба в трубе *(тип теплообменника)*
**galvanized** ~ труба с гальваническим покрытием
**heat** ~ тепловая труба
**light** ~ световод
**plastic** ~ пластиковая труба
**vertical heat exchanger** ~ труба вертикального теплообменника
**waste** ~ сточная труба
**water distributing** ~ распределительный водопровод
**water heat** ~ тепловая труба с водой в качестве рабочего тела
**water service** ~ водопроводная труба
**wrought** ~ металлическая трубка, обработанная давлением и допускающая пластическую деформацию

**plane 1.** плоскость **2.** самолёт
**focal** ~ фокальная плоскость *(концентратора)*
**receiver** ~ плоскость приёмника *(концентратора)*
**solar** ~ солнечный самолёт
**twin** ~ плоскость двойникования *(в кристалле)*
**111** ~ (кристаллографическая) плоскость 111

**planning** планирование
**energy** ~ планирование производства энергии
**heliothermic** ~ планировка местности с учётом влияния солнечной энергии на отопление и затенение зданий

**plant 1.** завод **2.** станция **3.** установка **4.** растение
**alcohol fuel** ~ завод по производству спирта в качестве топлива

**aquatic** ~ растение, растущее в воде

**Barstow pilot** ~ пилотная станция в Барстоу *(первая фотоэлектрическая станция в США)*

**base-load power** ~ электростанция, работающая на базисную нагрузку, базисная электростанция

**binary dual-flashing geothermal** ~ двухконтурная геотермальная электростанция с двумя расширителями

**biogas** ~ биогазовая установка

**central heating** ~ центральная тепловая станция, центральная станция отопления *(зданий)*; теплоцентраль

**centralized photovoltaic power** ~ центральная фотоэлектрическая станция; фотоэлектрическая станция, соединённая с энергосистемой

**central power** ~ центральная электростанция

**combined-cycle** ~ станция с комбинированным циклом *(преобразования энергии)*

**combined photovoltaic eolian electric** ~ комбинированная ветрофотоэлектрическая станция

**conventional fossil** ~ электростанция, работающая на традиционных видах топлива

**distilled spirits** ~ завод по производству спирта

**fixed-dome biogas** ~ биогазовая установка с неподвижным куполом

**floating** ~ плавучая энергетическая установка

**freely-floating wind power** ~ плавучая ветровая электростанция

**fuel cell power** ~ энергоустановка на основе солнечных элементов

**geothermal biphase** ~ геотермальная электростанция с использованием двухфазного потока

**geothermal power** ~ геотермальная электростанция

**heliotropic** ~ станция со слежением за Солнцем

**higher** ~ высшее растение

**high-head hydroelectric power** ~ высоконапорная гидроэлектростанция

**hybrid power-generating** ~ гибридная энергетическая установка *(использующая энергию Солнца и обычное топливо)*

**hybrid wind photovoltaic** ~ комбинированная ветрофотоэлектрическая станция

**hydroelectric (power)** ~ гидроэлектрическая станция, гидроэлектростанция, ГЭС

**hydrogen-air power** ~ водородовоздушная энергетическая установка

**hydrogen production** ~ установка для получения водорода

**hydrophotovoltaic** ~ гидрофотоэлектрическая станция

**hydrothermal** ~ гидротер-

мическая установка *(для разложения биомассы)*
**intermediate** ~ электростанция промышленного типа *(между базисной и пиковой электростанциями)*; электростанция, работающая на сезонную нагрузку
**intermediate solar** ~ солнечная электростанция средней мощности
**low-head hydroelectric power** ~ низконапорная гидроэлектростанция
**magnetohydrodynamic** ~ МГД-установка
**microhydro power** ~ микрогидроэлектростанция, микроГЭС
**minihydro power** ~ малая гидроэлектростанция, малая ГЭС
**minipower** ~ миниэлектростанция
**modular** ~ электростанция модульного типа
**molten salt solar** ~ солнечная электростанция с расплавом солей
**nuclear** ~ атомная станция
**peak-load** ~ электростанция, работающая на пиковую нагрузку, пиковая электростанция
**photovoltaic fuel cell power** ~ электростанция на основе фотоэлектричества и топливных элементов
**photovoltaic power** ~ фотоэлектрическая станция
**pulsed MHD power** ~ импульсная МГД-установка
**retrofit power** ~ модернизированная электростанция
**sewage** ~ завод по переработке сточных вод
**solar** ~ **1.** солнечная установка **2.** солнечная электростанция
**solar-assisted biogas** ~ биогазовая установка с использованием солнечной энергии
**solar cell production** ~ завод по производству солнечных элементов
**solar heat** ~ солнечная станция теплоснабжения
**solar ice** ~ солнечная установка для получения льда
**solar pond powered distillation** ~ опреснительная установка с энергоснабжением от солнечного пруда
**solar power** ~ солнечная электростанция
**solar tower** ~ солнечная электростанция башенного типа
**stand-alone solar power** ~ автономная солнечная электростанция
**steam electric** ~ паротурбинная электростанция
**thermodynamic solar power** ~ солнечная электростанция с термодинамическим циклом
**two-axis focusing solar** ~ солнечная установка со слежением по двум осям
**wind/diesel power** ~ ветродизельная установка
**windpower** ~ ветровая установка
**wind-powered generating** ~ ветровая электростанция
**plantation** плантация

energy ~ энергетическая плантация
forest biomass ~ плантация лесной биомассы
high-density ~ плантация с густой посадкой
wild ~ природная плантация
woody biomass ~ плантация древесной биомассы

**plasma** плазма
air ~ воздушная плазма
seeded combustion ~ плазма продуктов сгорания с присадкой
solar ~ солнечная плазма
space ~ космическая плазма

**plate** пластина
absorber ~ 1. поглощающая пластина 2. поглощающая поверхность *(солнечного коллектора)*
battery positive ~ положительный электрод аккумулятора
collector ~ пластина коллектора
composite separator ~ композитная сепараторная пластина
cover ~ 1. покровная пластина 2. покрытие абсорбера
flat ~ плоская пластина
graphite separator ~ графитовая сепараторная пластина
negative ~ отрицательная пластина *(в аккумуляторе)*
porous gas distribution ~ пористая газораспределительная пластина *(в топливном элементе)*
positive ~ положительная пластина *(в аккумуляторе)*
separator ~ сепараторная пластина
tubular positive ~ трубчатая положительная пластина *(электрода)*

**plating** 1. нанесение покрытия 2. металлизация

**platinum** платина

**plotter** графопостроитель, плоттер
solar cell characteristics ~ плоттер для записи характеристик солнечного элемента

**plug** пробка
safety vent ~ безопасная вентиляционная пробка

**point** точка
balance ~ 1. равновесная температура *(воздуха)* 2. минимальная температура наружного воздуха, соответствующая удовлетворению тепловых потребностей дома *(при отоплении теплонасосной установкой)*
boiling ~ точка кипения
condensation ~ точка [температура] конденсации; точка росы
critical ~ критическая точка
design ~ 1. расчётная точка 2. расчётное время года *(функционирования системы)*
equi-acid-base ~ точка кис-

лотно-основного равновесия
**flash [ignition]** ~ точка [температура] воспламенения
**maximum power** ~ точка оптимальной мощности *(напр. солнечного элемента)*
**peak power** ~ точка максимальной мощности
**yield** ~ предел текучести
**poisoning** отравление
**carbone monoxide** ~ отравление монооксидом углерода
**polarity** полярность
**negative** ~ отрицательная полярность
**positive** ~ положительная полярность
**polarization** поляризация
**anodic** ~ анодная поляризация
**light** ~ поляризация света
**policy** политика
**dual price market** ~ политика двойных цен на рынке *(напр. фотоэлектрического оборудования)*
**energy** ~ энергетическая политика
**long-range energy** ~ долгосрочная энергетическая политика
**wave power** ~ политика в области волновой энергетики
**pollutant:**
**toxic ~s** загрязняющие токсические вещества
**pollution** загрязнение
**agricultural** ~ загрязнение *(среды)* сельскохозяйственными отходами
**air** ~ загрязнение воздуха
**water** ~ загрязнение воды
**polyacetylene** полиацетилен *(полимер для солнечного элемента)*
**polyacrylonitrile** полиакрилонитрил *(полимерный фотоэлектрический материал)*
**polyaniline** полианилин *(материал катода топливного элемента)*
**electroactive** ~ электроактивный полианилин
**polyelectrolyte** полиэлектролит
**polyethylene** полиэтилен
**transparent** ~ прозрачный полиэтилен
**polymer** полимер
**conducting** ~ проводящий полимер
**conjugated ~s** сопряжённые полимеры
**hydrophobic** ~ гидрофобный полимер
**hydrophylic** ~ гидрофильный полимер
**metallic** ~ металлический полимер *(для солнечного элемента)*
**polymerization** полимеризация
**electrochemical** ~ электрохимическая полимеризация
**polypeptide** полипептид
**polypyrrole** полипиррол
**polythiophen** политиофен
**polyvinylbutyral** поливинилбутираль
**pond** пруд

**bittern-based solar** ~ солнечный пруд с повышенной солёностью
**convective solar** ~ конвективный солнечный пруд
**cooling** ~ охлаждающий пруд; пруд-охладитель
**floating solar** ~ плавучий солнечный пруд
**gel** ~ (солнечный) пруд с покрытием из геля
**nonconvective roof** ~ неконвективный пруд на крыше *(здания)*
**nonconvective solar** ~ неконвективный солнечный пруд
**rising solar** ~ солнечный пруд с поднимающейся градиентной зоной
**salt gradient solar** ~ солнечный пруд с градиентом концентрации соли
**saltless solar** ~ солнечный пруд, не использующий эффект градиента концентрации соли
**salt stratified** ~ стратифицированный солнечный пруд
**saturated solar** ~ насыщенный солнечный пруд
**shallow solar** ~ мелкий солнечный пруд
**solar** ~ солнечный пруд
**solar-hydrogen** ~ солнечный пруд для получения водорода
**stabilized solar** ~ стабилизированный солнечный пруд
**sun-heated** ~ пруд, нагреваемый солнцем; солнечный пруд

**pool** бассейн
**solar-heated swimming** ~ плавательный бассейн с солнечным обогревом

**population:**
**methanogenic** ~ метаногенная популяция

**post-hydrogenation** гидрогенизация *(плёнок)* после выращивания

**potential** потенциал
**bioenergy** ~ биоэнергетический потенциал
**contact** ~ контактная разность потенциалов
**diffusion** ~ потенциал диффузии
**electrochemical** ~ электрохимический потенциал
**electrode breakdown** ~ потенциал межэлектродного пробоя
**electrostatic** ~ электростатический потенциал
**flat band** ~ плоскозонный потенциал
**ice-storage** ~ потенциал аккумулирования льда
**open-circuit** ~ потенциал разомкнутой цепи
**oxygen** ~ кислородный потенциал
**photovoltaic** ~ фотоэлектрический потенциал
**solar pond** ~ потенциал солнечного пруда
**standard electrode** ~ потенциал стандартного электрода
**thermodynamic** ~ термодинамический потенциал
**wind energy** ~ потенциал ветровой энергетики
**zeta** ~ дзета-потенциал *(в*

*электрохимическом элементе)*

**power** 1. мощность 2. энергия ◇ ~ **without pollution** энергия без загрязнения

**calor(if)ic** ~ теплотворность, теплотворная способность

**central station** ~ энергия, получаемая на центральной станции

**continuous** ~ непрерывно получаемая энергия

**distributed** ~ распределённая энергия

**electric** ~ 1. электрическая мощность 2. электрическая энергия, электроэнергия

**household** ~ энергия для дома

**hydroelectric** ~ мощность гидроэлектростанции

**maximum** ~ максимальная мощность

**ocean thermal** ~ тепловая энергия океана

**offshore wind** ~ ветровая энергия в прибрежных водах

**peak** ~ пиковая мощность

**peak wind** ~ пиковая ветровая энергия

**photovoltaic** ~ фотоэлектрическая энергия

**shaft** ~ мощность на валу

**solar array** ~ мощность солнечной батареи

**solar sea** ~ энергия за счёт разности температур на поверхности и в глубине моря

**sunshine** ~ 1. энергия солнечного света 2. мощность солнечного света

**thermoelectric** ~ термоэлектродвижущая сила, термоэдс

**tidal** ~ энергия приливов и отливов

**unconcentrated solar** ~ несконцентрированная солнечная энергия

**wave** ~ энергия волн

**wind** ~ энергия ветра

**prediction:**

**fatigue** ~ оценка усталостной прочности

**performance** ~ определение характеристик

**preheater** подогреватель

**regenerative air** ~ регенеративный воздухоподогреватель

**pressure** давление

**absolute** ~ абсолютное давление

**atmospheric** ~ атмосферное давление

**back** ~ противодавление

**boiler** ~ давление в котле

**design** ~ расчётное давление

**domestic water** ~ давление в водопроводе внутри здания

**fan-velocity** ~ давление на выходе вентилятора

**head** ~ напор

**hydrostatic** ~ гидростатическое давление

**radiation** ~ давление излучения

**solar radiation** ~ давление солнечных лучей

**total** ~ полное [суммарное] давление

**vapor** ~ давление пара

**velocity** ~ скоростной напор

wind ~ напор ветра
working ~ рабочее давление
**price:**
busbar ~ стоимость электроэнергии на шинах *(электростанции)*
**printing** печатание, печать
electrostatic ~ электростатическая печать
thick-film electrostatic ~ нанесение толстых плёнок методом электростатической печати
**prism** призма
triangular ~ треугольная призма
**probability** вероятность
occupation ~ вероятность заполнения (уровней)
**probe** зонд
geothermal heat ~ геотермальный тепловой зонд
implanted ~ встроенный зонд
luminescence ~ люминесцентный зонд
**problem:**
Stokes ~ задача Стокса
**procedure** методика
parametrization ~ методика определения параметров *(солнечных элементов)*
**process** процесс
agricultural heat ~es сельскохозяйственные тепловые процессы
anaerobic digestion ~ процесс анаэробной ферментации
biogas ~ процесс получения биогаза, биогазовый процесс
cold doping ~ процесс «холодного» легирования
conversion ~ процесс преобразования *(энергии)*
defect annealing ~ процесс отжига дефектов
endothermic chemical ~ эндотермический химический процесс
float-zone ~ процесс бестигельной зонной плавки
geothermal brine clarifier ~ процесс очистки геотермального рассола
heliochemical ~ гелиохимический процесс
helioelectrical ~ гелиоэлектрический процесс; фотоэлектрический процесс
heliothermal ~ гелиотермический процесс
infinite melt liquid phase epitaxy ~ процесс жидкостной эпитаксии из неограниченного объёма расплава
isothermal ~ изотермический процесс
junction formation ~ процесс формирования *p* — *n*-перехода
MHD turbulent ~ МГД-турбулентность
one-step electrodeposition ~ одностадийный процесс электрохимического осаждения
photoelectric ~ фотоэлектрический процесс
photoelectrochemical ~ фотоэлектрохимический процесс
photovoltaic ~ фотоэлектрический процесс
plate-stacking ~ процесс сборки электродов
powder silicon ribbon ~

процесс получения лент из порошка кремния
**recombination** ~ рекомбинационный процесс
**redox** ~ редокс-процесс
**screen printed** ~ трафаретная печать *(для изготовления контактов солнечных элементов)*
**Siemens** ~ процесс производства кремния фирмы Сименс
**solar energy** ~ процесс использования солнечной энергии
**solid source diffusion** ~ процесс диффузии из твёрдого источника
**thermal accumulation** ~ процесс теплового аккумулирования
**thermochemical hydrogen production** ~ термохимический процесс получения водорода
**thermoradiation** ~ терморадиационный процесс разложения
**vacuum deposition** ~ процесс вакуумного напыления
**wet** ~ «мокрый» процесс

**processing** 1. обработка 2. технология
**biomass fuel** ~ производство топлива из биомассы
**integrated palm oil** ~ комплексная технология получения пальмового масла
**power** ~ регулирование мощности

**producer** производитель, изготовитель
**fuel** ~ производитель топлива

**product** продукт
**combustion** ~s продукты сгорания
**consumer conservation** ~s энергосберегающие потребительские товары
**gasification** ~ продукт газификации
**solar consumer** ~s солнечные потребительские товары
**transmittance-absorptance** ~ прозрачно-поглощающий материал

**production** производство, изготовление
**biomass** ~ производство биомассы
**carbothermic** ~ **of silicon** получение кремния методом углеродотермического восстановления
**nonconventional energy** ~ нетрадиционное получение энергии
**photocatalytical** ~ фотокаталитическое производство
**photochemical hydrogen** ~ фотохимическое производство водорода
**photoelectrolytic hydrogen** ~ фотоэлектролитическое получение водорода
**solar industrial process heat** ~ получение солнечного тепла для промышленных процессов
**thermochemical hydrogen** ~ термохимическое производство водорода
**thermophilic methane** ~ тер-

мофильное производство метана
**woody biomass** ~ производство древесной биомассы

**profile** профиль
**arbitrary doping** ~ произвольный профиль легирования
**carrier-trapping** ~ профиль (распределения) ловушек для носителей (заряда)
**chemical potential** ~ профиль химического потенциала
**concentration depth** ~ профиль (распределения) концентрации по глубине
**dopant** ~ профиль (распределения) легирующей примеси
**electric field** ~ профиль электрического поля
**impurity concentration** ~ профиль (распределения) концентрации примеси
**radiation damage** ~ профиль радиационных нарушений *(в полупроводнике)*
**temperature** ~ температурный профиль
**wind** ~ профиль изменения характеристик ветра на высоте
**windpower** ~ профиль распределения энергии ветра
**wind speed** ~ профиль скорости ветра

**profiling** профилирование
**band gap** ~ профилирование запрещённой (энергетической) зоны

**program** программа
**photovoltaic** ~ программа по фотоэлектрическому преобразованию
**renewable energy** ~ программа развития возобновляемой энергетики

**project** проект
**agro-energy** ~ агроэнергетический проект
**biomass energy** ~ проект получения энергии из биомассы
**deep-well irrigation** ~ проект ирригации из глубоких колодцев *(с помощью солнечных насосов)*

**propeller:**
**wind driven** ~ ветроколесо

**propert/y** свойство
**antireflection** ~**ies** просветляющие свойства
**interfacial** ~**ies** свойства поверхности раздела
**optical** ~**ies** оптические свойства
**optoelectronic** ~**ies** оптоэлектронные свойства
**photoelectronic** ~**ies** фотоэлектронные свойства
**photovoltaic** ~**ies** фотоэлектрические свойства
**thermochemical** ~**ies** термохимические свойства
**turbulence** ~**ies** турбулентные свойства
**wetting** ~**ies** смачиваемость

**propulsion:**
**solar (electric)** ~ солнечный (электрический) движитель
**vehicle** ~ электромобиль
**windmill** ~ движитель с приводом от ветродвигателя

**protection** защита

cathodic ~ катодная защита
freeze ~ защита от замерзания
overdischarge ~ защита от перезаряда

**protein** протеин, белок
single cell ~ одноклеточный протеин

**proton** протон
low-energy ~ протон малых энергий

**puller:**
light-actuated curtain ~ светочувствительное устройство для открывания штор

**pump** насос
air-source heat ~ тепловой насос, использующий теплоту воздуха
air-to-air heat ~ тепловой насос «воздух — воздух»
air-to-water heat ~ тепловой насос «воздух — вода»
centrifugal ~ центробежный насос
chemical heat ~ химический тепловой [термохимический] насос
dual-source solar-assisted heat ~ солнечный тепловой насос с двумя источниками тепла
geothermal heat ~ геотермальный тепловой насос
ground-coupled heat ~ тепловой насос, использующий теплоту земли
ground-source heat ~ тепловой насос, использующий теплоту грунта
groundwater-source heat ~ тепловой насос, использующий теплоту грунтовых вод
heat ~ тепловой насос
high-temperature ~ высокотемпературный насос
metal hydride heat ~ металлогидридный тепловой насос
photovoltaic water ~ водоподъёмный насос с питанием от фотоэлектрической батареи, фотоэлектрический водоподъёмный насос
reverse-running ~ обратимый насос
self-regulating heat ~ саморегулируемый тепловой насос
solar absorption heat ~ солнечный абсорбционный тепловой насос
solar-assisted heat ~ солнечный тепловой насос
solar diaphragm ~ солнечный диафрагменный насос
solar heat ~ солнечный тепловой насос
vapor-lift ~ вертикальный паровой насос
water source heat ~ тепловой насос, использующий теплоту воды
water-to-air heat ~ тепловой насос «вода — воздух»
water-to-water heat ~ тепловой насос «вода — вода»
wind-driven lift ~ ветронасосная установка

**pumps-as-turbines** насосы, используемые в качестве турбин

**purification** очистка
diffusion ~ диффузионная очистка *(водорода)*

**pyranometer** пиранометр

**multisensor** ~ многосенсорный пиранометр
**pyrheliometer** пиргелиометр
**photovoltaic** ~ фотоэлектрический пиргелиометр
**pyrolyser** установка для пиролиза
**straw** ~ установка для пиролиза соломы
**pyrolysis** пиролиз
**fast** ~ быстрый пиролиз
**spray** ~ пиролиз пульверизованного слоя

# Q

**quality** качество
**air** ~ качество воздуха
**energy** ~ качество энергии
**mixing** ~ качество перемешивания
**power** ~ качество электроэнергии
**water** ~ качество воды
**quenching** отжиг
**optical** ~ оптический отжиг
**quinoline** хинолин

# R

**radiance:**
**long wavelength** ~ длинноволновая радиация
**short wavelength** ~ коротковолновая радиация
**radiation** излучение; радиация
**absorbed solar** ~ поглощённое солнечное излучение
**beam** ~ лучистая [прямая] радиация
**beam solar** ~ прямое солнечное излучение; прямая солнечная радиация
**black body** ~ излучение (абсолютно) чёрного тела
**concentrated solar** ~ концентрированное солнечное излучение
**daily solar** ~ дневное значение энергии солнечного излучения, дневная сумма солнечной радиации
**diffuse** ~ рассеянное излучение; диффузная радиация
**direct beam** ~ лучистая [прямая] радиация
**direct solar** ~ прямое солнечное излучение; прямая солнечная радиация
**electromagnetic** ~ электромагнитное излучение
**external** ~ внешнее излучение
**extraterrestrial (solar)** ~ внеатмосферное излучение (Солнца)
**global solar** ~ суммарное солнечное излучение *(на горизонтальной поверхности)*
**hard** ~ жёсткое излучение
**horizontal solar** ~ солнечная радиация на горизонтальной поверхности
**hourly solar** ~ часовое значение энергии солнечного излучения, часовая сумма солнечной радиации

**incident (solar)** ~ падающее (солнечное) излучение
**infrared** ~ инфракрасное излучение
**instantaneous global** ~ мгновенное значение суммарной радиации
**ionizing** ~ ионизирующее излучение
**monochromatic** ~ монохроматическое излучение
**monthly solar** ~ месячное значение энергии солнечного излучения, месячная сумма солнечной радиации
**normal beam solar** ~ прямое солнечное излучение; прямая солнечная радиация
**optical** ~ оптическое излучение
**photosynthetically active** ~ фотосинтетическая активная радиация
**sky** ~ **1.** излучение небосвода **2.** рассеянное излучение
**soft** ~ мягкое излучение
**solar** ~ **1.** солнечное излучение; солнечная радиация **2.** энергетическая освещённость *(при солнечном излучении)*
**total solar** ~ суммарное солнечное излучение *(на наклонной поверхности)*
**ultraviolet** ~ ультрафиолетовое излучение
**visible** ~ видимое излучение
**yearly solar** ~ годовое значение энергии солнечного излучения, годовая сумма солнечной радиации

**radiator** радиатор
**solar dynamic** ~ радиатор для солнечного двигателя
**radiochemistry** радиохимия
**radiometer** радиометр
**loss-compensated** ~ пиранометр с температурной компенсацией
**rotating shadowband** ~ радиометр с вращающимся затеняющим ободом
**radiosounding** радиозондирование *(атмосферы)*
**rain** дождь
**acid** ~ кислотный дождь
**range** диапазон; предел; область
**application** ~ область применения
**frequency** ~ диапазон частот
**rate** скорость
**building overall heat loss** ~ отношение мощности полных тепловых потерь в здании к разнице внутренней и наружной температур
**capacitance** ~ тепловая мощность *(теплообменника)*
**charge** ~ скорость заряда
**discharge** ~ скорость разряда
**fixed charge** ~ постоянная скорость заряда; приведённые затраты *(на солнечную установку)*
**flow** ~ **1.** скорость потока **2.** расход *(напр. теплоносителя)*
**forced outage** ~ число часов незапланированного от-

ключения *(энергетического оборудования)*

**fuel** ~ удельный расход топлива *(на* 1 *кВт·ч электроэнергии)*

**growth** ~ скорость роста

**heat** ~ удельный расход теплоты *(на 1 кВт·ч электроэнергии)*

**heating** ~ скорость нагрева

**heat liberation** ~ скорость тепловыделения

**injection** ~ скорость инжекции

**self-discharge** ~ скорость саморазряда

**silicon pulling** ~ скорость вытягивания кремния

**water** ~ расход воды

**yaw** ~ скорость рысканья

**rating** мощность; производительность

**boiler** ~ тепловая мощность котла; теплопроизводительность котла

**ratio 1.** коэффициент; степень **2.** соотношение

**air-hydrogen** ~ соотношение воздух — водород

**building energy** ~ нагрузка системы кондиционирования здания; потребность в энергии для кондиционирования здания

**compression** ~ степень сжатия *(компрессора)*

**concentration** ~ коэффициент концентрации

**effective concentration** ~ эффективный коэффициент [эффективность, кпд] концентрации

**energy efficiency** ~ коэффициент энергетической эффективности; расход топлива на единицу энергии; выработка холода на единицу энергии

**geometrical concentration** ~ геометрический коэффициент концентрации

**height-diameter** ~ отношение высоты к диаметру *(ветровой электростанции)*

**maximum usable concentration** ~ максимальный используемый коэффициент концентрации

**optical concentration** ~ оптический коэффициент концентрации

**solar building load** ~ доля солнечной энергии в теплоснабжении дома

**surface-to-volume** ~ отношение площади к объёму здания

**theoretical maximum concentration** ~ теоретический максимальный коэффициент концентрации

**ray** луч

**cosmic** ~**s** космические лучи

**incoming** ~ входящий луч

**reflected** ~ отражённый луч

**reaction** реакция

**bacterial photosynthetic** ~ бактериальная фотосинтезирующая реакция

**charge-transfer** ~ реакция переноса зарядов

**coupled chemical** ~ связанная химическая реакция

**electrode** ~ электродная реакция

**endothermic** ~ эндотермическая реакция
**exothermic** ~ экзотермическая реакция
**hydrogen evolution** ~ реакция выделения водорода
**light-induced electron transfer** ~ индуцированная светом реакция переноса электрона
**redox [reduction-oxidation]** ~ редокс-реакция, реакция восстановления — окисления
**reversible** ~ обратимая реакция
**surface** ~ поверхностная реакция

**reactor** реактор
**breeder** ~ реактор-размножитель
**electrochemical** ~ электрохимический реактор
**fast breeder** ~ реактор на быстрых нейтронах
**mesophilic** ~ мезофильный реактор
**no-mix** ~ реактор без перемешивающего устройства
**solar** ~ солнечный реактор
**solar-driven chemical** ~ солнечный [гелиоэнергетический] химический реактор
**solid-state electrochemical** ~ твердотельный электрохимический реактор
**thermionic** ~ термоионный реактор
**upflow anaerobic** ~ анаэробный реактор с восходящим потоком

**receiver** приёмник
**actively cooled** ~ приёмник с принудительным охлаждением
**cavity solar** ~ полостной приёмник солнечного излучения
**central** ~ центральный приёмник
**external** ~ внешний приёмник; наружный приёмник *(солнечного излучения)*
**fluidized-bed solar** ~ солнечный приёмник с кипящим [псевдоожиженным] слоем
**high-temperature solar** ~ высокотемпературный приёмник солнечного излучения
**honeycomb solar** ~ сотообразный солнечный приёмник
**low-temperature solar** ~ низкотемпературный приёмник солнечного излучения
**sodium** ~ приёмник с натриевым теплоносителем
**solar** ~ приёмник солнечного излучения
**solar central** ~ солнечный центральный приёмник *(электростанции башенного типа)*
**solar dynamic** ~ приёмник для солнечного двигателя
**solar heat [solar thermal]** ~ теплоприёмник солнечного излучения
**tower-mounted** ~ приёмник, установленный на башне
**wire** ~ проволочный приёмник *(солнечной станции)*

**rechargeability** перезаряжаемость

**rechargeables** перезаряжаемая [аккумуляторная] энергетика

**recombination** рекомбинация

**bulk** ~ рекомбинация в объёме

**carrier excitation assisted** ~ рекомбинация, сопровождаемая возбуждением носителя

**electron-hole** ~ электронно-дырочная рекомбинация

**gas** ~ рекомбинация газов

**grain-boundary** ~ рекомбинация на границе зёрен

**interface** ~ рекомбинация на границе раздела

**intragrain** ~ рекомбинация внутри зёрен

**nonlinear** ~ нелинейная рекомбинация

**nonlocal** ~ нелокальная рекомбинация

**nonradiative** ~ безызлучательная рекомбинация

**phonon-assisted** ~ рекомбинация с участием фонона

**photoinduced** ~ индуцированная светом рекомбинация

**radiative** ~ излучательная рекомбинация

**surface** ~ поверхностная рекомбинация

**recorder** :

**sunshine** ~ гелиограф

**recovery** **1.** восстановление, регенерация **2.** возвращение *(энергии)* **3.** утилизация **4.** рекуперация

**energy** ~ регенерация энергии

**heat** ~ рекуперация теплоты

**latent heat** ~ утилизация скрытой теплоты *(конденсации)*

**mineral** ~ извлечение минералов

**solar enhanced oil** ~ увеличение выхода нефти из скважин с помощью солнечной энергии

**wind energy** ~ регенерация ветровой энергии

**recuperation** рекуперация

**recyclables** вторичные материалы *(переработки отходов)*

**recycle** **1.** рециркуляция **2.** цикл повторного использования

**redox** восстановление — окисление

**redox-cell** редокс-аккумулятор

**reduction** восстановление

**carbon** ~ восстановление углерода *(напр. фиксация $CO_2$ при фотосинтезе)*

**carbothermic** ~ карботермическое восстановление

**mercury** ~ снижение содержания ртути

**reduction-oxidation** восстановление-окисление

**refinery** очистительный завод

**biomass** ~ завод по переработке биомассы

**reflectance** отражательная способность

**ground** ~ отражательная способность Земли

**spectral** ~ спектральная способность

**reflection** отражение

external ~ внешнее отражение
ground ~ отражение от Земли
internal ~ внутреннее отражение
multiple ~ многократное отражение
optical ~ оптическое отражение
total internal ~ полное внутреннее отражение

**reflector** отражатель
back(-surface) ~ тыльный отражатель
balloon ~ надувной отражатель
cylindrical ~ цилиндрический отражатель
diffusing ~ диффузный отражатель
electromagnetic radiation ~ отражатель электромагнитного излучения
external ~ внешний отражатель
flexible solar ~ гибкий солнечный отражатель
impact-damaged solar ~ солнечный отражатель, повреждённый микрометеоритами
internal ~ внутренний отражатель
mosaic glass ~ мозаичный стеклянный отражатель
orbital ~ орбитальный отражатель
parabolic ~ параболический отражатель
planar ~ плоский отражатель
primary ~ первичный отражатель
prismatic solar ~ призменный солнечный отражатель
spherical ~ сферический отражатель
transparent heat ~ прозрачный тепловой отражатель

**reformer** риформер
internal ~ внутренний риформер
partially shielded ~ частично экранированный риформер

**reforming** риформинг
internal ~ внутренний риформинг
solar steam ~ солнечный паровой риформинг *(метана)*

**refraction** преломление; рефракция

**refractor** рефрактор

**refrigeration** охлаждение
absorption ~ абсорбционное охлаждение
solar ~ солнечное охлаждение

**refrigerator** холодильник
hydrogen fueled absorption-type ~ абсорбционный холодильник на водородном топливе
photovoltaic ~ фотоэлектрический холодильник
photovoltaic thermoelectric ~ термоэлектрический холодильник с фотоэлектрическим источником питания
solar absorption ~ солнечный абсорбционный холодильник
solid absorption solar-driven ~ солнечный холо-

дильник с твёрдым абсорбентом
**vapor compression** ~ парокомпрессионный холодильник
**regeneration** регенерация, восстановление
**oxygen** ~ кислородная регенерация
**regenerator** регенератор
**solar** ~ солнечный регенератор
**regime** режим
**charging** ~ режим заряда
**transient** ~ переходный режим
**region** область
**air-quality control** ~ область с контролируемым качеством воздуха
**arid** ~ засушливый район
**electric field** ~ область электрического поля
*n*-~ *n*-область, область электронной проводимости
*p*-~ *p*-область, область дырочной проводимости
**photon-absorbing** ~ область поглощения фотонов
**quasi-neutral** ~ квазинейтральная область
**space-charge** ~ область пространственного заряда
**regulation** регулирование
**heat** ~ регулирование тепла
**voltage** ~ регулирование напряжения
**relation** соотношение
**Einstein** ~ соотношение Эйнштейна
**phase** ~**s** фазовые соотношения
**removal:**
**heat** ~ теплоотвод
**repowering** реконструкция *(тепловых электростанций)*
**reproducibility** воспроизводимость
**requirement** потребность
**energy** ~ потребность в энергии
**research** исследования ◇
**photovoltaics** ~ **and development** исследования и разработки в области фотоэлектричества
**aerodynamics** ~ аэродинамические исследования
**alternative energy** ~ исследование альтернативных источников энергии
**reserve** запас; резерв
**energy** ~**s** энергетические резервы; энергетические ресурсы *(страны)*
**spinning** ~ вращающийся резерв; горячий резерв *(энергосистемы)*
**reservoir** резервуар
**geothermal rock** ~ геотермальный резервуар в скале
**hot-rock** ~ резервуар в нагретой породе *(для закачки воды в геотермальной установке)*
**hydrothermal** ~ гидротермический резервуар *(под землёй)*
**underground** ~ подземный резервуар
**residence** здание
**photovoltaic (powered)** ~ здание с питанием от фотоэлектрической батареи
**solar (powered)** ~ здание с питанием от солнечной батареи

**residue** отходы
**forest harvest** ~ отходы лесозаготовок
**tobacco** ~ отходы табачной промышленности

**resistance 1.** сопротивление; стойкость **2.** (активное) сопротивление
**bulk** ~ объёмное сопротивление
**cell** ~ сопротивление элемента
**corrosion** ~ коррозионная стойкость
**cracking** ~ стойкость к растрескиванию
**distributed** ~ распределённое сопротивление
**fluid** ~ гидравлическое сопротивление
**interfacial** ~ сопротивление на границе раздела *(двух сред)*
**parasitic** ~ паразитное сопротивление
**radiation** ~ радиационная стойкость
**series** ~ последовательное сопротивление
**sheet** ~ слоевое сопротивление *(солнечного элемента)*
**shunt** ~ шунтовое [обратное темновое] сопротивление
**solar cell radiation** ~ радиационная стойкость солнечного элемента
**solid state battery** ~ сопротивление батареи с твёрдым электролитом
**voltage dependent series** ~ зависимость последовательного сопротивления от напряжения

**resistivity** удельное сопротивление
**base** ~ удельное сопротивление базы *(солнечного элемента)*

**resonator** резонатор
**bulk acoustic wave** ~ резонатор объёмных акустических волн
**piezoelectric** ~ пьезоэлектрический резонатор

**resources** ресурсы
**geothermal** ~ геотермальные ресурсы
**geothermal energy** ~ геотермальные источники энергии
**liquid-dominated convective hydrothermal** ~ гидротермальные источники конвективного теплообмена
**renewable energy** ~ возобновляемые источники энергии
**wave energy [wave power]** ~ ресурсы волновой энергии

**response** чувствительность
**junction spectral** ~ спектральная чувствительность *p — n*-перехода
**photocurrent spectral** ~ спектральная чувствительность фототока
**relative spectral** ~ относительная спектральная чувствительность
**specific** ~ особая чувствительность; специфическая чувствительность *(солнечного элемента)*
**spectral** ~ спектральная

чувствительность *(характеристика элемента)*
wake ~ характеристика следа *(за ветроколесом)*
**responsivity** чувствительность
**spectral** ~ спектральная чувствительность *(характеристика элемента)*
**return** возврат
**dry** ~ возврат конденсата *(в системе парового отопления)*
**reutilization** повторное использование
**reversal** изменение направления на обратное
**cell voltage** ~ переполюсовка элемента
**isotopic** ~ изотопный обмен
**Review:**
**Domestic Policy** ~ обзор Национальной солнечной энергетической программы *(США)*
**ribbon** лента
**dendritic-web silicon** ~ междендритная лента кремния
**high-stress silicon** ~ сильнонапряжённая лента кремния
**low-stress silicon** ~ слабонапряжённая лента кремния
**risks:**
**health** ~ угроза здоровью, риск для здоровья
**rock** скала; (горная) порода; камень
**hot dry** ~ сухая нагретая порода *(под землёй, для получения геотермальной воды)*
**rose** роза ветров, диаграмма направленности
**energy** ~ роза ветроэнергетики; диаграмма направленности в энергии ветра
**wind** ~ роза ветров
**rotation:**
**short** ~ короткий цикл
**rotor** ротор *(ветротурбины)*
**coupled Savonius** ~ сдвоенный ротор Савониуса
**high-speed** ~ высокоскоростной ротор
**isolated Savonius** ~ единичный ротор Савониуса
**run:**
**generator** ~ пуск генератора
**runner** рабочее колесо *(турбины)*

# S

**salt** соль
**eutectic** ~s эвтектическая смесь солей
**fused** ~ расплав соли, расплавленная соль
**Glauber's** ~ глауберова соль *(в фазовых аккумуляторах тепла)*
**rock** ~ каменная соль
**solar** ~ соль, полученная выпариванием под солнцем
**salvage** использование [сбор] отходов
**sampler** пробоотборник
**hi-volume** ~ прибор для измерения осаждённых частиц выбросов

**sampling** отбор [взятие] проб
**air** ~ отбор [взятие] проб воздуха
**satellite** искусственный спутник земли, ИСЗ
**artificial** ~ искусственный спутник земли, ИСЗ
**solar power** ~ **1.** солнечный энергетический спутник **2.** солнечная орбитальная электростанция *(для энергоснабжения Земли)*
**saver** устройство для экономии
**fuel** ~ (солнечная) установка, используемая для экономии топлива
**saving** экономия
**fuel** ~ экономия топлива
**scale** шкала
**Celsius [centigrade]** ~ температурная шкала Цельсия, стоградусная шкала
**Fahrenheit** ~ температурная шкала Фаренгейта
**scaling** образование отложений
**magnesium-silicate** ~ образование отложений силикатов магния
**scattering** рассеяние
**elastic** ~ упругое рассеяние
**forward** ~ прямое рассеяние
**scheme** схема
**concentration** ~ схема концентрации
**energy conversion** ~ схема преобразования энергии
**geothermal heating** ~ схема отопительной геотермальной установки
**scrap:**
**battery** ~ батарейный лом
**screening** трафаретная печать
**silk** ~ шелкография
**screen-printing** трафаретная печать
**scroll** спиральная камера *(гидротурбины)*
**Fresnel** ~ рулон с гибкой линзой Френеля
**scrubber** скруббер; воздухоочиститель
**scum** пена
**scumming** удаление пены *(напр. с поверхности воды)*
**sea-grass** морская трава
**seal** герметизация *(скважины)*
**hermetic** ~ герметичное уплотнение, узел герметизации
**multifunctional hermetic** ~ многофункциональный узел герметизации
**sealant** герметик, герметизирующий материал
**cell** ~ герметик для электрохимического элемента
**season** сезон
**cooling** ~ сезон применения системы охлаждения *(зданий)*
**growing** ~ период роста *(растений)*
**heating** ~ отопительный сезон
**seed:**
**potassium** ~ калиевая присадка
**segregation** сегрегация
**impurity** ~ сегрегация примесей
**selenide** селенид

**cadmium** ~ селенид кадмия
**indium** ~ селенид индия
**selenium** селен
**selenization** селенизация
**self-discharge** саморазряд
**self-heating** саморазогрев
**self-ignition** самовозгорание
**semiconductor** полупроводник
**amorphous** ~ аморфный полупроводник
**bulk** ~ объёмный полупроводник
**crystalline** ~ кристаллический полупроводник
**degenerate** ~ вырожденный полупроводник
**inorganic** ~ неорганический полупроводник
**intrinsic** ~ собственный полупроводник
**lamellar** ~ слоистый полупроводник
**large-grained** ~ крупнозернистый [крупноблочный] полупроводник
**minority-carrier dominated** ~ полупроводник с высокой концентрацией неосновных носителей *(заряда)*
**molecular** ~ молекулярный полупроводник
**narrow(-band)-gap** ~ узкозонный полупроводник
**organic** ~ органический полупроводник
**polycrystalline** ~ поликристаллический полупроводник
**semicrystalline** ~ полукристаллический полупроводник
**wide(-band)-gap** ~ широкозонный полупроводник
**semimetal** полуметалл
**anisotropic** ~ анизотропный полуметалл
**sensor** датчик; измерительный прибор
**solar [sunlight] direction** ~ датчик направления солнечного излучения
**separation** разделение
**charge** ~ разделение зарядов
**double wall** ~ двойное разделение *(теплоносителей в теплообменнике)*; разделение с помощью двойной стенки
**oxygen** ~ выделение кислорода
**photoinduced charge** ~ фотоиндуцированное разделение зарядов
**separator** сепаратор
**battery** ~ сепаратор аккумуляторной батареи
**brine** ~ сепаратор рассола
**fuel cell** ~ сепаратор топливного элемента
**interelectrode** ~ межэлектродный сепаратор
**nylon** ~ найлоновый сепаратор
**sequences:**
**daily** ~ дневные изменения *(солнечной радиации)*
**solar radiation** ~ колебания солнечной радиации
**service:**
**interruptible** ~ **1.** снабжение энергией с перерывами *(в соответствии с контрактом)* **2.** низкокатегорийное обслуживание по поставкам энергии
**set** установка

generator ~ генераторная установка; генераторный агрегат
solar (powered) educational television ~ установка учебного телевидения с питанием от солнечной батареи
**sewage 1.** сточные воды **2.** органические отходы
**sewage-farm** поля орошения
**sewer** канализационный коллектор; сточная труба
**sewerage** канализация; сточные воды
**shade** укрытие
photovoltaic equipped ~ укрытие фотоэлектрической батареей
solar ~ солнцезащитное укрытие
**shadowing** затенение
grid ~ затенение контактной сеткой *(солнечного элемента)*
solar cell ~ затенение солнечного элемента
**shaft** вал; ось
cam ~ кулачковый вал
rotor ~ вал ротора *(ветроколеса)*
**shape** форма
spherical ~ сферическая форма
spiral ~ спиральная форма
**shear** сдвиг
wind ~ сдвиг ветра *(изменение вектора ветра с расстоянием)*
**shed:**
water ~ бассейн реки; водосборная площадь, водосбор; водораздел
**sheet** лист
silicon ~ лист кремния; листовой кремний
solid electrolyte ~ плёнка из твёрдого электролита
**shelf** (континентальный) шельф
continental ~ континентальный шельф
**shield** щит; защитное устройство
protective ~ защитная крышка *(батареи)*
**shorting** замыкание
intercathode ~ межэлектродное замыкание
**shrinkage** сужение
band gap ~ сужение запрещённой (энергетической) зоны
**shroud** устройство для регулирования ветрового потока
**shutdown** отключение
**side** сторона
high ~ сторона высокого давления
low ~ сторона низкого давления
sunny ~ солнечная сторона
**sign** знак
solar ~ солнечный светосигнальный знак
**signal:**
solar powered ~ (дорожный) указатель с питанием от солнечной батареи
**silicide:**
iron ~ силицид железа
**silicon** кремний
*α*-Si:H ~ гидрогенизированный аморфный кремний
amorphous ~ on glass аморфный кремний на подложке из стекла

**arc-furnace** ~ кремний, полученный в дуговой печи
**cast (semicrystalline)** ~ кремний, полученный методом литья
**columnar** ~ кремний со столбчатой структурой
**crystalline** ~ кристаллический кремний
**Czochralski pulling** ~ кремний, выращенный методом Чохральского
**deuterated amorphous** ~ аморфный кремний, насыщенный дейтерием
**dislocation-free** ~ бездислокационный кремний
**doped** ~ легированный кремний
**electron-bombarded [electron-irradiated]** ~ кремний, облучённый электронами
**float-zone (process)** ~ кремний, полученный методом зонной плавки
**fluorinated amorphous** ~ фторированный аморфный кремний
**high-purity** ~ кремний высокой чистоты
**hydrogenated** ~ гидрогенизированный кремний
**implanted** ~ имплантированный кремний
**ion-implanted** ~ ионно-имплантированный кремний
**ion-sputtered** ~ кремний, полученный методом катодного распыления
**irradiated** ~ облучённый кремний
**large-grained** ~ крупнозернистый [крупноблочный] кремний
**lithium-counterdoped** ~ кремний, легированный литием
**metallurgical(-grade)** ~ металлургический кремний
**microcrystalline** ~ микрокристаллический кремний
**molten** ~ расплавленный кремний
**neutron transmutation doped** ~ нейтронно-легированный кремний, кремний, легированный методом нейтронных ядерных реакций
**noncrystalline** ~ некристаллический кремний
**nonsingle crystalline** ~ немонокристаллический кремний
**oxygen-containing** ~ кислородосодержащий кремний
**passivated crystalline** ~ пассивированный кристаллический кремний
**phosphorus-doped** ~ кремний, легированный фосфором
**plasma deposited** ~ кремний, полученный плазменным осаждением
**plasma sprayed** ~ кремний, полученный плазменным распылением
**polycrystalline** ~ поликристаллический кремний, поликремний
**proton-irradiated** ~ кремний, облучённый протонами
**pulsed-annealed** ~ кремний,

подвергнутый импульсному отжигу
**RAD** ~ кремний, полученный методом протягивания через расплав
**radiation-damaged** ~ кремний с радиационными повреждениями
**recrystallized** ~ рекристаллизованный кремний
**ribbon** ~ ленточный кремний
**rice-husk** ~ кремний из рисовой шелухи
**semicrystalline** ~ полукристаллический кремний
**single-crystalline** ~ монокристаллический кремний
**solar-grade** ~ кремний солнечного качества
**solidified** ~ затвердевающий кремний
**sputtered** ~ кремний, полученный методом распыления
**unimplanted** ~ неимплантированный кремний
**upgraded** ~ кремний с улучшенными характеристиками
**upgraded metallurgical grade** ~ металлургический кремний глубокой очистки
**zone-melted** ~ кремний, полученный методом зонной плавки

**silicon-on-ceramic** кремний на керамике

**silviculture** лесоразведение; лесоводство

**SIMSHAG** компьютерная программа конструирования солнечных систем *(разработана Университетом штата Колорадо, США)*

**simulation** моделирование
**computer** ~ компьютерное моделирование
**stochastic** ~ стохастическое моделирование

**simulator** имитирующее устройство, имитатор
**solar [sunshine]** ~ имитатор Солнца
**windmill** ~ имитатор ветроустановки

**sink** радиатор; теплоотвод
**heat** ~ радиатор; теплоотвод

**site** участок
**conversion** ~ перерабатывающее предприятие
**wind energy conversion systems** ~ участок расположения ветроэнергетических систем

**situation** состояние; ситуация
**geothermal** ~ состояние с геотермикой, геотермальная ситуация

**size** размер
**grain** ~ размер зёрен

**sizing** оптимизация размеров *(напр. солнечной установки)*
**hot water** ~ **1.** определение размеров и параметров *(солнечной бытовой установки)* для горячего водоснабжения **2.** определение потребности в горячей воде, площади коллектора и ёмкости аккумулятора
**windfarm conducting** ~ выбор кабеля для группы ветроэлектростанций

windfarm transformer ~ выбор трансформатора для группы ветроэлектростанций

**sky** небо

**cold** ~ холодное небо

**cool** ~ охлаждающее небо

**night** ~ ночное небо

**north** ~ северное небо

**partly cloudy** ~ частично облачное небо

**skydome** небесная полусфера

**skylid** открывающееся окно в крыше

**skylight** 1. чердачное окно; потолочное окно 2. застеклённая крыша

**slag** шлак

**melting** ~ расплавленный шлак

**slat** предкрылок *(лопасти турбины)*

**slate** 1. сланец 2. шифер

**sleeve** муфта

**sealing** ~ герметизирующая муфта *(в аккумуляторе)*

**slice** дисковый срез *(полупроводниковой пластины)*

**slicing** резание *(полупроводниковых пластин на кристаллы)*

**fixed abrasive** ~ резание фиксированным абразивом

**ID** ~ резание на станке с внутренней режущей кромкой

**ingot** ~ резание слитка

**internal diameter** ~ резание на станке с внутренней режущей кромкой

**sludge** отстой; твёрдый остаток

**slurry** 1. жидкая глина 2. цементное тесто 3. стоки

**effluent** ~ жидкие стоки

**smog** смог; загрязнённый воздух

**sulfur** ~ смог с выбросами окислов серы

**smoke** дым

**Society:**

**International Solar Energy** ~ Международное общество солнечной энергии

**socket** розетка ◇ ~ **for an electric charger** розетка для зарядного устройства

**sodium** натрий

**solarimeter** соляриметр

**solarium** солярий

**solarization** соляризация

**solartex** *фирм.* прозрачное стекло для солнечных установок *(фирмы «ASG Industries, Inc», США)*

**solcost** метод оценки размеров и стоимости солнечных установок для нагрева воды

**solday** данные о солнечной радиации

**solidity** отношение площади поверхности лопастей к фронтальной площади ветроколеса

**solids** твёрдая фаза раствора

**dissolved** ~ растворённые в воде вещества

**nontoxic** ~ нетоксичный шлам

**total** ~ полный сухой остаток

**volatile** ~ быстро испаряющееся твёрдое тело

**solstice** солнцестояние

**summer** ~ летнее солнцестояние
**winter** ~ зимнее солнцестояние
**solubility** растворимость
**highly temperature dependent** ~ растворимость, сильно зависящая от температуры
**solution** раствор
**aqueous** ~ водный раствор
**fermentation** ~ раствор фермента
**sodium chloride-water** ~ водный раствор поваренной соли
**solvate** сольват *(электролит в аккумуляторе)*
**solvation** сольватация
**electrolyte** ~ сольватация в электролите
**solvent** растворитель
**ether** ~ эфирный растворитель *(в электролите)*
**nonaqueous** ~ неводный растворитель
**sorbent** сорбент
**sorption** сорбция
**source** источник
**alternative energy** ~ альтернативный источник энергии
**area** ~ распределённый источник *(напр. загрязнения воздуха)*
**dislocation** ~ источник дислокаций
**distant radiation** ~ протяжённый источник излучения
**electrochemical power** ~ электрохимический источник энергии
**energy** ~ источник энергии
**heat** ~ источник теплоты
**hydrogen** ~ источник водорода
**moderated temperature geothermal** ~ геотермальный источник со средней температурой
**natural** ~ природный источник
**photovoltaic power** ~ фотоэлектрический источник энергии
**plasma** ~ источник плазмы
**point** ~ точечный источник *(напр. загрязнения воздуха)*
**primary** ~ первичный источник *(энергии)*
**renewable ~s** возобновляемые источники *(энергии)*
**solar power** ~ солнечный источник энергии
**solid** ~ твёрдый источник
**spin-on impurity** ~ источник примеси, полученный методом центрифугирования
**thermally excited radiation** ~ источник излучения с тепловым возбуждением
**thermophotovoltaic power** ~ термофотоэлектрический источник энергии
**water** ~ источник воды
**south** юг
**true** ~ географический юг
**space 1.** космос **2.** пространство
**dead air** ~ мёртвое воздушное пространство
**spacing** зазор
**gap** ~ воздушная прослойка, зазор *(в солнечном коллекторе)*

**spectrometer** спектрометр
**spectrophotometer** спектрофотометр
**spectroradiometer** спектрорадиометр
**spectroscopy** спектроскопия
**absorption** ~ абсорбционная спектроскопия
**Auger (electron)** ~ (электронная) Оже-спектроскопия
**deep-level transient** ~ динамическая спектроскопия глубоких уровней
**electrode impedance** ~ электродная импедансная спектроскопия
**electron yield X-ray** ~ электронно-рентгеновская спектроскопия
**Fourier** ~ Фурье-спектроскопия
**impedance** ~ импедансная спектроскопия
**Mössbauer** ~ мёссбауэровская спектроскопия
**optical** ~ оптическая спектроскопия
**photoelectron** ~ фотоэлектронная спектроскопия
**photoluminescence absorption** ~ фотолюминесцентная абсорбционная спектроскопия
**Raman (scattering)** ~ спектроскопия комбинационного рассеяния
**surface photovoltage** ~ спектроскопия поверхностного фотонапряжения
**X-ray** ~ рентгеновская спектроскопия
**spectrum** спектр
**electromagnetic** ~ электромагнитный спектр, спектр элсктромагнитного излучения
**optical** ~ оптический спектр, спектр оптического излучения
**solar** ~ спектр солнечного излучения
**space solar** ~ спектр солнечного излучения в космосе
**terrestrial solar** ~ спектр солнечного излучения в наземных условиях
**visible** ~ оптический спектр, спектр оптического излучения
**speed** скорость, число оборотов
**air** ~ скорость воздуха
**angular** ~ угловая скорость
**average wind** ~ средняя скорость ветра
**cut-in** ~ минимально допустимая скорость *(ветра для ветроустановки)*
**cut-out [furling]** ~ **1.** скорость *(ветра)*, при которой отключается ветроустановка **2.** критическая [максимальная допустимая] скорость *(ветра для ветроустановки)*
**shaft** ~ осевая скорость
**shutdown wind** ~ скорость ветра, при которой отключается ветроустановка
**survival wind** ~ максимальная рабочая скорость ветра для ветроустановки
**tip** ~ критическая [максимальная допустимая] ско-

рость *(ветра для ветроустановки)*
**wind** ~ скорость ветра
**spillage** излучение, отражённое от подсистем солнечного коллектора
**spiral** спираль
**Ekman** ~ спираль Экмана *(распределение ветра в атмосфере)*
**splitting** разложение
**solar water** ~ разложение воды с помощью солнечной энергии
**thermochemical water** ~ термохимическое разложение воды
**spring** источник
**hot** ~ горячий источник
**sputtering** распыление
**ion beam** ~ ионно-лучевое распыление
**magnetron** ~ магнетронное распыление
**reactive** ~ реактивное распыление
**squid** сверхпроводящий квантовый интерференционный датчик, сквид
**stability** стабильность
**electrochemical** ~ электрохимическая стабильность
**outdoor** ~ стабильность при натурных испытаниях *(солнечной батареи)*
**terrestrial** ~ стабильность в наземных условиях
**stabilization** стабилизация
**stabilizer** стабилизатор
**membrane** ~ мембранный стабилизатор
**stack** множество; пакет
**cell** ~ пакет элементов
**compact fuel cell** ~ компактный блок топливных элементов
**fuel cell** ~ батарея топливных элементов
**redox flow cell** ~ модуль проточного редокс-аккумулятора
**smoke** ~ дымовая труба
**vent** ~ выводная труба вентиляции
**stacker:**
**automatic battery** ~ автоматическое устройство сборки батарей
**stage:**
**combustor second** ~ вторая ступень камеры сгорания
**standard** стандарт
**air-quality** ~ стандарт на качество воздуха
**emission** ~ **1.** стандарт на выбросы загрязняющих веществ **2.** максимально допустимые выбросы загрязняющих веществ *(для одного источника)*
**water quality** ~ стандарт на качество воды
**wind energy** ~ стандарт на ветроустановки
**starter:**
**yeast** ~ дрожжевая закваска
**starvation** истощение
**food-fuel** ~ истощение продуктов питания и топлива
**state** состояние; уровень
~ **of normal electricity resistivity** состояние с нормальным электрическим сопротивлением
**bound** ~ связанное состояние

charge ~ заряженное состояние
defect ~ состояние, связанное с дефектами структуры
donor ~ донорное состояние
energy ~ энергетический уровень; энергетическое состояние
excited ~ возбуждённое состояние
gap ~ состояние в запрещённой зоне
ground ~ основное состояние
interface ~ состояние на поверхности раздела
localized ~ локализованное состояние; локализованный уровень
metastable ~ метастабильное состояние
superconducting ~ сверхпроводящее состояние
surface ~ поверхностное состояние
trapping ~ ловушечный уровень, ловушка
valence ~ состояние в валентной зоне

**state-of-art:**
photovoltaic ~ современное состояние фотоэлектричества

**station** станция
central ~ центральная станция
earthquake automatic monitoring ~ автоматическая сейсмическая станция
gas turbine generating ~ газотурбинная электростанция
geothermal generation ~ геотермальная электростанция
grid-connected photovoltaic ~ фотоэлектрическая станция, соединённая с электросетью
hydroelectric ~ гидроэлектрическая станция, гидроэлектростанция, ГЭС
photovoltaic pumping ~ фотоэлектрическая насосная станция
pilot solar power ~ опытная солнечная электростанция
solar ~ солнечная электростанция
solar augmented wind power ~ ветровая электростанция с солнечным увеличением воздушного потока
solar diesel hybrid power ~ комбинированная солнечно-дизельная электростанция
solar power ~ солнечная электростанция
solar radio ~ солнечная радиостанция
solar service ~ станция автотехобслуживания с солнечным энергоснабжением
space solar power ~ космическая солнечная электростанция

**steam** пар
dry ~ сухой пар
geothermal ~ геотермальный пар
high-temperature ~ высокотемпературный пар
superheating ~ перегретый пар

**step:**
**current** ~ скачок [бросок] тока
**potential** ~ скачок потенциала
**sterilizer** стерилизатор
**solar medical** ~ солнечный медицинский стерилизатор
**still** опреснитель
**basin solar** ~ солнечный дистиллятор бассейнового типа
**cracking** ~ крекинг-аппарат для перегонки (нефти)
**double-basin solar** ~ двухбассейновый солнечный опреснитель
**double-effect solar** ~ солнечный дистиллятор двойного действия
**double-slope solar** ~ солнечный дистиллятор с двускатным остеклением
**multieffect solar** ~ многоступенчатый солнечный опреснитель
**solar** ~ солнечный опреснитель
**tilted solar** ~ наклонный солнечный опреснитель
**wick-basin solar** ~ солнечный опреснитель бассейно-капиллярного типа
**wick-type solar** ~ капиллярный солнечный опреснитель
**stoichiometry** стехиометрия
**storage 1.** накопление; аккумулирование **2.** накопитель; аккумулятор
**aggregate** ~ аккумулирование с изменением агрегатного состояния
**compressed air (energy)** ~ аккумулирование энергии с помощью сжатого воздуха
**energy** ~ аккумулирование энергии
**flywheel energy** ~ маховиковый накопитель энергии
**fusion** ~ аккумулирование с использованием теплоты плавления
**ground coupled** ~ грунтовой аккумулятор *(теплоты)*
**ground thermal** ~ грунтовой тепловой аккумулятор
**heat** ~ **1.** аккумулирование теплоты **2.** тепловой аккумулятор
**hot/cold tank** ~ система аккумулирования с двумя баками для горячего и холодного теплоносителя
**hybrid energy** ~ комбинированное аккумулирование энергии
**hydrogen-fuel** ~ хранение водородного топлива
**ice** ~ ледниковый аккумулятор холода
**kinetic energy** ~ аккумулирование кинетической энергии
**latent heat-of-fusion [latent thermal]** ~ аккумулирование с использованием скрытой теплоты плавления
**liquid** ~ жидкостное аккумулирование *(теплоты)*
**long-term solar heat** ~ долговременное аккумулирование солнечного тепла
**off-peak** ~ аккумулирование внепиковой энергии

**reversible hydrogen** ~ обратимое хранение водорода
**seasonal ground** ~ подземное сезонное аккумулирование
**season solar heat** ~ сезонное аккумулирование солнечного тепла
**solar energy** ~ аккумулирование солнечной энергии
**superconducting magnetic energy** ~ аккумулирование энергии с использованием сверхпроводящего магнита
**underground** ~ подземное аккумулирование

**store:**
**absorption cold** ~ абсорбционная холодильная установка
**solar-driven cold** ~ солнечная холодильная установка

**stove** печь
**box** ~ камерная печь
**wood burning** ~ печь для сжигания дров

**strategy** стратегия
**energy conservation** ~ стратегия энергосбережения

**stratification** стратификация
**turbulent** ~ турбулентная стратификация

**stratosphere** стратосфера

**stream:**
**hydrogen-air mixing** ~ поток воздушно-водородной смеси

**stress** 1. напряжение 2. давление
**hydrostatic design** ~ расчётное гидростатическое давление *(в трубопроводе)*
**lattice** ~ напряжение в (кристаллической) решётке

**string** секция *(солнечной батареи)*

**strip** лента
**lead-calcium-tin** ~ лента из сплава свинец — кальций — олово

**structure** структура
**aggregate** ~ агрегатная структура
**band** ~ зонная структура
**capillary tube** ~ структура из капиллярных труб
**graded band gap** ~ варизонная структура
**heat sink** ~ теплоотводящая структура
**heteroepitaxial** ~ гетероэпитаксиальная структура
**induced-junction** ~ структура с индуцированным переходом
**light trapping** ~ структура, собирающая свет
**matrix** ~ матричная структура
**multijunction** ~ многопереходная структура
**multilayer** ~ многослойная структура
**multiquantum well** ~s многоквантовые потенциальные ямы *(в полупроводнике)*
**pore** ~ пористая структура *(в топливном элементе)*
**reflecting** ~ отражающий экран
**seal** ~ герметичная структура
**solar animal** ~ животноводческая ферма с солнечным отоплением

tandem ~ каскадная структура
variable-gap ~ структура с переменной шириной запрещённой зоны; варизонная структура
windmill support ~ опорная конструкция ветроустановки
**study** исследование **chronopotentiometric** ~ хронопотенциометрическое исследование *(электродов)*
**optical** ~ оптическое исследование
**photoelectrochemical** ~ фотоэлектрохимическое исследование
**polarographic** ~ полярографическое исследование
**potentiometric** ~ потенциометрическое исследование
**Raman (scattering)** ~ исследование методом спектроскопии комбинационного рассеяния
**visualization** ~ визуальное исследование
**voltammetric** ~ вольтамперометрическое исследование
**subarray** панель солнечной батареи
**sublimation** сублимация
**close-spaced** ~ сублимация в замкнутом объёме *(для получения солнечного элемента)*
**substance** вещество
**colloid** ~ коллоидное вещество
**hygroscopic** ~ гигроскопическое вещество
**immiscible** ~s несмешиваемые вещества
**substrate** подложка
**amorphous** ~ аморфная подложка
**cintered** ~ спечённая подложка
**conducting** ~ проводящая подложка
**crystalline** ~ кристаллическая подложка
**defected** ~ дефектная подложка
**electrode** ~ электродная подложка
**foreign** ~ инородная подложка
**glass** ~ подложка из стекла
**light transmitting conductive** ~ прозрачная проводящая подложка
**mullitic** ~ муллитовая подложка
**multicrystalline** ~ поликристаллическая подложка
**multilayer** ~ многослойная подложка
**noncrystalline** ~ некристаллическая подложка
**polymer** ~ полимерная подложка
**radiation-resistant** ~ радиационно-стойкая подложка
**reflecting grating** ~ отражающая дифракционная подложка
**silicon** ~ подложка из кремния
**thermally annealed** ~ термически отожжённая подложка
**thin-film solar** ~ подложка для тонкоплёночного солнечного элемента

tin oxide coated ~ подложка, покрытая оксидом олова

**subsystem** подсистема

**auxiliary energy** ~ вспомогательная энергетическая подсистема

**beam characterization** ~ подсистема для измерения характеристик луча *(отражённого от гелиостата)*

**collector** ~ **1.** коллекторная подсистема **2.** поле гелиостатов

**collector/concentrator** ~ подсистема коллектор — концентратор

**control** ~ регулирующая подсистема, подсистема регулирования

**subtropics** субтропики

**sugarcane** сахарный тростник

**sulfate** сульфат

**aluminum** ~ сернокислый алюминий, глинозём

**ammonium** ~ сульфат аммония *(в солнечном пруде)*

**sulfide** сульфид

**cadmium** ~ сульфид кадмия

**copper** ~ сульфид меди

**hydrogen** ~ сероводород

**iron** ~ сульфид железа

**vanadium** ~ сульфид ванадия

**sulfur** сера

**sun** солнце

**full** ~ максимально яркое солнце *(интенсивностью 1 кВт/м$^2$)*; наибольшая интенсивность солнечного излучения в полдень

**sun-a-therm** *фирм.* двойное герметичное остекление *(фирмы «AGS Industries Inc.», США)*

**sundial** солнечные часы

**sunlight** солнечный свет

**concentrated** ~ концентрированный солнечный свет

**direct** ~ прямой солнечный свет

**incident** ~ падающий солнечный свет

**natural** ~ естественный солнечный свет

**simulated** ~ искусственный солнечный свет

**stable** ~ стабильный солнечный свет

**sunshine** солнечное сияние

**sunspace** солнечное поглощение

**Sunworld** «Солнечный мир» *(название журнала)*

**superalloy** суперсплав

**superconductivity** сверхпроводимость

**superconductor** сверхпроводник

**ceramic** ~ керамический сверхпроводник

**type II** ~ сверхпроводник второго ряда

**superlattice** (кристаллическая) сверхрешётка

**strained** ~ напряжённая (кристаллическая) сверхрешётка

**strained-layer** ~ сверхрешётка из напряжённых слоёв

**superposition** суперпозиция, наложение

**supply** **1.** электропитание **2.** источник электропитания

**packaged solar power** ~ па-

кетируемый солнечный источник электропитания
**solar power** ~ солнечный источник электропитания
**support** опорная конструкция *(солнечной установки)*
**mechanical** ~ механическая опорная конструкция
**orientable** ~ ориентируемая опорная конструкция
**solar panel** ~ опора солнечной панели
**structural** ~ структурная опорная конструкция
**suppression** подавление
**convection** ~ подавление конвекции
**noise** ~ подавление [поглощение] шума
**surface** поверхность
**absorbing** ~ поглощающая поверхность
**active front** ~ активная передняя поверхность
**back** ~ тыльная [задняя] поверхность
**black chrome** ~ поверхность на основе «чёрного» хрома *(для солнечного коллектора)*
**black selective** ~ чёрная селективная поверхность
**boiler heating** ~ поверхность нагрева котла
**exposed** ~ освещаемая поверхность
**focusing** ~ фокусирующая поверхность
**front** ~ фронтальная [передняя] поверхность
**heating** ~ **1.** нагреваемая поверхность, поверхность нагрева **2.** теплопередающая поверхность
**illuminated** ~ освещаемая поверхность
**indirect heating** ~ поверхность непрямого нагрева
**light-incident** ~ поверхность, на которую падает освещение
**mirrored** ~ зеркальная поверхность
**optically black cobalt** ~ оптическая поверхность из чёрного кобальта
**reflective** ~ отражающая поверхность
**selective** ~ селективная поверхность
**silvered** ~ посеребрённая поверхность *(солнечного отражателя)*
**solar array** ~ поверхность солнечной батареи
**solar module** ~ поверхность солнечного модуля
**texturized** ~ текстурированная поверхность
**upper** ~ передняя поверхность
**surfactants** поверхностно-активные вещества
**suspension** суспензия
**aqueous** ~ водная суспензия
**syncrude** синтетическая сырая нефть из угля
**synfuel** синтетическое топливо
**syngas** синтетический газ из угля
**synthesis** синтез
**attempted** ~ пробный синтез

one-step ~ одноступенчатый синтез
selective ~ селективный синтез

**System:**
**Satellite Power** ~ Спутниковая энергетическая система *(для энергоснабжения Земли)*
**Small Wind Energy** ~ Система преобразования ветровой энергии малой мощности *(менее 100 кВт)*

**system** система
**aberration-free imaging** ~ свободная от аберраций изображающая система *(в оптике концентратора)*
**active** ~ активная система *(солнечного отопления или охлаждения)*
**active radiative cooling** ~ активная система радиационного охлаждения
**active solar** ~ активная солнечная система *(с ориентацией на Солнце)*
**adaptive solar** ~ адаптивная солнечная система
**add-on** ~ дополнительный компонент системы
**air-based solar-heating** ~ воздушная солнечная тепловая система
**air-heating** ~ воздушно-отопительная система
**air-to-rock solar heating** ~ солнечная воздушная отопительная система с гравийным аккумулятором *(теплоты)*
**air-type** ~ воздушная система *(отопления)*
**annual cycle energy** ~ энергетическая система с годовым циклом
**arctic photovoltaic** ~ арктическая фотоэлектрическая система
**array positioning** ~ система ориентации солнечной батареи
**automatic watering** ~ автоматическая система долива воды
**autonomous energy** ~ автономная энергетическая система
**auxiliary** ~ вспомогательная система
**backup energy** ~ резервная энергетическая система
**battery charger** ~ система заряда (аккумуляторной) батареи
**battery check** ~ система контроля состояния батареи
**battery temperature regulation** ~ система регулирования температуры батареи
**binary fluid** ~ система с двумя рабочими жидкостями, двухконтурная система
**biomass energy cropping** ~ система выращивания сельскохозяйственных культур в качестве биомассы для получения энергии
**biomass gasification** ~ система газификации биомассы
**blade feathering** ~ устройство поворота лопастей во флюгерное положение
**building solar optical** ~ оптическая система для пере-

дачи солнечного излучения в здание
**cable** ~ кабельная система
**carbon dioxide-free energy** ~ энергетическая система без выбросов углекислого газа
**Cassegrain concentrating** ~ концентрирующая система Кассегрена
**central receiver** ~ система с центральным приёмником
**charging** ~ зарядное устройство
**close coupled energy** ~ энергетическая система, в которой спарены производство топлива и его использование
**closed-loop** ~ замкнутая система
**closed-loop regeneration** ~ замкнутая регенеративная система
**closed solar thermal** ~ солнечная тепловая установка с замкнутым контуром
**closed water piping** ~ замкнутая система с циркуляцией воды *(за счёт давления воздуха)*
**cogeneration** ~ система совместного производства теплоты и энергии
**community solar heating** ~ коммунальная солнечная система теплоснабжения
**compression refrigerating** ~ компрессорная холодильная система
**concentrating reflector/tracking absorber** ~ система концентрирующий отражатель — следящий поглотитель
**concentrator/solar-cell converter** ~ система преобразования концентратор — солнечный элемент
**constant-tilt photovoltaic** ~ фотоэлектрическая система с постоянным углом наклона
**conversion** ~ система преобразования *(энергии)*
**cooling** ~ охлаждающая система; система охлаждения
**copper/prussian blue** ~ система медь — берлинская лазурь
**cropping** ~ система для выращивания сельскохозяйственных культур
**cryogenic magnetic** ~ криогенная магнитная система
**decentralized** ~ децентрализованная система
**direct** ~ система с открытым циклом
**direct-gain** ~ система прямого нагрева *(здания солнечным излучением)*
**dish-electric** ~ электрическая система с параболоидным зеркалом
**distributed** ~ распределённая система
**domestic water heating** ~ солнечная система нагрева воды для бытовых нужд
**drainback** ~ система с замкнутым контуром, обеспечивающая опорожнение коллектора в бак при выключении насоса, система с замкнутым контуром для автоматического слива

теплоносителя в бак *(для обеспечения морозостойкости)*
**draindown** ~ система с открытым контуром, обеспечивающая опорожнение коллектора в бак при выключении насоса, система с открытым контуром для автоматического слива теплоносителя в бак *(для обеспечения морозостойкости)*
**dry steam energy** ~ геотермальная энергетическая система с паровым циклом; энергетическая система, производящая перегретый пар
**dual photovoltaic pumping** ~ двухнасосная фотоэлектрическая система
**early warning** ~ система раннего предупреждения
**edge retaining** ~ система окантовки коллектора
**electrical** ~ электрическая система
**electrical safety** ~ система электробезопасности
**electricity generating** ~ электрогенерирующая система
**electrolyte** ~ электролитная система
**electrolyte supply** ~ система снабжения электролитом
**energy recovery** ~ система регенерации энергии
**eutectic salt storage** ~ аккумулирующая система на эвтектических солевых смесях
**evaporative cooling** ~ система испарительного охлаждения
**factory-use photovoltaic power** ~ фотоэлектрическая система для энергоснабжения завода
**fixed-mirror line-focus** ~ система с линейным фокусом и неподвижным зеркалом
**floating photovoltaic** ~ плавающая фотоэлектрическая система
**flow** ~ проточная система
**flywheel electric energy storage** ~ маховиковая система аккумулирования электроэнергии
**forced-air** ~ принудительная воздушная система *(отопления)*
**forced-circulation solar water heating** ~ гелиоводоподогревательная система с насосной [принудительной] циркуляцией водяного теплоносителя
**forced-circulation water heater** ~ система отопления с принудительной циркуляцией воды; активная система водяного отопления
**fuel cell power generating** ~ электрогенерирующая система на основе топливных элементов
**generator control** ~ система регулирования генератора
**geothermal heating** ~ геотермальная система теплоснабжения
**grid-connected photovoltaic** ~ фотоэлектрическая сис-

тема, соединённая с электросетью
**hay drying solar** ~ солнечная установка для сушки сена
**heat energy irrigation** ~ теплоэнергетическая ирригационная система
**heat extraction** ~ система отбора тепла
**heating** ~ система отопления
**heat transfer [heat transportation]** ~ система передачи теплоты
**hot-water heating** ~ система водяного отопления
**household power storage** ~ домашняя система накопления энергии
**hybrid** ~ гибридная система *(для получения энергии с помощью Солнца и обычного топлива)*
**hybrid energy conversion** ~ гибридная система преобразования энергии
**hybrid solar energy** ~ гибридная солнечная энергетическая система
**hydroelectric** ~ гидроэлектрическая система
**hydronic solar heating** ~ солнечная тепловая система, использующая воду в качестве теплоносителя; солнечная система горячего водоснабжения
**hydrothermal** ~ гидротермальная система
**immobilized photosynthetic** ~ иммобилизованная фотосинтезирующая система
**indirect** ~ **1.** система с перераспределением энергии **2.** система отопления с замкнутым контуром
**indirect-gain** ~ пассивная система с перераспределением энергии от аккумулятора тепла
**industrial solar energy** ~ промышленная солнечная энергосистема
**integrated rural energy** ~ интегрированная сельскохозяйственная энергетическая система
**interconnection** ~ система соединений
**iron-air electrical** ~ воздушно-железная электрическая система
**isolated electricity** ~ изолированная энергосистема
**liquid-based solar heating** ~ солнечная отопительная система с жидким теплоносителем
**liquid-metal MHD** ~ жидкометаллическая МГД-система
**liquid-metal solar power** ~ энергетическая солнечная система с жидкометаллическим теплоносителем
**lithium-air** ~ система литий — воздух
**long-distance district heating** ~ протяжённая коммунальная система теплоснабжения
**lunar power** ~ (солнечная) энергетическая система лунного базирования
**marine photovoltaic** ~ морская фотоэлектрическая система

**maximum power point tracking** ~ система слежения за точкой максимальной мощности
**megawatt-class** ~ система мегаваттного класса
**metal-hydride** ~ металлогидридная система
**metal-hydrogen** ~ металловодородная система
**MHD seawater propulsion** ~ МГД-движитель на морской воде
**modular solar heating** ~ модульная солнечная система отопления
**moving-type solar heating** ~ передвижная солнечная тепловая система
**multiple well** ~ многоскважинная система
**multipurpose charging** ~ многоцелевая система заряда *(аккумулятора)*
**MW-sized power** ~ энергосистема мегаваттного уровня
**nonimaging** ~ (оптическая) система, не дающая изображения объекта
**nuclear MHD disk power** ~ дисковый МГД-генератор с ядерным реактором
**ocean bottom power** ~ океанская энергосистема
**open solar thermal** ~ солнечная тепловая установка с открытым контуром
**optical** ~ оптическая система
**outdoor lighting** ~ система наружного освещения
**passive solar** ~ пассивная солнечная система *(без ориентации на Солнце)*
**paste hopper control** ~ система регулирования нанесения пасты *(на электрод)*
**pebble-bed storage** ~ галечный аккумулятор
**phase-change solar hot water** ~ солнечная система горячего водоснабжения с фазовым переходом *(теплоносителя)*
**photobiological** ~ фотобиологическая система
**photovoltaic** ~ фотоэлектрическая система
**photovoltaic charging** ~ фотоэлектрическое зарядное устройство
**photovoltaic electrolyzer** ~ фотоэлектрическая электролизная система
**photovoltaic lighting** ~ фотоэлектрическая система освещения
**photovoltaic power** ~ фотоэлектрическая энергетическая система
**photovoltaic power generating** ~ фотоэлектрическая система производства электроэнергии
**photovoltaic/thermal hybrid** ~ фотоэлектрическая тепловая гибридная система
**photovoltaic water** ~ система водоснабжения с питанием от фотоэлектрической батареи
**point focus** ~ (оптическая) система с точечным фокусом
**polar aprotic** ~ полярная апротонная система

**position control** ~ система ориентации *(солнечной установки)*
**programmable charging** ~ программируемая система заряда *(аккумулятора)*
**radiation augmented energy storage** ~ энергоаккумулирующая система с накачкой излучением
**residential photovoltaic power** ~ фотоэлектрическая система энергоснабжения зданий
**residential solar** ~ коммунальная солнечная система
**rock-bed storage** ~ гравийный аккумулятор
**rural energy** ~ сельскохозяйственная энергетическая система
**self-contained renewable energy** ~ автономная возобновляемая энергетическая система
**small-scale photovoltaic** ~ маломощная фотоэлектрическая система
**solar** ~ солнечная система
**solar air conditioning** ~ солнечная система кондиционирования воздуха
**solar air dehumidification** ~ солнечная система осушения воздуха
**solar-assisted** ~ биогазовая система с использованием солнечной энергии
**solar-biomass energy combination** ~ биосолнечная комбинированная энергосистема
**solar cell activation** ~ система, активирующая солнечный элемент
**solar (desiccant) cooling** ~ солнечная система (испарительного) охлаждения
**solar dynamic Bryton closed-cycle** ~ солнечная динамическая система, работающая по замкнутому циклу Брайтона
**solar dynamic power** ~ солнечная динамическая энергосистема
**solar energy** ~ солнечная энергетическая система
**solar energy asphalt heating** ~ солнечная система для подогрева асфальта
**solar energy concentrator** ~ солнечная энергетическая система с концентратором
**solar energy conversion** ~ система преобразования солнечной энергии
**solar energy heating** ~ **for road pitch** гелиотермическая система для разогрева битума
**solar heating** ~ солнечная система отопления
**solar heat pump** ~ солнечная теплонасосная установка
**solar hot-air** ~ солнечная воздушная система отопления
**solar hot-water** ~ солнечная система горячего водоснабжения
**solar hydrogen energy** ~ солнечная водородная энергетическая система
**solar induction monorail** ~ солнечная монорельсовая

система с электромагнитным приводом
**solar industrial heat generating** ~ солнечная система (для) получения технологической теплоты
**solar lake/condensation** ~ система с солнечным прудом и конденсационной башней
**solar liquid desiccant cooling** ~ солнечная система испарительного охлаждения
**solar liquid heating** ~ солнечная жидкостная отопительная система
**solar open-cycle** ~ солнечная система с открытым циклом
**solar power** ~ **1.** солнечная энергетическая система **2.** солнечная электростанция
**solar power control** ~ система регулирования параметров солнечной энергоустановки
**solar powered fluid heating** ~ солнечная тепловая установка с жидким теплоносителем
**solar powered interorbital transportation** ~ межорбитальная транспортная система с солнечным энергоснабжением
**solar propulsion** ~ солнечная двигательная установка
**solar pumping** ~ солнечная насосная установка
**solar Rankine cycle power** ~ солнечная энергетическая система с циклом Ренкина
**solar steam-generating** ~ солнечная система (для) получения пара
**solar Stirling cycle power** ~ солнечная энергетическая система с циклом Стирлинга
**solar thermal power** ~ солнечная тепловая электростанция
**solar thermal steam electric power** ~ солнечная электростанция с паротурбинным циклом
**solar thermal storage** ~ солнечная теплоаккумулирующая система
**solar thermodynamic pumping** ~ солнечная насосная установка с термодинамическим циклом
**solar tracking** ~ система слежения за Солнцем
**split** ~ комбинированная система отопления *(воздух — вода, вода — пар)*
**stand-alone photovoltaic** ~ автономная фотоэлектрическая система
**standard liquid** ~ эталонная солнечная система отопления
**tandem rotor** ~ система соосных ветроколёс
**thermal energy storage container** ~ теплоаккумулирующая контейнерная система
**thermophotovoltaic** ~ термофотоэлектрическая система
**total energy** ~ полная энергетическая система

**tracking** ~ следящая система
**two-phase gas-liquid metal** ~ система с двухфазным газожидкостным металлическим рабочим телом *(в МГД-установке)*
**two-pipe steam** ~ двухтрубная нагревательная система
**two-tank** ~ двухкамерная система
**vacuum** ~ вакуумная система
**vapor** ~ паровая система
**vent** ~ вентиляционная система
**warm air heating** ~ система воздушного отопления
**water-based heating** ~ отопительная система с использованием воды в качестве рабочего тела
**water management** ~ система водоснабжения
**water supply** ~ система подачи воды
**water thermal management** ~ система отвода тепла и воды
**wind/diesel** ~ система ветроагрегат — дизель
**wind energy conversion** ~ система преобразования энергии ветра
**wind refrigeration** ~ ветровая холодильная система

# T

**tandem** каскад, тандем
**stacked photovoltaic** ~ составной фотоэлектрический каскад

**tank** бак, танк; ёмкость
**expansion** ~ расширительный бак
**septic** ~ септическая ёмкость *(для органических отходов)*
**settling** ~ бак-отстойник
**storage** ~ аккумуляторный бак

**technique 1.** метод, способ, техника **2.** технология **3.** оборудование; техника
~ **of directional crystallization** метод направленной кристаллизации
**capacitance-voltage** ~ вольт-ёмкостный метод
**doping** ~ метод легирования
**electrochemical impedance** ~ электрохимическая импедансная техника
**fixed abrasive slicing** ~ метод резания полотнами с закреплённым абразивом *(для солнечных элементов)*
**hydrogenation** ~ техника гидрогенизации
**laser scanning** ~ методика лазерного сканирования
**ramp assisted foil casting** ~ метод вытягивания ленты *(полупроводника)* с использованием опорной стенки
**solar hydrogen** ~ техника получения водорода с помощью солнечной энергии
**solid-state electrochemical** ~ твердотельная электрохимическая аппаратура
**thermal expansion shear separation** ~ метод расслое-

ния при термическом расширении *(кремния)*

**technology** 1. технология 2. техника
**alternative generation** ~ альтернативная технология производства энергии
**biogas** ~ биогазовая технология
**biomass** ~ технология биомассы
**capital intensive** ~ капиталоёмкая технология
**central receiver** ~ технология *(получения энергии)* с использованием центрального приёмника
**cryogenic** ~ криогенная технология
**energy** ~ энергетическая технология
**interconnection** ~ технология коммутации
**ion-beam** ~ ионно-лучевая технология
**labor-intensive** ~ трудоёмкая технология
**membrane** ~ мембранная технология
**mini-hydro** ~ технология *(производства энергии)* с использованием малых ГЭС
**nonnuclear energy** ~ неядерная энергетическая технология
**nonwaste** ~ безотходная технология
**nuclear energy** ~ ядерная энергетическая технология
**patterning** ~ технология межэлементных соединений
**silicon sheet** ~ технология получения листового кремния
**solar** ~ гелиотехнология
**solar heat** ~ солнечная тепловая технология
**thermophotovoltaic** ~ термофотоэлектрическая техника
**vapor phase** ~ газофазная технология *(солнечных элементов)*
**wind concentrator** ~ технология концентратора ветровой энергии
**wind turbine blade** ~ технология лопастей ветроколёс

**temperature** температура
**absolute** ~ абсолютная температура
**ambient** ~ температура окружающей среды
**cell** ~ температура элемента
**critical** ~ критическая температура *(испарения)*
**day** ~ дневная температура
**design** ~ расчётная (максимальная) температура
**dew-point** ~ точка росы
**dry-bulb** ~ температура сухого термометра
**effective** ~ эффективная температура
**equivalent** ~ эквивалентная температура
**ignition** ~ температура воспламенения
**nominal operating** ~ номинальная рабочая температура
**sky** ~ (эквивалентная) температура неба
**solair** ~ солнечно-воздушная температура

standard cell ~ стандартная температура солнечного элемента
transition ~ температура (фазового) перехода
wall ~ температура стенок *(в МГД-канале)*
wet-bulb ~ температура смоченного термометра
**terminal** токовывод *(в аккумуляторе)*
**crimp** ~ узел герметизации токовывода
**universal** ~ универсальный токовывод
**termination:**
**battery cable** ~ кабельный наконечник для батареи
**test** испытание
**fuel cell** ~ испытание топливных элементов
**hydrostatic** ~ гидростатическое испытание
**radiation** ~s **of solar cells** испытания солнечных элементов на воздействие радиации
**solar cell flight** ~s лётные испытания солнечных элементов
**tracer** ~ изотопная индикация
**tester 1.** прибор для испытаний **2.** прибор для проверки, тестер
**battery** ~ устройство для испытаний аккумулятора
**solar cell** ~ устройство для испытаний [тестер] солнечных элементов
**testing:**
**fatigue** ~ испытание на усталостную прочность
**leakage** ~ испытание на герметичность
**nondestructive** ~ неразрушающий контроль
**prolonged service** ~ длительные эксплуатационные испытания
**tetrachloride:**
**silicon** ~ четырёххлористый кремний
**texture** текстура *(рельеф на поверхности солнечного элемента)*
**texturing** текстурирование *(обработка поверхности солнечного элемента с целью уменьшения коэффициента отражения)*
**surface** ~ текстурирование поверхности
**theory** теория
**heat exchange** ~ теория теплообмена
**thermalization** термализация
**thermals:**
**wind shadow** ~ восходящий поток ветра *(с попутной струёй)*
**thermit** термит
**thermochemistry** термохимия
**thermocouple** термопара
**thermodynamics** термодинамика
**nonequilibrium** ~ неравновесная термодинамика
**thermoelectricity** термоэлектричество
**thermograph** термограф, регистрирующий термометр
**thermography** термография
**infrared** ~ инфракрасная термография
**thermolysis** термолиз
**water** ~ термолиз воды

**thermometer** термометр
**globe** ~ термометр для измерения эффективной температуры *(с учётом суммарной радиации)*
**thermopassivation** термопассивация
**thermophotovoltaics** термофотоэлектричество
**thermopile** термоэлемент
**thermos** термос
**thermosiphon** термосифон
**thermostat** термостат
**differential** ~ дифференциальный термостат
**thrust** напор *(гидравлическое давление)*
**tide** прилив
**tropic** ~ тропический прилив
**tilt** угол наклона
**collector** ~ угол наклона коллектора
**optimum** ~ оптимальный угол наклона *(солнечной установки)*
**time** время
**drift** ~ время дрейфа
**energy payback** ~ время возмещения энергетических затрат *(на изготовление энергетической установки)*
**retention** ~ время выдержки
**solar** **[sun]** ~ солнечное время
**time-of-use** время использования, полезное время
**tolerance** устойчивость *(к какому-л. воздействию)*, толерантность
**toluidine** толуидин
**ton** тонна
**dry** ~ сухая тонна *(напр. высушенной биомассы)*
**topography** топография
**topping** отгонка лёгких фракций
**topping-up:**
~ **of battery** заливка электролита в батарею
**torque** вращающий [крутящий] момент
**starting** ~ пусковой крутящий момент
**tower** башня *(солнечной или ветровой установки)*
**cooling** ~ башня для охлаждения
**free-standing** ~ свободностоящая башня *(без растяжек)*
**multiturbine** ~ многотурбинная башня *(ветроэлектростанции)*
**space-frame** ~ башня пространственной конструкции
**town** город
**solar** ~ солнечный город
**toxicity** токсичность
**toy:**
**solar** ~ игрушка с питанием от солнечной батареи
**tracer** самописец
**I-V curve** ~ самописец для записи вольт-амперной характеристики
**tracing** прослеживание, слежение
**ray** ~ прослеживание хода лучей
**track:**
**magnetic** ~ магнитная дорожка
**tracker** устройство слежения
**astronomically based sun** ~

устройство слежения за Солнцем по астрономическим данным
**automatic solar** ~ автоматическое устройство слежения за Солнцем
**double-axis** ~ двухосное устройство слежения
**maximum power point** ~ устройство слежения за точкой максимальной мощности *(солнечного элемента)*
**microprocessor controlled sun** ~ микропроцессорное устройство слежения за Солнцем
**single-axis** ~ одноосное устройство слежения
**sun** ~ устройство слежения за Солнцем

**tracking** слежение
**continuous two-axis** ~ непрерывное двухосное слежение
**MPP** ~ слежение за точкой максимальной мощности *(солнечного элемента)*

**train** поезд
**antigravity** ~ антигравитационный поезд
**magnetically levitated** ~ поезд на магнитной подушке

**transfer** передача; перенос; переход
**charge** ~ перенос заряда
**convective heat** ~ конвективный теплообмен
**electron** ~ перенос электрона
**heat** ~ перенос теплоты, теплообмен
**hydrogen** ~ перенос водорода
**phase** ~ фазовый переход
**photoelectron** ~ перенос фотоэлектронов
**photoinduced electron** ~ фотоиндуцированный перенос электронов
**radiative heat** ~ радиационный теплообмен

**transform** трансформация; преобразование; превращение
**Fourier** ~ преобразование Фурье

**transformation** 1. трансформация; преобразование; превращение 2. фазовый переход
**phase** ~ 1. фазовое превращение 2. фазовый переход
**silicon amorphous-microcrystalline** ~ трансформация аморфного кремния в кристаллический
**solar energy** ~ трансформация солнечной энергии

**transformer** трансформатор
**absorption heat** ~ абсорбционный тепловой трансформатор
**line** ~ линейный трансформатор

**transient:**
**current** ~ переходный токовый процесс

**transition** переход
**phase** ~ фазовый переход

**translucent** (полу)прозрачный

**transmission** 1. передача 2. пропускание
~ **of hydrogen** транспортировка водорода
**dissipationless power** ~ передача энергии без потерь

electric power ~ передача электрической энергии
heat ~ теплопередача
light ~ пропускание света
radiation ~ пропускание излучения
spectral ~ спектральное пропускание
ultrahigh voltage ~ передача по сверхвысоковольтным линиям *(более 800 кВ)*

**transmittance** коэффициент пропускания; пропускание
beam ~ пропускание лучей, прямая радиация

**transmutation** ядерное превращение

**transparency** прозрачность

**transparent** прозрачный

**transport** перенос; транспортировка
carrier ~ перенос носителей (заряда)
close-spaced vapor ~ газотранспортная реакция в замкнутом объёме *(для получения солнечного элемента)*
current ~ перенос тока
diffusion ~ диффузионный перенос
electronic ~ электронный перенос
ion ~ ионный перенос
junction ~ перенос в *p* — *n*-переходе
thermal ~ теплопередача
thermochemical energy ~ термохимическая транспортировка энергии

**trap** ловушка
deep ~ глубокая ловушка
hole ~ дырочная ловушка
minority carrier ~ ловушка для неосновных носителей
solar (energy) ~ солнечный коллектор, приёмник солнечной энергии

**trapping** захват *(носителя заряда)*
~ of photogenerated carriers захват фотогенерированных носителей
deep ~ глубокий захват

**tray** тарелка *(колонны)*

**treatment** обработка
advanced waste ~ финишная очистка отходов *(в воде)*
anaerobic ~ анаэробная обработка
heat ~ тепловая обработка
plasmachemical ~ плазмохимическая обработка
sludge ~ переработка шлака
wastewater ~ обработка сточных вод

**trichlorsilane** трихлорсилан *(материал для получения кремния)*

**troposphere** тропосфера

**trough:**
parabolic ~ параболоцилиндр

**tube** труба; трубка
beta-alumina ~ трубка бета-глинозёма
capillary ~ капиллярная труба
evacuated ~ вакуумированная труба

**turbidimeter** турбидиметр, нефелометр

**turbidity** мутность; помутнение *(атмосферы)*

**turbine** турбина

**air** ~ воздушная турбина
**atmospheric exhaust** ~ турбина с противодавлением с выпуском пара в атмосферу
**axial** ~ осевая турбина
**Banki** ~ турбина Банки
**condensing** ~ конденсационная турбина
**cross-flow** ~ турбина с поперечным потоком
**delta** ~ турбина с дельтавидными лопастями, дельта-турбина
**double-inflow** ~ двухступенчатая турбина
**four-bladed wind** ~ четырёхлопастная ветровая турбина
**Francis** ~ турбина Фрэнсиса, радиально-осевая турбина
**gas** ~ газовая турбина
**grid-connected wind** ~ ветроустановка, соединённая с энергосистемой
**horizontal axis wind** ~ ветровая турбина с горизонтальной осью
**horizontal Francis** ~ горизонтальная турбина Фрэнсиса
**hydraulic** ~ гидравлическая турбина, гидротурбина
**impulse** ~ активная турбина
**Kaplan** ~ турбина Каплана, поворотно-лопастная турбина
**light wind** ~ лёгкая ветровая турбина
**Magnus wind** ~ ветродвигатель Магнуса
**medium-sized wind** ~ ветроустановка средней мощности
**mini-hydro** ~ турбина для малой ГЭС
**Mitchell** ~ турбина Митчелла
**Pelton** ~ турбина Пелтона, ковшовая турбина
**propeller** ~ пропеллерная турбина
**radial** ~ радиальная турбина
**reaction** ~ реактивная турбина
**Savonius wind** ~ ветровая турбина Савониуса
**self-regulated Savonius** ~ автоматическая регулируемая турбина Савониуса
**single-stage** ~ одноступенчатая турбина
**space-frame wind** ~ ветродвигатель с пространственной фермой
**steam** ~ паровая турбина
**tip-controlled wind** ~ ветровая турбина с регулируемыми лопастями
**Tornado-type wind** ~ ветровая турбина Торнадо
**Turgo-impulse** ~ импульсная турбина Турго
**variable geometry Darrieus** ~ ветродвигатель Дарье с изменяемой геометрией (лопастей)
**variable speed wind** ~ ветродвигатель с регулируемой скоростью
**vertical axis (rotor-type) wind** ~ ветровая турбина с вертикальной осью (ротора)

vertical Francis ~ вертикальная турбина Фрэнсиса
vortex ~ вихревая турбина
water ~ водная турбина
wave-energy conversion ~ турбина для преобразования волновой энергии
wave-powered ~ волновая турбина
Wells ~ турбина Уэльса
wind ~ ветровая турбина

**turboblower** турбокомпрессор

**turbogenerator** турбогенератор
closed-cycle vapor ~ паротурбогенератор с замкнутым циклом

**turbulence** турбулентность
three-dimensional ~ трёхфазная турбулентность

**turn** ◇ ~ out of the wind разворот от ветра *(напр. солнечной установки)*

**turnbuckle** стяжная муфта

**twist** закручивание *(напр. ветрового фронта)*

**tyvek** *фирм.* изоляционный материал фирмы «Дюпон»

# U

**union** *фирм.* «Юнион» *(тип соединительного узла)*

**unipanel** *фирм.* «Юнипанель» *(торговая марка солнечных панелей фирмы «Solarex Corp.»)*

**unit** **1.** блок, элемент **2.** агрегат, установка **3.** единица *(физической величины)*
boiler burner ~ котёл со встроенным горелочным устройством; котёл с топочным устройством
British thermal ~ британская тепловая единица
condensing ~ конденсационная установка
control valve ~ регулирующий вентиль
conversion ~ устройство преобразования; устройство для перевода оборудования на другой вид топлива
direct-fired heating ~ нагреватель с камерой сгорания, в которой отходящие газы смешиваются с теплоносителем
drainable solar collector ~ дренирующий коллектор солнечной энергии
heat ~ тепловая единица; единица для измерения количества тепла
horizontal-shaft ~ установка с горизонтальной осью
hydroelectric power ~ гидроэлектрический агрегат
modular heat storage ~ модульный тепловой аккумулятор
packaged power ~ компактная энергетическая установка
photosensitizer ~ фотосенсибилизатор
photovoltaic ~ фотоэлектрический блок, фотоэлектрическая секция
power conditioning ~ блок регулирования мощности солнечной батареи
solar ~ солнечный блок

thermal ~ единица теплоты, калория
vertical-shaft ~ установка с вертикальной осью
**upstream** верхний бьеф
**usage** используемость
energy ~ используемость энергии
**use** использование
direct ~ прямое использование *(солнечной радиации)*
**utilit/y** 1. установка 2. *pl* коммунальные предприятия, предприятия общественного пользования
combination ~ установка комбинированного энергоснабжения
public ~ies коммунальные предприятия, предприятия общественного пользования
**utilization** 1. использование, утилизация 2. коэффициент использования
passive ~ пассивное использование
solar radiation ~ коэффициент использования солнечной радиации

# V

**vacancy** вакансия *(в полупроводнике)*
**vacuum** вакуум
ultra-high ~ сверхвысокий вакуум
**valence** валентность
**value** величина; значение
calorific ~ 1. удельная теплота сгорания 2. теплотворность, теплотворная способность *(топлива)*
daily ~ дневное значение, дневная сумма *(солнечной радиации)*
heat(ing) ~ теплотворность, теплотворная способность *(топлива)*
higher heating ~ тепловыделение топлива *(полученное при охлаждении продуктов сгорания до комнатной температуры)*
instantaneous insolation ~ мгновенное значение солнечной радиации
K ~ величина теплопроводности
U ~ коэффициент теплопередачи
**valve** клапан; вентиль; кран
drain ~ спускной кран
dual seal battery vent ~ вентиляционный клапан батареи с двойной герметизацией
safety ~ предохранительный клапан
solar panel ~ вентиль солнечной панели
**vane** 1. лопатка *(турбины)*, лопасть 2. флюгер
turning ~ изогнутая лопасть
**vapor** пар
water ~ водяной пар
**vaporization** парообразование; испарение
**variability:**
spatial ~ пространственная

изменчивость *(солнечной радиации)*
**variance** 1. дисперсия 2. изменчивость
**variation** изменение
**temperature** ~ изменение температуры
**wind** ~ изменение ветра
**veer of wind** перемена ветра
**vehicle** транспортное средство
**hydrogen powered urban** ~ городское транспортное средство на водородном топливе
**photovoltaic (powered)** ~ фотоэлектрическое транспортное средство
**velocimetry** измерение скорости
**laser Doppler** ~ измерение скорости *(ветра)* лазерной установкой с эффектом Допплера
**velocity** скорость
**critical** ~ критическая скорость
**pulling** ~ скорость вытягивания *(напр. ленты кремния)*
**surface recombination** ~ скорость поверхностной рекомбинации
**water flow** ~ скорость водяного потока
**wind** ~ скорость ветра
**vent** воздушный клапан
**heat activated** ~ клапан, активируемый теплом
**yoke** ~ воздушный клапан; отдушина
**ventilation** вентиляция
**forced [induced]** ~ искусственная [принудительная, механическая] вентиляция
**natural** ~ естественная вентиляция
**wet** ~ влажная вентиляция
**ventilator** вентилятор
**solar** ~ вентилятор с приводом от солнечной батареи
**unit** ~ вентилятор с нагревательным прибором и фильтром
**venture** предприятие; компания
**wind(y)** ~ компания по производству ветроустановок
**venturi** трубка [расходомер] Вентури
**vermiculite** вермикулит *(изоляционный негорючий материал)*
**vibration** вибрация
**forced** ~ вынужденная вибрация
**villa**:
**solar** ~ солнечная вилла
**village**:
**solar** ~ солнечная деревня
**visco(si)meter** вискозиметр
**viscosity** вязкость
**volatility** летучесть, испаряемость
**volt** вольт, В
**voltage** напряжение
**Dember** ~ напряжение Дембера
**design** ~ расчётное напряжение
**maximum-power-point** ~ напряжение, соответствующее точке максимальной мощности

open-circuit ~ фотоэдс *(солнечного элемента)*
polarization ~ напряжение поляризации
surface ~ поверхностное напряжение
**voltammetry** вольтамперометрия
cyclic ~ циклическая вольтамперометрия
**volt-ampere** вольт-ампер, В·А
reactive ~ реактивный вольт-ампер, вар
**volume** объём
furnace ~ объём камеры сгорания
grain ~ объём зёрен
total biomass ~ полный объём биомассы
useful ~ полезный объём
**vortex** вихревая воронка, завихрение

# W

**wafer** пластина
Czochralski ~ пластина кристалла, выращенного методом Чохральского
scrap ~ использованная пластина *(кремния)*
silicon ~ кремниевая пластина
**wake** след *(за телом)* в потоке
three-dimensional ~ трёхмерный след *(за ветроустановкой)*
wind turbine ~ след за ветроколесом
**wall** стена
energy storage sun ~ аккумулирующая солнечная стена, стена Тромба
MHD generator ~ стенка МГД-генератора
solar [sun] ~ солнечная стена, солнечное стеновое ограждение
thermal rectifying ~ теплорегулирующая стена
Trombe ~ аккумулирующая солнечная стена, стена Тромба
water ~ стена воды
**washer 1.** промывочная машина **2.** прокладка
air ~ воздухоочиститель, воздушный фильтр
**waste** отходы
agricultural ~ сельскохозяйственные отходы
animal ~ отходы животноводства
bottling ~ промывочная вода
chemical ~ химические отходы
food ~ пищевые отходы
forestry ~ древесные отходы
fruit processing ~ отходы переработки фруктов
hazardous ~ вредные отходы
high ash ~ отходы с высоким содержанием золы
industrial ~ промышленные отходы
municipal ~ бытовые отходы

**seaweed** ~ отходы морских водорослей
**solid** ~ твёрдые отходы
**tomato-processing** ~ отходы томатного производства
**wastewater** сточные воды
**mill** ~ заводские стоки
**petrochemical** ~ сточные воды нефтехимического производства
**piggery** ~ сточные воды со свинофермы
**water** вода
**artesian** ~ артезианская вода
**atmospheric** ~ атмосферная вода
**capillary** ~ капиллярная вода; вода *(в почве)*, поднятая за счет капиллярных сил
**deaerated** ~ деаэрированная вода
**distilled** ~ дистиллированная вода
**domestic hot** ~ горячая вода для бытовых нужд
**effluent** ~ отходящая [отработавшая] вода
**exhaust** ~ сбросная вода
**ground** ~ подземная вода
**hard** ~ жёсткая вода; минерализованная вода
**interstate** ~**s** внутригосударственные водные ресурсы
**stagnant** ~ стоячая вода
**subsurface** ~ подземная вода
**surface** ~**s** поверхностные воды
**waterbrake** водяной тормоз
**waterpower** гидроэнергия, гидроэнергетические ресурсы
**watt** ватт, Вт
**watt-hour** ватт-час, Вт·ч
**wattmeter** ваттметр
**wave** волна
**detonation** ~ детонационная волна
**gravity** ~ гравитационная волна
**nonlinear** ~ нелинейная волна
**sky** ~ волна, отражённая от ионосферы
**waveguide 1.** волновод **2.** свето(про)вод
**optical** ~ свето(про)вод
**wavelength** длина волны
**wax** воск
**paraffin** ~ парафиновый воск
**weatherguard 1.** *фирм.* название прозрачного поливинила **2.** защитное покрытие
**weathering** разрушение под влиянием атмосферного воздуха
**sunlight** ~ испытание *(фотоэлектрических модулей)* на светопогодное старение
**weatherstripping** герметизация (проёмов)
**web:**
**dendritic** ~ дендритная лента *(кремния)*
**welding** сварка
**welds:**
**intercell** ~ внутриэлементные сварные соединения
**well** скважина
**geothermal** ~ геотермальная скважина
**westerlies** западные ветры

**wheel** колесо
**water** ~ гидротурбина, водяное колесо
**whey** сыворотка
**cheese** ~ сырная сыворотка
**whirlwind** воздушный вихрь
**width** ширина
**depletion-layer** ~ ширина обеднённого слоя
**space-charge region** ~ ширина области пространственного заряда
**wind** ветер
**heliotropic** ~ ветер, изменяющий направление при перемещении Солнца
**solar** ~ солнечный ветер
**trade** ~ пассат
**variable-speed** ~ ветер переменной скорости
**veering** ~ ветер переменного направления, переменный ветер
**windcomputer** компьютер для регистрации характеристик ветра
**windfarm(ing)** ветровая ферма, группа ветровых электростанций
**windmill** 1. ветряная мельница 2. ветродвигатель, ветроэнергоустановка
**window** 1. окно 2. промежуток; интервал
**filter** ~ полоса пропускания фильтра
**sun sensitive** ~ окно, чувствительное к солнечному излучению; окно с регулируемым пропусканием солнечного излучения
**venetian blind** ~ венецианское окно с жалюзи
**voltage** ~ диапазон напряжений
**windpower** ветровая энергия, сила ветра
**wood** древесина
**green** ~ свежесрубленная древесина
**liquefied** ~ сжиженная древесина
**wet** ~ сырая древесина
**wye** звезда, соединение звездой

# X

**xenobiotic** ксенобиотик
**xenon** ксенон
**X-rays** X-лучи, рентгеновское излучение
**xylose** ксилоза

# Y

**year** год
**meteorological** ~ метеорологический год
**yeast** дрожжи
**yield** 1. выработка; производство 2. выход
**energy** ~ выработка энергии
**ethanol** ~ выработка этанола
**quantum** ~ квантовый выход
**yttrium** иттрий

# Z

**zenith** зенит
**zero** нуль
  **absolute** ~ абсолютный нуль *(температуры)*
**zer-o-cel** *фирм.* изолирующий материал на основе пеноуретана
**zone** зона
  **coastal** ~ прибрежная зона
  **comfort** ~ комфортная зона
  **depletion** ~ обеднённая зона
  **hot-arid** ~ жаркая засушливая зона
  **nonconvective** ~ неконвективная зона *(в солнечном пруде)*
**zooplankton** зоопланктон
**zymase** зимаза *(фермент)*

## СОКРАЩЕНИЯ

**AM0** air mass zero нулевая воздушная масса

**BATF** Bureau of Alcohol, Tobacco, and Firearms Бюро по алкоголю, табаку и огнестрельному оружию *(Департамента США)*

**BOD** biological oxygen demand биологическая потребность в кислороде

**CIS** conductor-insulator-semiconductor проводник—диэлектрик—полупроводник

**CPD** contact potential difference контактная разность потенциалов

**CVD** chemical vapor deposition химическое осаждение из газовой фазы

**DOE** Department of Energy Департамент энергетики *(в США)*

**EFG** edge-defined film-fed growth выращивание профилированных лент через фильеру

**EPRI** Electric Power Research Institute Электроэнергетический научно-исследовательский институт

**EVA** ethylene vinyl acetate этиленвинилацетат

**FMDF** fixed mirror/distributed focus фиксированное зеркало с распределённым фокусом

**HEM** heat exchange method метод теплообменника

**ICC** interface controlled crystallization регулируемая кристаллизация на поверхности раздела

**ISES** International Solar Energy Society Международное общество солнечной энергии

**ITO** indium tin oxide оксид индия и олова

**KVA** kilovolt-ampere киловольт-ампер, кВА

**kW** kilowatt киловатт, кВт

**kWh** kilowatt-hour киловатт-час, кВт-ч

**LPE** liquid-phase epitaxy эпитаксия из жидкой фазы, жидкофазная [жидкостная] эпитаксия

**MIS** metal-insulator-semiconductor металл—диэлектрик—полупроводник

**MOCVD** metalorganic chemical vapor deposition химическое осаждение из паров металлорганических соединений

**NHE** normal hydrogen electrode нормальный водородный электрод

**PVB** polyvinylbutyral поливинилбутираль

**SEIA** Solar Energy Industries Association Организация производителей солнечных установок и оборудования *(г. Вашингтон, США)*

**SIS** semiconductor-insulator-semiconductor полупроводник—диэлектрик—полупроводник

**SLI** solid/liquid interface поверхность раздела твёрдое тело—жидкость

**SLS** strained-layer superlattice сверхрешётка из напряжённых слоёв

**SOC** silicon-on-ceramic кремний на керамике

**SPS** surface photovoltage spectroscopy спектроскопия поверхностного напряжения

**SRTA** stationary reflector tracking absorber стационарный отражатель со следящим поглотителем

# РУССКО-АНГЛИЙСКИЙ СЛОВАРЬ ПО СОЛНЕЧНОЙ ЭНЕРГЕТИКЕ

Около 5 600 терминов

# RUSSIAN-ENGLISH SOLAR ENERGY DICTIONARY

About 5 600 terms

# СПИСОК ПОМЕТ И УСЛОВНЫХ СОКРАЩЕНИЙ

**Бте** — Британская тепловая единица
**ВФП** — высоковольтный фотопреобразователь
*ж.* — женский род
*м.* — мужской род
**МГД** — магнитогидродинамика; магнитогидродинамический
*мн.* — множественное число
*с.* — средний род

# РУССКИЙ АЛФАВИТ

| | | | | |
|---|---|---|---|---|
| Аа | Жж | Нн | Фф | Ыы |
| Бб | Зз | Оо | Хх | Ьь |
| Вв | Ии | Пп | Цц | Ээ |
| Гг | Йй | Рр | Чч | Юю |
| Дд | Кк | Сс | Шш | Яя |
| Ее | Лл | Тт | Щщ | |
| Ёё | Мм | Уу | Ъъ | |

# A

**аберрáция** *ж.* aberration
~, **сферúческая** spherical aberration
~, **хроматúческая** chromatic aberration
**абсóрбция** *ж.* absorbancy
~ **кислоты́** acid absorbancy
**автомобúль** *м.* car
~, **водорóдный** hydrogen car
~, **дорóжный** road vehicle
~ **сóлнечный** solar(-powered) car
~, **сóлнечный гóночный** sunracer
**агéнт** *м.* agent
~, **увлажня́ющий** wetting agent
**агéнтство** *с.* agency
~ **по сóлнечной энéргии, Междунарóдное** International Solar Agency
**агрегáт** *м.* unit; assembly
~, **гидроэлектрúческий** hydroelectric power unit
**адаптáция** *ж.* adaptation
**адгéзия** *ж.* adhesion
**адсорбéнт** *м.* adsorbent
**адсóрбция** *ж.* adsorption
**áзимут** *м.* azimuth
**азóт** *м.* nitrogen
~, **жúдкий** liquid nitrogen
**аквакультýра** *ж.* aquaculture
**акклиматизáция** *ж.* acclimation
**аккумулúрование** *с.* storage, accumulation
~ **внепúковой энéргии** off-peak storage
~, **жúдкостное** liquid storage
~ **за счёт скры́той теплоты́ плавлéния** latent thermal storage
~ **кинетúческой энéргии** kinetic energy storage
~, **подзéмное** underground storage
~, **подзéмное сезóнное** seasonal ground storage
~ **сжáтого вóздуха** compressed air storage
~ **с изменéнием агрегáтного состоя́ния** aggregate storage
~ **с испóльзованием скры́той теплоты́ плавлéния** latent fusion storage
~ **с испóльзованием теплоты́ фáзового перехóда** latent heat-of-fusion storage
~ **сóлнечного теплá, долговрéменное** long-term solar heat storage
~ **сóлнечного теплá, сезóнное** seasonal solar heat storage

~ **со́лнечной эне́ргии** solar energy storage
~ **тепла́** heat storage
~ **теплово́й эне́ргии** thermal energy accumulation
~ **эне́ргии** energy storage
~ **эне́ргии, комбини́рованное** hybrid energy storage
~ **эне́ргии, маховико́вое** flywheel energy storage
~ **эне́ргии с испо́льзованием сверхпроводя́щего магни́та** superconducting magnetic energy storage
~ **эне́ргии с по́мощью сжа́того во́здуха** compressed air energy storage

**аккумуля́тор** *м.* (secondary) battery, storage battery, accumulator
~, **высокотемперату́рный** high-temperature storage battery
~, **га́лечный** pebble-bed storage system
~, **галоге́н-ци́нковый** zinc-halogen secondary battery
~, **гермети́чный** sealed accumulator, sealed storage battery
~, **гидравли́ческий** hydraulic accumulator
~, **грави́йный** rock-bed storage system
~, **грунтово́й** ground coupled storage
~, **грунтово́й теплово́й** ground thermal storage
~, **ли́тиевый** lithium rechargeable battery, secondary lithium cell
~, **мета́лл-водоро́дный** metal-hydrogen secondary battery
~, **мо́дульный теплово́й** modular heat storage unit
~ **на́трий — се́ра** sodium-sulfur battery
~, **необслу́живаемый** maintenance-free battery
~, **органи́ческий** secondary organic battery
~, **полианили́н-ли́тиевый** lithium/polyaniline battery
~, **рекомбинацио́нный электри́ческий** recombination electric storage cell
~, **свинцо́во-графи́товый** lead/graphite accumulator
~ **с высо́кой ско́ростью разря́да** high-rate secondary battery
~ **систе́мы на́трий — хлори́д желе́за** sodium iron chloride battery
~ **с нево́дным электроли́том** nonaqueous secondary battery
~ **с неоргани́ческим электроли́том, ли́тиевый** lithium-inorganic rechargeable battery
~, **твердоте́льный** secondary solid-state cell
~, **твердоте́льный на́триевый** solid-state sodium cell
~ **хо́лода, ледниково́й** ice storage
~, **щелочно́й** alkaline storage battery
~, **электри́ческий** electric storage cell

**акр-фут** *м.* *(единица объёма 1 акр-фут = 1,23·10⁶ л)* acre-foot

**акт** *м.* action
~, **электрохими́ческий** electrochemical action

**активáтор** *м.* activator
**акти́вность** *ж.* activity
~ **электрóда** electrode activity
~, **электрокаталити́ческая** electrocatalytic activity
**акцéптор** *м.* acceptor
~, **ионизи́рованный** ionized acceptor
**альбéдо** *с.* albedo
~ **плóскости óблачного слóя** cloud layer plane albedo
**ами́ны** *м. мн.* amines
**ампéр** *м.* ampere
**ампермéтр** *м.* amperemeter
**амплиту́да** *ж.* amplitude
**анáлиз** *м.* analysis
~, **импедáнсный** impedance analysis
~ **мéтодом конéчных рáзностей** finite-difference analysis
~ **ресу́рсов сóлнечной радиáции** solar resource analysis
~, **спектрáльный** spectrum analysis
~ **стóимости энéргии сóлнечной установки и замещáемого тóплива** *(месячный и годовой)* cash flow analysis
~, **фáзовый** phase analysis
~ **эквивалéнтной схéмы** equivalent-circuit analysis
~ **эксéргии** exergy analysis
**анаэрóб** *м.* anaerobe
**анемóметр** *м.* anemometer
**анемомéтрия** *ж.* anemometry
~, **лáзерная** laser-beam anemometry
**аннигиля́ция** *ж.* annihilation
~ **вакáнсий** annihilation of vacancies
**анóд** *м.* anode
~, **водорóдный** *(в топливном элементе)* hydrogen anode
~, **водорóдный на оснóве ни́келя Ренéя** Raney-nickel based hydrogen anode
~, **высокоакти́вный** high-performance anode
~, **коррозионноустóйчивый** corrosion-resistant anode
~, **пóристый** porous anode
~ **с биметалли́ческим катализáтором, углерóдный** bimetallic carbon-supported anode
~, **свинцóвый** lead anode
~, **ци́нковый** zinc anode
**антипассáт** *м.* antitrade
**антициклóн** *м.* anticyclone
**антраци́т** *м.* anthracite
**аперту́ра** *ж.* aperture
~, **большáя** large aperture
~ **вхóда** *(концентратора)* entrance aperture
~, **изменя́емая** variable aperture
~ **коллéктора** collector aperture
~ **концентрáтора** concentrator aperture
~ **отражáтеля** reflector aperture
~, **ширóкая** wide aperture
**аппарáт** *м.* apparatus
~, **волновóй насóсный** wave-powered pumping apparatus
~ **для анаэрóбной переработки** anaerobic treatment apparatus
~ **для поглощéния сóлнеч-**

**ной эне́ргии** apparatus for harvesting of solar energy
**~ для разделе́ния части́ц** particles separation apparatus
**~ для фокусиро́вки со́лнечных луче́й** sunrays focusing apparatus
**арео́метр** *м.* hydrometer
**~, опти́ческий** optical-type hydrometer
**арсени́д** *м.* arsenide
**~ га́ллия** gallium arsenide
**архитекту́ра** *ж.* architecture
**~, биоэнергети́ческая** *(в солнечном доме)* bioenergetic architecture
**~, испо́льзующая низкопотенциа́льную эне́ргию** low-energy architecture
**а́тлас** *м.* atlas
**~, ветрово́й** wind atlas
**~ геотерма́льных ресу́рсов** geothermal atlas
**атмосфе́ра** *ж.* atmosphere
**~, свобо́дная от пы́ли** dustfree atmosphere
**~, суха́я** dry atmosphere
**а́том** *м.* atom
**~, внедрённый** interstitial atom
**ацетальдеги́д** *м.* acetaldehyde
**ацета́т** *м.* acetate
**~ на́трия** *(термоаккумулирующий материал)* sodium acetate
**ацетиле́н** *м.* acetylene
**аэра́ция** *ж.* aeration; airing
**аэро́б** *м.* aerobe
**аэродина́мика** *ж.* aerodynamics
**аэрозо́ль** *м.* aerosol

# Б

**ба́за** *ж.* base
**~ да́нных** database
**~ да́нных, централизо́ванная по МГД-преобразова́телям** centralized MHD database
**~, сильнолеги́рованная** high-doped base
**~, слаболеги́рованная** low-doped base
**бак** *м.* tank
**~, аккумуля́торный** storage tank
**~, расшири́тельный** expansion tank
**бак-отсто́йник** *м.* settling tank
**бакте́рия** *ж.* bacterium
**~, анаэро́бная** anaerobic bacterium
**~, хемавтотро́фная** chemoautotrophic bacterium
**бала́нс** *м.* balance; budget
**~, во́дный** water budget
**~ систе́мы** balance of system
**~, теплово́й** heat balance, heat budget
**~, фотоэлектри́ческий** photovoltaic balance
**~, энергети́ческий** energy balance
**баро́метр** *м.* barometer
**баро́метр-анеро́ид** *м.* aneroid
**барье́р** *м.* barrier
**~ в со́лнечном элеме́нте** solar cell barrier
**~, встро́енный потенциа́ль-**

ный built-in potential barrier

~ мета́лл — полупроводни́к metal-semiconductor barrier

~, парово́й vapor barrier

~, пове́рхностный surface barrier

~, потенциа́льный potential barrier

~ Шо́тки Schottky barrier

**бассе́йн** *м.* pool

~, анаэро́бный anaerobic lagoon

~ реки́ drainage basin, water shed

~ с со́лнечным обогре́вом, пла́вательный solar heated swimming pool

**батаре́я** *ж.* array, battery

~, автомоби́льная automotive battery

~, автоно́мная со́лнечная autonomous solar array

~, аккумуля́торная electric storage [secondary] battery

~, активи́руемая activated battery

~, активи́руемая морско́й водо́й seawater battery

~ алюми́ний — во́здух aluminum-air battery

~, безопа́сная для окружа́ющей среды́ environmentally safer battery

~, биполя́рная ни́кель-водоро́дная bipolar nickel-hydrogen battery

~ большо́й ёмкости large-capacity battery

~, бром-ци́нковая zinc-bromine battery

~, водоро́дно-хло́рная hydrogen-chlorine battery

~, возду́шная air battery

~, встро́енная в кры́шу со́лнечная roof-integrated solar array

~, высоково́льтная фотоэлектри́ческая high-voltage photovoltaic array

~, гермети́чная enclosed-type battery

~, гермети́чная свинцо́вая кисло́тная gas-recombining lead-acid battery

~, ги́бкая со́лнечная flexible solar array

~ для концентра́тора, со́лнечная concentrator cell assembly

~ для косми́ческих полётов aerospace flight battery

~ для пита́ния запомина́ющего устро́йства memory support battery

~ жёсткой констру́кции, со́лнечная rigid solar array

~ из элеме́нтов «углеро́д — цинк» carbon-zinc cell battery

~, косми́ческая солнечная space solar array

~ косми́ческих концентра́торов space concentrator array

~, лёгкая со́лнечная lightweight solar array

~, ли́тиевая lithium battery

~, ли́тиевая теплова́я lithium thermal battery

~, ли́тий-сульфи́дная lithium-sulfur battery

~, ма́гниевая magnesium battery

~ мета́лл — во́здух metal-air battery

~, многоэлеме́нтная резе́рвная multicell reserve battery
~, монобло́чная аккумуля́торная monoblock storage battery
~, негермети́чная vented battery
~, не тре́бующая техни́ческого обслу́живания, со́лнечная maintenance-free solar array
~, ни́кель-водоро́дная nickel-hydrogen battery
~, ни́кель-ка́дмиевая nickel-cadmium battery
~, перви́чная primary battery
~, перезаряжа́емая rechargeable battery
~, перспекти́вная *(для аккумулирования энергии)* advanced battery
~, пло́ская со́лнечная flat plate solar array
~, полисульфи́дная polysulfide battery
~, резе́рвная battery for back-up power, deferred action battery
~, резе́рвная, активи́руемая давле́нием pressure activated reserve battery
~, резона́нсная я́дерная resonant nuclear battery
~ с больши́м сро́ком слу́жбы, со́лнечная long-life solar array
~, свинцо́вая кисло́тная lead-acid battery
~ с и́мпульсным освеще́нием, фотоэлектри́ческая optically pulsed photocell array
~ с интеркали́рованными электро́дами intercalation battery
~ систе́мы AgO/Fe silver-iron battery
~ систе́мы ка́льций — тиони́л хлори́д calcium-thionyl chloride battery
~ систе́мы ли́тий — полиани́ли́н polyaniline/lithium battery
~ систе́мы ли́тий — се́ра lithium-sulfur battery
~ с ни́зким содержа́нием сурьмы́, свинцо́вая low-antimonic lead battery
~ с ограни́ченным коли́чеством электроли́та starved electrolyte battery
~, со́лнечная solar battery, solarvoltaic array
~, со́лнечная раскла́дываемая (в двух направле́ниях) deployable solar cell array
~, со́лнечная усоверше́нствованная advanced photovoltaic solar array
~, со́лнечная фотоэлектри́ческая solar(-cell) array
~ со́лнечных элеме́нтов из кре́мния silicon solar(-cell) array
~ со слеже́нием за Со́лнцем, со́лнечная sun-seeking solar array
~ с полиме́рным электроли́том, ли́тиевая lithium polymer electrolyte battery
~ с прото́чным электроли́том deferred actuated battery
~ с распла́вленным электроли́том и мембра́ной

molten membrane electrolyte battery
~ с регули́руемым кла́паном valve regulated battery
~ с рекомбина́цией га́зов recombinant [recombination] battery
~ с рекомбина́цией га́зов, аккумуля́торная recombinant electric storage battery
~ с рекомбина́цией га́зов, гермети́чная sealed gas-recombinant battery
~, стациона́рная stationary battery
~ с ци́нковым ано́дом и щелочны́м электроли́том zinc-alkaline battery
~, твердоте́льная solid-state battery
~, твердоте́льная со́лнечная monolithically integrated solar array
~, теплова́я thermal battery
~ то́пливных элеме́нтов fuel cell assembly, fuel cell stack, fuel cell battery
~, тя́говая traction battery
~, фотоэлектри́ческая photovoltaic array
~, хлор-ци́нковая zinc-chlorine battery
~, цилиндри́ческая cylinder-type battery
~, электромагниточи́стая со́лнечная electromagneto-clean solar array
~, электрохими́ческая аккумуля́торная, заряжаемая от со́лнечной батаре́и rechargeable solar [photocharging, photovoltaic, light-rechargeable] battery
~, я́дерная nuclear battery

**батаре́я-аккумуля́тор** *ж.*:
~, гибри́дная первичная primary-secondary hybrid battery

**ба́шня** *ж.* *(солнечной или ветровой установки)* tower
~ для охлажде́ния cooling tower
~, многотурби́нная *(ветроэлектростанции)* multiturbine tower
~ простра́нственной констру́кции space-frame tower
~, свободностоя́щая *(без растяжек)* free-standing tower

**безопа́сность** *ж.* safety

**бензи́н** *м.* gasoline
~, алкого́льный alcohol gasoline

**бе́та-глинозём** *м.* beta alumina

**бе́та-диокси́д** *м.* beta dioxide
~ ма́рганца beta-manganese dioxide
~ свинца́ beta-lead dioxide

**бето́н** *м.* concrete
~, арми́рованный стекловолокно́м fiber-reinforced concrete

**бимета́лл** *м.* bimetal

**биога́з** *м.* biogas

**биоконве́рсия** *ж.* bioconversion

**биома́сса** *ж.* biomass
~, вла́жная humid biomass
~ из со́рго sorghum biomass
~, лесна́я forestal biomass

~, лигноцеллюло́зная lignocellulosic biomass

~, сжи́женная liquefied biomass

~ с ко́ротким ци́клом оборо́та, древе́сная short-rotation woody biomass

**биомонито́ринг** *м.* biomonitoring

**биореа́ктор** *м.* bioreactor

~, анаэро́бный anaerobic digestor

~ с кипя́щим [псевдоожи́женным] сло́ем fluidized-bed bioreactor

~ с постоя́нной плёнкой fixed-film bioreactor

~, стациона́рный анаэро́бный fixed anaerobic digestor

**биоси́нтез** *м.* biosynthesis

**биостабилиза́тор** *м.* biostabilizer

**биосфе́ра** *ж.* biosphere

**биофото́лиз** *м.* biophotolysis

**биоэне́ргия** *ж.* bioenergy

**би́тум** *м.* bitumen

**блок** *м.* unit, box

~, вентиля́торный *(с нагревательным прибором и фильтром)* unit ventilator

~ для со́лнечных мо́дулей, коммутацио́нный junction box for solar modules

~ регули́рования мо́щности со́лнечной батаре́и power conditioning unit

~, со́лнечный solar unit

~ то́пливных элеме́нтов, компа́ктный compact fuel cell stack

~ фотоприёмников photosensor array

~, фотоэлектри́ческий photovoltaic unit

**блокиро́вка** *ж.* *(излучения в гелиостатах)* blocking

**бор** *м.* boron

**борофосфа́т** *м.* borophosphate

**борофтори́д** *м.* borofluoride

~ ли́тия lithium borofluoride

**бриз** *м.* breeze

# В

**вака́нсия** *ж.* vacancy

**ва́куум** *м.* vacuum

~, сверхвысо́кий ultra-high vacuum

**вал** *м.* shaft

~, кулачко́вый cam shaft

~ ро́тора *(ветроколеса)* rotor shaft

**вале́нтность** *ж.* valence

**вариа́нтность** *ж.* variance

**вариа́ци/я** *ж.*:

~и ве́тра wind variation

**ватт** *м.* watt

~, пи́ковый peak watt

**ваттме́тр** *м.* wattmeter

**ватт-час** *м.* watt-hour

**введе́ние** *с.* introduction

~ дефе́ктов defect introduction

**век** *м.* age

~, водоро́дный hydrogen age

~, со́лнечный solar age

**величина́** *ж.* value

~ теплопрово́дности K-value

**ве́нтиль** *м.* valve
**~, регули́рующий** control valve unit
**~ со́лнечной пане́ли** solar panel valve
**вентиля́тор** *м.* ventilator, fan
**~, вытяжно́й** exhaust fan
**~ с при́водом от со́лнечной батаре́и** solar ventilator
**~, тру́бчатый осево́й** tube axial fan
**~, тру́бчатый центробе́жный** tubular centrifugal fan
**вентиля́ция** *ж.* ventilation
**~, вла́жная** wet ventilation
**~, есте́ственная** natural ventilation
**~, индуци́рованная** induced ventilation
**вермикули́т** *м. (изоляционный несгораемый материал)* vermiculite
**вероя́тность** *ж.* probability
**~ заполне́ния (у́ровней)** occupation probability
**вес** *м.* weight
**~ ветрово́й систе́мы** wind system weight
**ве́т/ер** *м.* wind
**~ры, за́падные** westerlies
**~, изменяющий направле́ние при перемеще́нии Со́лнца** heliotropic wind
**~ переме́нного направле́ния** veering wind
**~ переме́нной ско́рости** variable-speed wind
**~, попере́чный** crosswind
**~, со́лнечный** solar wind
**ветроагрега́т** *м.* wind machine, wind-powered apparatus
**~, пла́вающий** floating wind-powered apparatus
**~ с ве́рхним расположе́нием ветроколеса́** upper head assembly
**~, ча́стный** consumer-owned wind machine
**ветрогенера́тор** *м.* aerogenerator, wind-driven alternator, wind power generator
**~ с переме́нной ско́ростью враще́ния** variable-speed wind generator
**ветродви́гатель** *м.* wind motor (machine), wind turbine
**~, па́русный** sail-driven wind motor
**~ с вертика́льной о́сью враще́ния** vertical wind turbine
**~ с возвра́тно-поступа́тельным движе́нием** reciprocating wind machine
**~, соединённый с энергосисте́мой** grid-connected wind turbine
**~ с простра́нственной фе́рмой** space frame wind turbine
**~ с регули́руемой ско́ростью** variable-speed wind turbine
**~ сре́дней мо́щности** medium-sized wind turbine
**~ ти́па Ма́гнуса** Magnus wind turbine
**ветроколесо́** *с.* wind-driven propeller
**ветроустано́вка** *ж.* windmill, wind machine
**веществ/о́** *с.* substance, agent, matter
**~, гелеобразу́ющее** gelling agent

~, гигроскопи́ческое hygroscopic substance
~, колло́идное colloid substance
~á, несмéшиваемые immiscible substances
~á, повéрхностно-акти́вные surfactants
~á, растворённые *(в воде)* dissolved solids
~, токси́ческие загрязня́ющие toxic pollutants
**взаимодéйствие** *с.* interaction
~, аэродинами́ческое aerodynamic interaction
~ го́рных поро́д rock-water interaction
~ нáтрия и бето́на sodium-concrete interaction
~, электро́н-решёточное electron-lattice interaction
**взрыв** *м.* explosion
~, парово́й steam explosion
**взя́тие** *с.* **образцá (про́бы) во́здуха** air-sampling
**вибрáция** *ж.* vibration
~, принуди́тельная forced vibration
**ви́димость** *ж.* visibility
**видоизменéние** *с.* modification
**визуализáция** *ж.* visualization
~ пото́ка flow visualization
**ви́лка** *ж.* connector
~ аккумуля́тора, кáбельная battery terminal connector
**ви́лла** *ж.* villa
~, со́лнечная solar villa
**вискозимéтр** *м.* viscosimeter
**ви́смут** *м.* bismuth
**вихрь** *м.* whirl
~, возду́шный whirlwind
**влáжность** *ж.* humidity
~, абсолю́тная absolute humidity
~, относи́тельная relative humidity
~, постоя́нная относи́тельная isopsychric humidity
**влия́ние** *с.* effect, impact
~ горя́чих то́чек *(в солнечном элементе)* hot spots effect
~ на окружáющую среду́ environmental impact
~ о́блачности cloud effect
**внедрéние** *с.* insertion
~ ли́тия lithium insertion
**вод/á** *ж.* water
~, артезиáнская artesian water
~, атмосфéрная atmospheric water
~, деаэри́рованная deaerated water
~, дистилли́ро́ванная distilled water
~ для бытовы́х нужд, горя́чая domestic hot water
~, жёсткая hard water
~, капилля́рная capillary water
~, минерáльная mineral water
~ы нефтехими́ческого произво́дства, сто́чные petrochemical waste water
~, отходя́щая effluent water
~ы, повéрхностные surface water
~, подзéмная ground [subsurface] water
~, промы́вочная bottling waste water
~, роднико́вая spring water

**~, сбро́сная** exhaust water
**~ы, сто́чные** wastewater
**~, стоя́чая** stagnant water
**водонагрева́тель** *м.* water heater
**~ в ви́де бассе́йна, со́лнечный** bath-type solar water heater
**~, двухфа́зный** two-phase water heater
**~, испо́льзующий при́нцип ме́лкого со́лнечного пруда́** shallow solar pond water heater
**~, коллекти́вный со́лнечный** collective solar water heater
**~ с есте́ственной циркуля́цией, со́лнечный** thermosiphon circulation solar water heater
**~ с колле́ктором-аккумуля́тором, со́лнечный** solar collector-storage water heater
**~ со встро́енным аккумуля́тором** built-in storage heater
**~ со встро́енным теплово́ым аккумуля́тором, со́лнечный** built-in storage solar water heater
**~, со́лнечный** flat-plate solar water heater
**~ с принуди́тельной циркуля́цией, со́лнечный** forced-circulation solar water heater
**~, термосифо́нный со́лнечный** thermosiphon-driven solar energy water heater
**водопрово́д** *м.*, **распредели́тельный** water distributing pipe
**водоро́д** *м.* hydrogen
**~, атома́рный** monoatomic hydrogen
**~, неисчерпа́емый** inexhaustible hydrogen
**~, полу́ченный электро́лизом с испо́льзованием а́томной эне́ргии** nuclear-electrolytic hydrogen
**во́доросль** *ж.* alga, aquatic weed
**~, морска́я** marine alga, marine crops
**~, свя́зывающая азо́т** nitrogen-fixing alga
**возвра́т** *м.* return, recovery
**~ конденса́та** *(в системе парового отопления)* dry return
**~ тепла́** heat recovery
**во́здух** *м.* air
**~, неподви́жный** still air
**~, тёплый** warm air
**воздухонагрева́тель** *м.* air heater
**~, двухходово́й со́лнечный** two-pass solar air heater
**~, ма́тричный со́лнечный** matrix solar air heater
**~, многокана́льный** multitunnel air heater
**~, многоходово́й со́лнечный** multiple-pass solar air heater
**~, регенерати́вный** regenerative air preheater
**~ с двойны́м остекле́нием, со́лнечный** two-glass-cover solar air heater
**~, со́лнечный** solar air heater
**~ с прямы́м сжига́нием то́плива** direct-fired heater
**воздухообме́н** *м.* air change

**возмеще́ние** *с.* **энергети́ческих затра́т** energy payback

**возмо́жность** *ж.*:

~ **испо́льзования возобновля́емых исто́чников эне́ргии** feasibility of renewable energy resources

~ **получе́ния эне́ргии в расчётные су́тки** design day energy availability

**волна́** *ж.* wave

~, **гравитацио́нная** gravity wave

~, **детонацио́нная** detonation wave

~, **нелине́йная** nonlinear wave

~, **отражённая от ионосфе́ры** sky wave

**вольт** *м.* volt

**вольт-ампе́р** *м.* volt-ampere

~, **реакти́вный** reactive volt-ampere

**вольтамперометри́я** *ж.* voltammetry

~, **цикли́ческая** cyclic voltammetry

**воск** *м.* wax

~, **парафи́новый** paraffin wax

**воспламене́ние** *с.* ignition

**воспламени́тель** *м.* ignitor

~, **пьезоэлектри́ческий** piezoelectric ignitor

**восстановле́ние** *с.* reduction

~, **карботерми́ческое** carbothermic reduction

~ **кристалли́ческой решётки** crystal lattice restoring

~ **углеро́да** carbon reduction

~, **электрохими́ческое** electroreduction

**восстановле́ние-окисле́ние** *с.* reduction-oxidation

**вре́мя** *с.* time

~ **возмеще́ния энергети́ческих затра́т** energy payback time

~ **вы́держки** retention time

~ **дре́йфа** drift time

~ **жи́зни** lifetime

~ **жи́зни носи́телей** carrier lifetime

~ **жи́зни носи́телей в ба́зе** *(солнечного элемента)* base carrier lifetime

~ **испо́льзования** time-of-use

~, **со́лнечное** solar [sun] time

**вы́бор** *м.* sizing

~ **ка́беля для гру́ппы ветроэлектроста́нций** windfarm conducting sizing

~ **трансформа́тора для гру́ппы ветроэлектроста́нций** windfarm transformer sizing

**выделе́ние** *с.* evolution

~ **водоро́да** hydrogen evolution

**выключа́тель-ограничи́тель** *м.* limit switch

**вы́работка** *ж.* yield, generation

~ **электроэне́ргии, дневна́я** daily energy output

~ **эне́ргии** energy yield

~ **эне́ргии, уде́льная годова́я** specific annual energy generation

~ **этано́ла** ethanol yield

**выра́внивание** *с.* leveling

~ **гра́фика нагру́зки** load leveling

**выра́щивание** *с.* growth

~ амо́рфного гидрогенизи́рованного кре́мния *a*-Si:H growth
~, гетероэпитаксиа́льное heteroepitaxial growth
~ из распла́ва growth from melt
~ из фаз газ — жи́дкость — твёрдое те́ло vapor-liquid-solid growth
~ криста́лла ме́тодом Чохра́льского Czochralski crystal growth
~ ле́нты кре́мния silicon ribbon growth
~ ле́нты че́рез филье́ру, профили́рованное edge-defined film-fed growth
~ листово́го кре́мния silicon sheet growth
~ ме́тодом теплообме́нника growth by heat exchanger method
~ не́скольких лент кре́мния, одновреме́нное multiple silicon ribbon growth
~ профили́рованных лент кре́мния edge-stabilized silicon ribbon growth
~ сельскохозя́йственных культу́р в ка́честве биома́ссы для получе́ния эне́ргии biomass energy cropping
~, управля́емое in-situ monitored growth
~, фотогетеротро́пное photoheterotropic growth
~, эпитаксиа́льное epitaxial growth

**вырожде́ние** *с.* degeneracy
~ Ферми́ *(в полупроводниках)* Fermi degeneracy

**высота́** *ж.* elevation; height
~ оси́ ветрово́й турби́ны hub height
~ потенциа́льного барье́ра potential barrier height
~ прили́ва tide height
~ Со́лнца solar elevation
~ энергети́ческого барье́ра barrier height

**вы́ход** *м.*:
~, ква́нтовый quantum yield
~ флуоресце́нции, ква́нтовый fluorescence quantum efficiency

**выщела́чивание** *с.* leaching

**вя́зкость** *ж.* viscosity

# Г

**газ** *м.* gas
~, анаэро́бный digester gas
~, ано́дный anodic outlet
~, идеа́льный ideal [perfect] gas
~ из сва́лки отхо́дов landfill gas
~ из у́гля, синтети́ческий syngas
~, ине́ртный inert gas
~, кисло́тный *(смесь углекислого газа и сероводорода)* acid gas
~, неконденси́рующийся noncondensable gas
~, низкокалори́йный gas of low calorific value
~, полу́ченный в проце́ссе газифика́ции gasification gas
~, полу́ченный в проце́ссе пиро́лиза pyrolysis gas

~, полу́ченный из древеси́ны wood gas
~, сжи́женный bottled gas
~, синтети́ческий fuel gas
~, сухо́й dry gas
газго́льдер *м.* gas holder
газифика́ция *ж.* gasification
~, аллотерми́ческая allothermal gasification
~ биома́ссы biomass gasification
~ биома́ссы, каталити́ческая biomass catalytic gasification
~ в кипя́щем сло́е, стру́йная fluidized-bed gasification
~, возду́шная *(угля)* air gasification
~ древеси́ны, каталити́ческая catalytic wood gasification
~ лигни́та lignite gasification
~, пиролити́ческая pyrolysis gasification
~ у́гля, электрохими́ческая electrochemical gasification of coal
газовыделе́ние *с.* gassing
газогенера́тор *м.* gasifier
~, противото́чный countercurrent gasifier
газохо́л *м.* gasohol
галени́т *м.* galena
га́ллий *м.* gallium
галло́н *м.* gallon
галоге́н *м.* halogen
гармо́ника *ж.* harmonic
ге́йзер *м.* geyser
гексагидра́т *м.* хлори́да ка́льция calcium chloride hexahydrate
гексатиодифосфа́т *м.* ни́келя nickel hexathiodiphosphate
гексацианометалла́т *м.* ни́келя nickel hexacyanometallate
ге́лий *м.* helium
~, жи́дкий liquid helium
гелиоархитекту́ра *ж.* solar architecture
гелиоводонагрева́тель *м.* solar liquid heating apparatus
гелиососу́д *м. (для нагрева пищи)* solar bottle
гелиоста́т *м.* heliostat
~ с напряжённой мембра́ной stretched-membrane heliostat
гелиосуши́лка *ж.* solar dry kiln
гелиотепли́ца *ж.* solar greenhouse
гелиотермо́метр *м.* heliothermometer
гелиоте́хника *ж.* solar engineering
гелиотехноло́гия *ж.* solar technology
гелиохронометри́я *ж.* heliochronometry
гель *м.* gel
~, ано́дный anode gel
гемати́т *м. (материал для электрода)* hematite
генера́тор *м.* generator
~, асинхро́нный asynchronous generator
~, ветрово́й eolic [wind] generator
~, ветрово́й турби́нный wind turbine generator
~ водоро́да hydrogen generator

**~ водоро́да, компа́ктный** compact hydrogen generator
**~ волново́й эне́ргии** wave-power [wave-action] generator
**~ в трубопрово́де для перека́чки жи́дкости** fluid pipe generator
**~, высоково́льтный фотоэлектри́ческий** high-voltage photovoltaic generator
**~, дозвуково́й** subsonic generator
**~, индукцио́нный** induction generator
**~, испо́льзующий подъёмную си́лу поплавко́в** buoyancy-driven power generator
**~, магнитоплазмодинами́ческий** magnetoplasmodynamic generator
**~, магнитотермохими́ческий** thermochemical magnetic generator
**~ на водоро́дном то́пливе, термоэлектри́ческий** hydrogen-fueled thermoelectric generator
**~, назе́мный со́лнечный** terrestrial solar generator
**~, однополя́рный** homopolar generator
**~, пироэлектри́ческий** pyroelectric generator
**~ пла́змы** plasma generator
**~, резе́рвный** back-up generator
**~ с бесщёточным возбужде́нием** brushless excited generator
**~, сверхзвуково́й** supersonic generator
**~, синхро́нный** synchronous generator
**~ с незави́симым возбужде́нием** separately excited generator
**~ с непреры́вной циркуля́цией** *(теплоносителя)* recirculating generator
**~, со́лнечный** solar generator
**~ с постоя́нными магни́тами** permanent-magnet generator
**~ с при́водом от ветрово́й турби́ны** wind turbine-driven generator
**~ с самовозбужде́нием** self-excited induction generator
**~ с шунтовы́м возбужде́нием** shunt-excited generator
**~, термомагни́тный** thermomagnetic generator
**~, то́пливный** fuel generator
**~, турби́нный** turbine generator
**~, фотоэлектри́ческий** photovoltaic generator
**~, фотоэлектротермоэлектри́ческий** photovoltaic-thermoelectric generator
**~, электри́ческий** electric generator
**~, электрохими́ческий** fuel cell generator

**генера́ция** *ж.* generation
**~ магни́тного по́ля, стохасти́ческая** stochastic magnetic field generation
**~ носи́телей заря́да** carrier generation

**генери́рование** *с.* *(энергии)* **с по́мощью фотоэлектри́чества** photovoltaic generation

**геоме́трия** *ж.* geometry
  ~ *p* — *n*-**перехо́да** junction geometry
**геофи́зика** *ж.* geophysics
**герметиза́ция** *ж.* encapsulation, sealing
  **~, двусторо́нняя** bi-glass encapsulation
  **~ проёмов** weatherstripping
  **~ со́лнечного элеме́нта** solar cell encapsulation
**гермéтик** *м.* sealant
  **~ для электрохими́ческого элеме́нта** cell sealant
**гетеропереxо́д** *м.* heterojunction
  **~, изоти́пный** isotype heterojunction
  **~, полу́ченный мéтодом сеткогра́фии** screen-printed heterojunction
  **~, фотоэлектри́ческий** photovoltaic heterojunction
**гетерострукту́ра** *ж.* heterostructure
  **~, сло́жная** mixed heterostructure
**гетероэпита́ксия** *ж.* heteroepitaxy
**гéттер** *м.* getter, gettering agent
**геттери́рование** *с.* *(примесей или дефектов)* gettering ◇
  **~ с по́мощью дефéктной о́бласти на ты́льной повéрхности** *(солнечного элемента)* backside damage gettering
  **~ при́месей** impurity gettering
**гиаци́нт** *м.*, **во́дный** *(сырьё для получения биомассы)* water hyacinth
**гибри́д** *м.* hybrid
**гигава́тт** *м.* *(1 ГВт = $10^9$ Вт)* gigawatt
**гидра́т** *м.* *(твёрдое соединение газа с водой)* hydrate
  **~ы солéй** salt hydrates
  **~ солéй на́трия** *(для солнечного пруда)* sodium salt hydrate
**гидрата́ция** *ж.* hydration
**гидри́д** *м.* hydride
  **~, твёрдый** solid hydride
**гидроаккумули́рование** *с.* hydrostorage
**гидрогена́за** *ж.* hydrogenase
**гидрогениза́ция** *ж.* hydrogenation
  **~ плёнок по́сле выра́щивания** post-hydrogenation of films
  **~, электрохими́ческая** electrochemical hydrogenation
**гидрогра́фия** *ж.* hydrography
**гидродина́мика** *ж.* hydrodynamics
**гидрокси́д** *м.* hydroxide
  **~ ка́льция** calcium hydroxide
  **~ ко́бальта** cobalt hydroxide
  **~ ни́келя** nickel hydroxide
**гидро́лиз** *м.* hydrolysis
  **~, кисло́тный** acid hydrolysis
  **~, низкотемперату́рный** low-temperature hydrolysis
  **~ соло́мы** straw hydrolysis
**гидроло́гия** *ж.* hydrology
**гидромеха́ника** *ж.* hydromechanics
**гидрообрабо́тка** *ж.* hydrotreating
**гидроста́т** *м.* hydrostat
**гидроста́тика** *ж.* hydrostatics
**гидросфéра** *ж.* hydrosphere

**гидротермо́лиз** *м.* hydrothermolysis
**гидроэлектри́чество** *с.* hydroelectricity
**гидроэлектрогенера́тор** *м.*, **стру́йный** fluid-powered electrical generator
**гидроэлектроста́нция** *ж.* hydroelectric power plant
~, **высоконапо́рная** high-head hydroelectric power plant
~, **ма́лая** mini-hydro power plant
~, **низконапо́рная** low-head hydroelectric power plant
**гидроэне́ргия** *ж.* hydropower, waterpower
**гистере́зис** *м.* hysteresis
**глико́ль** *м.* *(в антифризе)* glycol
**гли́на** *ж.*, **жи́дкая** slurry
**глубина́** *ж.* depth
~ **залега́ния** *p* — *n*-**перехо́да** junction depth
~ **проникнове́ния све́та** light penetration depth
~ **стратосфе́ры** depth of stratum
**глюко́за** *ж.* glucose
**год** *м.* year
~, **метеорологи́ческий** meteorological year
~, **типи́чный метеорологи́ческий** typical meteorological year
**голо́вка** *ж.* **ка́меры сгора́ния** head of combustion chamber
**гомоперехо́д** *м.* homojunction
~, **ме́лкий** shallow homojunction
~ **Шо́кли** Shockley homojunction
**го́нка** *ж.* race
~ **со́лнечных автомоби́лей** sunrace
**горе́лка** *ж.* burner
**горе́ние** *с.* combustion
~, **пульсацио́нное** oscillatory combustion
~, **стациона́рное** stationary-state combustion
**го́род** *м.* town
~, **со́лнечный** solar town
**гравита́ция** *ж.* gravity
**градие́нт** *м.* gradient
~, **геотерма́льный** *(температуры в земле)* geothermal gradient
~ **давле́ния со́лнечных луче́й** solar radiation pressure gradient
~ **соста́ва** compositional grading
~ **ширины́ запрещённой зо́ны** gap gradient
**гра́дус** *м.* degree
~ **Ке́львина** Kelvin degree
~ **Це́льсия** Celsium degree
**гра́дусо-день** *м.* degree-day
~, **охлажда́ющий** *(единица измерения для системы охлаждения зданий)* cooling degree-day
~, **промы́шленный** industrial degree-day
~, **теплово́й** *(для оценки погоды)* heating degree-day
**гра́дус-час** *м.* *(единица потребления теплоты для отопления и охлаждения зданий)* degree-hour
**грани́ца** *ж.* boundary
~ **да́льнего по́ля** far-field boundary

~ зёрен grain boundary
~ обеднённого сло́я depletion layer edge
~ разде́ла мембра́на — раство́р membrane-solution interface
~ разде́ла пла́тина — электроли́т platinum-electrolyte interface

**гра́нула** *ж.* pellet
~, ли́тиевая lithium pellet

**гра́фик** *м.* curve
~ вольт-ампе́рной характери́стики I-V curve
~и часто́тного распределе́ния *(солнечной радиации)* duration graphs

**графи́т** *м.* graphite
~, анизотро́пный *(в аккумуляторе)* anisotropic graphite
~, фтори́рованный graphite fluoride

**гу́мус** *м.* humus

# Д

**давле́ние** *с.* pressure
~, абсолю́тное absolute pressure
~, атмосфе́рное atmospheric pressure
~ в водопрово́де внутри́ зда́ния domestic water pressure
~ в конденса́торе *(холодильной машины)* head pressure
~ в котле́ boiler pressure
~ водяно́го столба́ hydrostatic head
~, гидростати́ческое hydrostatic pressure
~ излуче́ния radiation pressure
~ на вы́ходе вентиля́тора fan velocity pressure
~, обра́тное back pressure
~, по́лное total pressure
~, рабо́чее work(ing) pressure
~, расчётное *(в максимуме)* design pressure
~, расчётное гидростати́ческое *(в трубопроводе)* hydrostatic design stress
~ со́лнечных лучéй solar radiation pressure
~, сумма́рное total pressure

**данные** *мн.* data
~ об испо́льзовании перви́чных энергоресу́рсов energy supply data
~ о со́лнечной радиа́ции solday data

**да́тчик** *м.* sensor
~ направле́ния со́лнечного излуче́ния solar [sunlight] direction sensor
~ оконча́ния заря́да charge completion detector

**двигатель** *м.* motor, engine
~ Бра́йтона Brayton engine
~ вну́треннего сгора́ния internal combustion engine
~ вну́треннего сгора́ния, альтернати́вный alternative combustion engine
~ вну́треннего сгора́ния, компрессио́нный compression ignition engine
~, водяно́й water engine
~, волново́й wave motor

~, га́зовый со́лнечный solar(-heated) gas engine
~, двухта́ктный two-cycle engine
~, ди́зельный diesel engine
~ на водоро́дном то́пливе hydrogen-fueled engine
~, поплавко́вый buoyancy engine
~, поршнево́й со́лнечный reciprocating solar engine
~ постоя́нного то́ка с паралле́льным возбужде́нием shunt direct current motor
~, рабо́тающий на метано́ле methanol engine
~, рабо́тающий от фотоэлектри́ческой батаре́и photovoltaic motor
~ с вне́шним подво́дом тепла́ external combustion engine
~, со́лнечный solar (heat) engine
~ с постоя́нными магни́тами, синхро́нный permanent-magnet synchronous motor
~ Сти́рлинга, рабо́тающий на биома́ссе biomass-based Stirling engine
~, теплово́й heat engine
~, теплово́й кислоро́дный oxygen heat engine
~, теплово́й со́лнечный solar-driven heat engine
~, теплово́й тихохо́дный low-speed heat engine
~, электродугово́й arcjet
~, электрохими́ческий (водоро́дный) перви́чный electrochemical (hydrogen) prime mover

**движе́ние** *с.* motion
~, возвра́тно-поступа́тельное alternating motion
~, поступа́тельное translational motion

**дви́житель** *м.* propulsion (system)
~, со́лнечный электри́ческий solar electric propulsion

**деграда́ция** *ж.* degradation
~ герметизи́рующего материа́ла encapsulant degradation
~, метастаби́льная metastable degradation
~, опти́ческая optical degradation
~ под де́йствием со́лнечного излуче́ния solar degradation
~, радиацио́нная radiation degradation
~, светова́я light-induced degradation

**дезинфе́кция** *ж.* disinfection

**деинтеркали́рование** *с.* deintercalation

**декали́н** *м.* decaline

**декстро́за** *ж.* dextrose

**де́мпфер** *м.* damper
~, возду́шный air damper

**дендри́т** *м.* dendrite

**день** *м.* day
~, расчётный design day

**дере́вня** *ж.* village
~, со́лнечная solar village

**десо́рбция** *ж.* desorption
~ водоро́да hydrogen desorption

**десульфуриза́ция** *ж.* desulfurization

**детéктор** *м.* detector
~ да́льнего инфракра́сного

излуче́ния far-infrared detector
~, пироэлектри́ческий *(для измерения солнечной радиации)* pyroelectric detector
~ разбала́нса напряже́ний voltage imbalance detector
детона́ция *ж.* detonation
дефе́кт *м.* defect, fault
~ при электро́нном облуче́нии, радиацио́нный electron-irradiation defect
~ решётки lattice defect
~, со́бственный *(в полупроводнике)* intrinsic defect
~, то́чечный point defect
деформа́ция *ж.* deformation
~ волны́ wave deformation
джо́уль *м.* joule
дзе́та-потенциа́л *м.* *(в электрохимическом элементе)* zeta potential
диагра́мма *ж.* diagram
~ давле́ние торможе́ния — энтальпи́я *(в МГД-генераторе)* Ps-H diagram
~ со́лнечного сия́ния sunshine diagram
~ энергети́ческих зон (energy) band diagram
диа́лиз *м.* dialysis
диа́метр *м.* diameter
~ изображе́ния image diameter
диапазо́н *м.* range
~ напряже́ний voltage window
диафра́гма *ж.* diaphragm, blind
~, венециа́нская venetian blind
~, по́ристая porous diaphragm
дивака́нсия *ж.* *(в полупроводнике)* divacancy
ди́зель *м.* diesel
динамомаши́на *ж.* dynamo
дио́д *м.* diode
~, блоки́рующий blocking diode
~, встро́енный integral diode
~, встро́енный по перифери́и *(солнечного элемента)*, шунти́рующий peripheral bypass diode
~, встро́енный шунти́рующий *(в солнечном элементе)* integral bypass diode
~ с дли́нной ба́зой long base diode
~ Шо́кли Shockley diode
диокси́д *м.* dioxide
~ ма́рганца manganese dioxide
~ ма́рганца, пиролити́ческий pyrolytic manganese dioxide
~ углеро́да carbon dioxide
дипо́ль *м.* dipole
дирижа́бль *м.* dirigible
~ с энергоснабже́нием от со́лнечных батаре́й solar(-powered) dirigible
диск *м.* disk
~, со́лнечный нагрева́тельный solar heating disk
дислока́ция *ж.* *(в полупроводнике)* dislocation
диспе́рсия *ж.* dispersion
диссоциа́ция *ж.* dissociation
~, фотохими́ческая photosensitized dissociation
дистилля́т *м.* distillate
дистилля́тор *м.* still
~ бассе́йнового ти́па, со́лнечный basin solar still

~ двойно́го де́йствия, со́лнечный double-effect solar still

~ с двуска́тным остекле́нием, со́лнечный double-slope solar still

**дистилля́ция** *ж.* distillation

~ в ва́кууме vacuum distillation

~, непреры́вная continuous distillation

**дисульфи́д** *м.* руте́ния ruthenium disulfide

**диффу́зия** *ж.* diffusion

~ атома́рного водоро́да в кре́мнии monoatomic hydrogen diffusion

~, ио́нная ionic diffusion

~, ла́зерная laser induced diffusion

~, одновреме́нная simultaneous diffusion

**диффу́зор** *м.* diffuser

~, дозвуково́й subsonic diffuser

**диэле́ктрик** *м.* dielectric

**длина́** *ж.* length

~ в объёме, диффузио́нная volume diffusion length

~ волны́ wavelength

**дно** *с.* shoal

~, эллипти́ческое elliptic shoal

**доба́вк/а** *ж.* additive

~и к бензи́ну *(для снижения нагара)* gasoline additives

**добро́тность** *ж.* *(в термоэлектричестве)* figure of merit

**дождь** *м.* rain

~, кисло́тный acid rain

**долгове́чность** *ж.* durability

~ со́лнечного колле́ктора solar collector durability

**до́ллар** *м.* dollar

~ы за пи́ковый ватт *(электрической мощности станции)* dollars per peak watt

~ы за потреблённый ватт *(электрической мощности нагрузки)* dollars per rated watt

~, постоя́нный constant dollar

**до́ля** *ж.* ratio, fraction

~ годово́й (теплово́й) нагру́зки annual load fraction

~ со́лнечной эне́ргии в потребле́нии эне́ргии *(за определённый период)* solar fraction

~ со́лнечной эне́ргии в теплоснабже́нии до́ма solar building load ratio

~ со́лнечной эне́ргии, поступа́ющей че́рез остекле́ние зда́ний solar gain

**дом** *м.* house

~, многокварти́рный со́лнечный multiapartment solar house

~, многосеме́йный со́лнечный multifamily solar house

~, односеме́йный со́лнечный one-family solar house

~, со́лнечный solar house

~ с по́лным энергообеспече́нием total energy house

~ с электроснабже́нием от фотоэлектри́ческих батаре́й photovoltaic-powered house

**до́нор** *м.* donor

**до́ступ** *м.* access

**древеси́на** *ж.* wood

~, свежесру́бленная green wood
~, сжи́женная liquefied wood
~, сыра́я wet wood
**драна́ж** *м.* drain(age)
**дрени́рование** *с.* **по́чвы** land drainage
**дуга́** *ж.* arc
**дугообразова́ние** *с.* arcing
**ды́рка** *ж.* hole
~, фотовозбуждённая photoexcited hole
**дюйм** *м.* inch
~ во́дного столба́ inch of water
~ рту́тного столба́ inch of mercury

# Е

**едини́ца** *ж.* unit
~, брита́нская теплова́я British thermal unit, Btu *(1 Btu = 1055 joules)*
~, теплова́я heat unit

# Ё

**ёмкость** 1. *(величина)* capacity 2. *(вместилище)* tank, canister
~ аккумуля́тора, теплова́я heat storage capacity
~, септи́ческая *(для органических отходов)* septic tank
~, теплоаккумули́рующая thermal energy storage canister

# Ж

**желати́н** *м.* gelatin
**жи́дкость** *ж.* fluid, liquid
~ для транспортиро́вки тепла́ heat transport fluid
~, колле́кторная collector fluid
~, спектра́льно-селекти́вная spectrally selective liquid

# З

**зави́симость** *ж.* dependence, dependency
~ от выходно́го напряже́ния output voltage dependency
~ поглощённой радиа́ции от толщины́ *(поглотителя)*, графи́ческая absorption curve
~ после́довательного сопротивле́ния от напряже́ния voltage dependent series resistance
**завихре́ние** *с.* vortex
**заво́д** *м.* factory, plant
~, очисти́тельный refinery
~ по перерабо́тке сто́чных вод sewage plant
~ по произво́дству со́лнечных элеме́нтов solar cell production plant
~ по произво́дству спи́рта distilled spirits plant, distillery

~ **по произво́дству спи́рта в ка́честве то́плива** alcohol fuel plant
~ **по произво́дству фотоэлектри́ческих батаре́й** photovoltaic factory
**загрязне́ние** *с.* contamination, pollution
~ **воды́** water pollution
~ **во́здуха** air pollution
~ **окружа́ющей среды́** environment contamination, environmental damage
~ **сельскохозя́йственными отхо́дами** agricultural pollution
**зада́ча** *ж.* problem
~ **Сто́кса** Stokes problem
**заём** *м.* **для вы́пуска гелиообору́дования** solar loan
**зазо́р** *м.* gap ◇ ~ **ме́жду остекле́нием и поглоти́телем** *(в солнечном коллекторе)* gap spacing
~, **возду́шный** air gap
**зака́лка** *ж.* hardening
~, **пове́рхностная** surface hardening
**заква́ска** *ж.*, **дрожжева́я** yeast starter
**зако́н** *м.* law
~ **Вье́на** Wien's law
~ **Дарси́** *(для скорости потока жидкости в пористой среде)* Darcy's law
~ **Джо́уля** Joule's law
~ **идеа́льного га́за** ideal gas law
~ **кубо́в** *(мощность ветроустановки пропорциональна кубу скорости ветра)* law of the cube
~ **преломле́ния** law of refraction
~ **суперпози́ции** law of superposition
~ **термодина́мики** law of thermodynamics
**закру́чивание** *с.* *(ветрового фронта)* twist
**зали́вка** *ж.* *(электролита в батарею)* topping-up
**замедле́ние** *с.* **ско́рости ро́ста** growth-rate inhibition
**замеще́ние** *с.* displacement
~ **эне́ргии, годово́е** annual energy displacement
**замыка́ние** *с.* shorting
~, **межэлектро́дное** intercathode shorting
**запа́с** *м.* reserve
~**ы эне́ргии ве́тра, потенциа́льные** eolian potential case
**зародышеобразова́ние** *с.* nucleation
**заря́д** *м.* charge
~ **на грани́це разде́ла** interface charge
~, **отрица́тельный** negative charge
~, **положи́тельный** positive charge
~, **простра́нственный** space charge
~, **противополо́жный** opposite charge
~, **пьезоэлектри́ческий** piezoelectric charge
~, **электри́ческий** electric charge
**заселённость** *ж.*, **бактериа́льная** bacterial colonization
**затво́р** *м.* lock
~ **для ферментёра, водяно́й** fermentation lock

затене́ние *с.* shadowing, shading
~, **взаи́мное** row-to-row shading
~ **конта́ктной се́ткой** *(солнечного элемента)* grid shadowing
~ **от ба́шни** tower shadow
~ **со́лнечного элеме́нта** solar cell shadowing
**захва́т** *м.* trapping
~ **носи́телей (заря́да), глубо́кий** deep trapping of carriers
~ **фотогенери́рованных носи́телей** trapping of photo-generated carriers
**защи́та** *ж.* protection
~, **като́дная** cathodic protection
~ **от замерза́ния** freeze protection
~ **от отравле́ния** poisoning prevention
~ **от перезаря́да** overcharge protection
**зда́ние** *с.* building, residence
~, **биоклимати́ческое** bioclimatic building
~, **комме́рческое со́лнечное** commercial solar building
~, **со́лнечное** solar building
~ **с пита́нием от фотоэлектри́ческой батаре́и** photovoltaic(-powered) residence
~ **с теплоизоля́цией стен гру́нтом** earth-sheltered building
**земля́** *ж.* ground; land
~, **засу́шливая** marginal land
**зени́т** *м.* zenith
**зе́ркало** *с.* mirror
~ **в ви́де диафра́гмы** diaphragm mirror
~, **вне́шнее** extended mirror
~, **во́гнутое** concave mirror
~, **дихрои́чное** dichroic mirror
~, **концентри́рующее** concentrating mirror
~, **мембра́нное** membrane mirror
~, **мембра́нное во́гнутое** membrane concave mirror
~, **неподви́жное** fixed mirror
~, **опти́ческое** optical mirror
~, **параболи́ческое** parabolic mirror
~, **параболо́идное** paraboloidal mirror
~, **параболоцилиндри́ческое** cylinder parabolic mirror
~, **пло́ское** flat mirror
~, **посеребрённое стекля́нное** silvered glass mirror
~, **со́лнечное** solar mirror
~ **с распределённым фо́кусом, фикси́рованное** *(для паротурбинной солнечной установки)* fixed mirror/distributed focus
~, **стекля́нное** glass mirror
~, **сфери́ческое** spherical mirror
~, **теплово́е** heat mirror
~, **то́чечное** point mirror
~, **фаце́тное** facet(ed) mirror
~, **фаце́тное цилиндри́ческое** facet cylindrical mirror
~ **Френе́ля** Fresnel mirror
~ **Френе́ля, параболи́ческое** parabolic Fresnel mirror

~ **Френе́ля, цилиндри́ческое** cylindrical Fresnel mirror
**зерносуши́лка** *ж.* grain dryer
**зима́за** *ж.* zymase
**змееви́к** *м.* coil
~, **грунтово́й** ground coil
**знак** *м.* sign, marker
~, **со́лнечный светосигна́льный** solar sign
~ **с пита́нием от со́лнечной батаре́и, номерно́й** solar-powered yard marker
**значе́ние** *с.* value; level
~, **дневно́е** daily value
~ **со́лнечной радиа́ции, мгнове́нное** instantaneous insolation value
~ **сумма́рной радиа́ции, мгнове́нное** instantaneous global radiation
~ **эне́ргии со́лнечного излуче́ния, годово́е** yearly solar radiation
~ **эне́ргии со́лнечного излуче́ния, дневно́е** daily solar radiation
~ **эне́ргии со́лнечного излуче́ния, ме́сячное** monthly insolation level, monthly solar radiation
~ **эне́ргии со́лнечного излуче́ния, часово́е** hourly solar radiation
**зо́на** *ж.* area; band; zone
~, **ари́дная** arid area
~, **вале́нтная** valence band
~, **жа́ркая ари́дная** hot arid zone
~, **запрещённая** band gap
~, **запрещённая энергети́ческая** energy gap
~, **комфо́ртная** comfort zone
~, **неконвекти́вная** *(в солнечном пруде)* nonconvective zone
~, **обеднённая** depletion zone
~, **прибре́жная** coastal zone
~ **проводи́мости** conduction band
~ **с прямы́ми перехо́дами** direct band gap
~, **теплова́я** heat zone
~, **у́зкая** narrow band
~, **у́зкая запрещённая** *(в полупроводнике)* low band gap
~, **широ́кая** wide band
~, **широ́кая запрещённая** *(в полупроводнике)* high band gap
**зонд** *м.* probe
~, **встро́енный** implanted probe
~, **геотерма́льный теплово́й** geothermal heat probe
~, **люминесце́нтный** luminescence probe
**зоопланкто́н** *м.* zooplankton

# И

**игру́шка** *ж.* toy, plaything
~ **с пита́нием от со́лнечной батаре́и** solar toy
**извлече́ние** *с.* **минера́лов** mineral recovery
**и́згородь** *ж.* fence
~, **со́лнечная электри́ческая** solar electric fence

**изготовле́ние** *с.* fabrication
**~, непреры́вное** continuous fabrication
**~ путём магнетро́нного распыле́ния** magnetron fabrication
**излуча́тель** *м.*, **селекти́вный** selective emitter
**излуче́ние** *с.* radiation
**~, ви́димое** visible radiation
**~, внеатмосфе́рное** extraterrestrial radiation
**~, вне́шнее** external radiation
**~, инфракра́сное** infrared radiation
**~, ионизи́рующее** ionizing radiation
**~, концентри́рованное со́лнечное** concentrated solar radiation
**~, монохромати́ческое** monochromatic radiation
**~, мя́гкое ионизи́рующее** soft radiation
**~ на пове́рхность, перпендикуля́рную к излуче́нию, прямо́е со́лнечное** direct normal insolation
**~ небосво́да** sky radiation
**~ небосво́да, инфракра́сное** infrared sky radiation
**~, опти́ческое** optical radiation
**~, па́дающее** incident radiation
**~, па́дающее со́лнечное** incident solar radiation
**~, поглощённое со́лнечное** absorbed solar radiation
**~, рассе́янное** diffuse radiation
**~ чёрного те́ла** black body radiation
**~, электромагни́тное** electromagnetic radiation
**измене́ни/е** *с.* change, modification
**~я, дневны́е** *(солнечной радиации)* daily sequences
**~ концентра́ции во́дных раство́ров** reconcentration of aqueous solution
**~ соста́ва** compositional change
**~ температу́ры** temperature variation
**изме́нчивость** *ж.* *(солнечной радиации)*, **простра́нственная** spatial variability
**измере́ние** *с.* measurement
**~ гармони́ческих составля́ющих то́ка** current harmonic measurement
**~ коэффицие́нта отраже́ния** reflectance measurement
**~ пара́метров ве́тра** wind measurement
**~ перехо́дных проце́ссов** *(в солнечном элементе)* transient measurement
**~ ско́рости (ве́тра) ла́зерной устано́вкой с эффе́ктом До́пплера** laser Doppler velocimetry
**~ турбуле́нтности** turbulence measurement
**~, фотоакусти́ческое** photoacoustic measurement
**~ фотоэлектри́ческих характери́стик** photovoltaic measurement
**~ четырёхзо́ндовым ме́тодом** four-point method measurement
**~ эне́ргии ве́тра на высоте́** wind power profile

**измери́тель** *м.* meter
 ~, **индукцио́нный** induction meter
 ~ **потребля́емой мо́щности** *(в том числе максимума)* demand meter
 ~ **то́ка** current meter
**изоба́ра** *ж.* isobar line
**изображе́ние** *с.* image
 ~ **со́лнца** image of the sun
**изоля́ция** *ж.* isolation, insulation
 ~ **перехо́да** junction isolation
 ~, **повреждённая** fault isolation
 ~, **прозра́чная** transparent insulation
 ~, **со́товая** honeycomb insulation
 ~ **с *V*-обра́зным рифле́нием** V-corrugated insulation
**изоте́рма** *ж.* isotherm line
**имита́тор** *м.* simulator
 ~ **ветроустано́вки** windmill simulator
 ~ **со́лнца** solar [sunshine] simulator
**импланта́ция** *ж.* implantation
 ~, **ио́нная** ion implantation
**инвентариза́ция** *ж.* inventory
 ~ **вы́бросов загрязня́ющих веще́ств** emission inventory
**инве́рсия** *ж.* inversion
 ~, **пове́рхностная** surface inversion
**инве́ртор** *м.* inverter
 ~, **автоно́мный** standalone inverter
 ~, **бестрансформа́торный** transformerless inverter
 ~, **синхронизи́рующийся с се́тью** synchronous inverter
 ~ **с кпд, не зави́сящим от нагру́зки** load independent inverter
 ~ **с синхрониза́цией от сети́** line-commutated inverter
 ~, **трёху́ровневый мостово́й** three-level bridge inverter
**ингиби́тор** *м.* inhibitor
**и́ндекс** *м.* index
**индика́тор** *м.* indicator
 ~ **интенси́вности со́лнечного излуче́ния** sun intensity indicator
 ~ **сте́пени заря́да батаре́и** battery condition indicator
 ~ **у́ровня электроли́та** electrolyte level indicator
**инду́кция** *ж.* induction
**инже́ктор** *м.* injector
 ~, **водоро́дный** hydrogen injector
**инже́кция** *ж.* injection
 ~ **неосновны́х носи́телей** minority-carrier injection
 ~ **при прямо́м смеще́нии** forward-bias injection
 ~, **пряма́я** direct injection
 ~, **регули́руемая** controlled injection
 ~, **си́льная** high injection
**инсоля́ция** *ж.* insolation
**инструме́нт** *м.* **для за́писи вре́мени восхо́да Со́лнца** sunshine recorder
**интегра́л** *м.* integral
 ~, **обме́нный** exchange integral
**интенси́вность** *ж.* intensity
 ~ **освеще́ния** illumination intensity
 ~ **со́лнечного излуче́ния** solar (radiation) [sun] intensity

~ со́лнечного излуче́ния со спе́ктром, соотве́тствующим атмосфе́рной ма́ссе 1 AM1 solar intensity
~ турбуле́нтности turbulence intensity
~ эне́ргии energy intensity
интерва́л *м.* interval
~ вре́мени, в кото́ром потребле́ние эне́ргии соотве́тствует потре́бности *(в среднем)* demand interval
интеркали́рование *с.* intercalation
интерферо́метр *м.* interference device
~, сверхпроводя́щий ква́нтовый superconducting quantum interference device, squid
иониза́ция *ж.* ionization
~, по́лная full ionization
ирига́ция *ж.* irrigation
~, испо́льзующая со́лнечную эне́ргию *(для привода насосов)* solar-powered irrigation
испаре́ние *с.* evaporation
~ из не́скольких исто́чников multisource evaporation
~, мгнове́нное flash evaporation
~, молекуля́рно-лучево́е molecular beam evaporation
испари́тель *м.* evaporator
~ с вертика́льным разбры́згиванием vertical spout evaporator
~, со́лнечный solar evaporator
~ с па́дающими плёнками falling film evaporator
испаря́емость *ж.* volatility
исполне́ние *с.*:
~, мо́дульное modularity
~ фотоэлектри́ческой систе́мы, мо́дульное modularity of photovoltaic system
испо́льзование *с.* **1.** usage **2.** utilization, utilizability
~ насо́сов в ка́честве турби́н pumps-as-turbines usage
~ отхо́дов wastes utilization, salvage
~, пасси́вное passive utilization
~, повто́рное reutilization
~, прямо́е *(солнечной радиации)* direct use
~ теплово́й эне́ргии океа́на ocean thermal power usage
~ теплоты́ для охлажде́ния heat-actuated cooling
~ теплоты́ для промы́шленных це́лей industrial process heat
~ эне́ргии energy usage
~ эне́ргии волн harnessing power from waves
испыта́ни/е *с.* test(ing)
~, гидростати́ческое hydrostatic test
~я, дли́тельные эксплуатацио́нные prolonged service testing
~ на гермети́чность hermeticity leakage testing
~ на уста́лостную про́чность fatigue testing
~я, ресу́рсные life cycle monitoring
~я со́лнечных элеме́нтов, лётные solar cell flight test
~я со́лнечных элеме́нтов на возде́йствие радиа́ции radiation test of solar cells

~ то́пливных элеме́нтов fuel cell test
~ фотоэлектри́ческих мо́дулей на светопого́дное старе́ние sunlight weathering of photovoltaic modules
~я, эксплуатацио́нные service testing

**исслéдовани/е** *с.* research, study ◇ ~я и разрабо́тки в о́бласти фотоэлектри́чества photovoltaics research and development
~ альтернати́вных исто́чников эне́ргии alternative energy research
~я, аэродинами́ческие aerodynamics research
~, визуа́льное visualization study
~ ме́тодом спектроскопи́и ра́мановского рассе́яния Raman scattering study
~, опти́ческое optical study
~, полярографи́ческое polarographic study
~, потенциометри́ческое potentiometric study
~, фотоэлектрохими́ческое photoelectrochemical study
~ характери́стик с по́мощью компью́тера computer-aided characterization
~ характери́стик то́нких плёнок thin-film characterization
~ электро́дов, хронопотенциометри́ческое chronopotentiometric study

**истира́ние** *с.* abrasion

**исто́чник** *м.* **1.** source **2.** *(ключ, родник)* spring
~ водоро́да hydrogen source
~ водоро́да, приро́дный natural hydrogen source
~ воды́ water source
~ горя́чей воды́ hot-water well
~, горя́чий hot spring
~ дислока́ций dislocation source
~ загрязне́ния pollution emitter
~ излуче́ния, протяжённый distant radiation source
~ излуче́ния с теплово́м возбужде́нием thermally excited radiation source
~и конвекти́вного теплообме́на, гидротерма́льные liquid-dominated convective hydrothermal resources
~ пла́змы plasma source
~, пове́рхностный area source
~ при́меси, полу́ченный ме́тодом центрифуги́рования spin-on impurity source
~ со сре́дней температу́рой, геотерма́льный moderated temperature geothermal source
~, твёрдый solid source
~ тепла́ heat source
~, то́чечный point source
~ электропита́ния, пакети́руемый со́лнечный packaged solar power supply
~ электропита́ния, со́лнечный solar power supply
~ эне́ргии energy source
~ эне́ргии, альтернати́вный alternative energy source
~и эне́ргии, возобновля́емые renewable sources

~ **эне́ргии, геотерма́льный** geothermal energy resource
~ **эне́ргии, перви́чный** primary source
~ **эне́ргии, со́лнечный** solar power source
~ **эне́ргии, термофотоэлектри́ческий** thermophotovoltaic power source
~ **эне́ргии, фотоэлектри́ческий** photovoltaic power source
~ **эне́ргии, электрохими́ческий** electrochemical power source
**истоще́ние** *с.* depletion, starvation
~, **индуци́рованное по́лем** field induced depletion
~ **проду́ктов пита́ния и то́плива** food-fuel starvation
**и́ттрий** *м.* yttrium

# К

**ка́бель** *м.* cable
~, **сверхпроводя́щий** superconducting cable
**ка́дмий** *м.* cadmium
**калиброва́ние** *с.* calibration
~ **эттало́нного со́лнечного элеме́нта** reference solar cell calibration
**калори́йность** *ж.* *(топлива)* calorific power, calorific value
**калори́метр** *м.* calorimeter
**калориметри́я** *ж.* calorimetry
~, **электрохими́ческая** electrochemical calorimetry
**кало́рия** *ж.* *(1 кал = 4,2 дж)* calorie, thermal unit
**калькуля́тор** *м.* calculator
~, **со́лнечный** solar calculator
**ка́мера** *ж.* chamber
~, **возду́шная** air chamber
~ **горя́чего во́здуха** *(в вентиляционной установке)* hot deck
~ **для хлори́рования** chlorine-contact chamber
~ **сгора́ния** combustion chamber, combustor
~ **сгора́ния, вертика́льная цикло́нная** *(в МГД-генераторе)* vertical cyclone combustion chamber
~ **сгора́ния, двухступе́нчатая у́гольная** two-stage coal combustor
~ **сгора́ния цикло́нного ти́па, у́гольная** cyclone coal combustor
~, **солева́я** *(для коррозионных испытаний)* salt chamber
~, **фотоэлектри́ческая морози́льная** photovoltaic chest freezer
~, **шлюзова́я** air-lock entry
**кана́л** *м.* channel
~ **для отво́да тепла́** heat exchange channel
~, **кольцеобра́зный** ring-shaped channel
~, **криволине́йный проходно́й** *(в солнечном коллекторе)* curvilinear passageway
**карби́д** *м.* carbide
~ **кре́мния** silicon carbide
~ **кре́мния, амо́рфный** amorphous silicon carbide

~ кре́мния, гидрогенизи́рованный амо́рфный hydrogenated amorphous silicon carbide
~ кре́мния, эпитаксиа́льный epitaxial silicon carbide
**карбона́т** *м.* carbonate
~ы, пове́рхностные surface carbonates
**каротено́ид** *м.* carotenoid
**каска́д** *м.* tandem
~, составно́й фотоэлектри́ческий stacked photovoltaic tandem
**ката́лиз** *м.* catalysis
~, гетероге́нный heterogeneous catalysis
**катализа́тор** *м.* catalyst
~, колло́идный colloidal catalyst
~, термообрабо́танный heat-treated catalyst
~, тройно́й ternary catalyst
**като́д** *м.* cathode
~, высокоэффекти́вный high-performance cathode
~ из молибда́та ли́тия lithium molybdate cathode
~ из по́ристого графи́та porous graphite cathode
~ из триселени́да нио́бия nyobium triselenide cathode
~ из хлори́да перехо́дного мета́лла transition metal chloride cathode
~ на осно́ве пири́та pyrite-based cathode
~ на осно́ве хлори́дов мета́ллов metal chloride cathode
~ с высо́кой стаби́льностью *(характеристик)* highly durable cathode
~, сере́бряно-молибде́новый silver molybdenum cathode
~ с модифици́рованной пове́рхностью surface-modified cathode
~ с ни́зким перенапряже́нием low-overvoltage cathode
~, таблетизи́рованный pelletized cathode
~, твердофа́зный solid-phase cathode
~, тонкоплёночный thin-film cathode
**катодолюминесце́нция** *ж.* cathodoluminescence
**ка́чество** *с.* quality
~ воды́ water quality
~ во́здуха air quality
~ переме́шивания mixing quality
~ пи́щи quality of food
~ эне́ргии energy [power] quality
**кера́мика** *ж.* ceramics
~ на осно́ве ма́гния magnesium-based ceramics
~ на осно́ве цирко́ния zirconium-based ceramics
**килова́тт** *м.* kilowatt, kW
**килова́тт-ча́с** *м.* kilowatt-hour, kWh
**килово́льт-ампе́р** *м.* kilovolt-ampere, kVA
**кине́тика** *ж.* kinetics
~ о́тжига annealing kinetics
~ реа́кций reaction kinetics
~ ро́ста growth kinetics
**кислоро́д** *м.* oxygen
~, растворённый *(в воде)* dissolved oxygen
**кислот/а́** *ж.* acid

~, **бромистоводоро́дная** hydrobromic acid
~**ы, жи́рные** fatty acids
~, **у́ксусная** acetic acid
~, **фо́сфорная** phosphoric acid
~, **фтористоводоро́дная** hydrofluoric acid
**кисло́тность** *ж.* acidity
**кла́пан** *м.* valve
~, **активи́руемый тепло́м** heat-activated vent
~ **батаре́и с двойно́й герметиза́цией, вентиляцио́нный** dual-seal battery vent valve
~, **возду́шный** yoke vent
~, **предохрани́тельный** safety vent closure, safety valve
**классифика́ция** *ж.* classification
~ **ве́тра** wind classification
~ **по пожаробезопа́сности** *(материалов и оборудования)* fire classification
**клётка** *ж.* cell
~, **бактериорходопси́нная** bacteriorhodopsin vesicle
**кли́мат** *м.* climate
~, **уме́ренный** moderate climate
**климатоло́гия** *ж.* climatology
**кло** *(единица теплоизоляционной характеристики одежды, 1 кло = 42,7 Бте на 1 кв. фут в час при 21°C и 60% влажности)* clo
**коагуля́ция** *ж.* coagulation
**ко́бальт** *м.* cobalt
**колеба́ни/е** *с.* fluctuation, perturbation
~**я со́лнечной радиа́ции** solar radiation sequences
~ **температу́ры** temperature perturbation
**колесо́** *с.* wheel
~, **водяно́е** water wheel
**коли́чество** *с.* amount, quantity
~ **со́лнечной эне́ргии** amount of sunshine
**колле́ктор** *м.* **1.** collector **2.** manifold
~, **акти́вный со́лнечный** *(с ориентацией на солнце)* active solar collector
~, **бето́нный со́лнечный** concrete solar collector
~, **возду́шный со́лнечный** air-type solar collector
~, **га́зовый** gas manifold
~, **гибри́дный со́лнечный** hybrid solar collector
~ **для кры́ши, со́лнечный** solar (energy) collecting roof panel
~ **для паке́та то́пливных элеме́нтов** fuel cell manifold
~ **для со́лнечных устано́вок** apparatus for collecting sunlight
~ **из бето́на, арми́рованного стекловолокно́м, со́лнечный** fiber-reinforced concrete solar collector
~, **испо́льзующий ли́нзы Френе́ля, со́лнечный** Fresnel solar collector
~, **канализацио́нный** (sanitary) sewer
~, **комбини́рованный** combined collector
~, **концентри́рующий** con-

centrating collector, collector-concentrator
**~, концентри́рующий со́лнечные лучи́** concentrating solar beam collector
**~, концентри́рующий со́лнечный** concentrating solar collector
**~, косми́ческий со́лнечный** aerospace solar collector
**~, лине́йный** linear collector
**~, надувно́й со́лнечный** solar energy collecting balloon, inflation-supported solar collector
**~ на осно́ве вакууми́рованных труб** evacuated tube collector
**~ на осно́ве концентра́тора с лине́йным фо́кусом, со́лнечный** line-focus solar collector
**~, неметалли́ческий со́лнечный** nonmetallic solar collector
**~, неподви́жный со́лнечный** fixed-position solar collector
**~, неподви́жный сфери́ческий со́лнечный** fixed spherical solar collector
**~, неполиро́ванный** unglazed collector
**~, неследя́щий со́лнечный** nontracking solar collector
**~, параболоцилиндри́ческий (со́лнечный)** trough-shaped (solar) collector
**~, пасси́вный со́лнечный** *(без ориентации на Солнце)* passive solar collector
**~, песча́ный со́лнечный** sand solar collector
**~, пло́ский (со́лнечный)** flat-plate (solar) collector
**~, при́зменный со́лнечный теплово́й** prismatic solar thermal collector
**~ прямо́го испаре́ния, со́лнечный** direct evaporating solar collector
**~, распределённый** distributed collector
**~, самоде́льный со́лнечный** do-it-yourself solar collector
**~ с га́зовой систе́мой слеже́ния, концентри́рующий со́лнечный** solar eyeball
**~ с дви́жущейся вниз водо́й, стру́йный** trickle down collector
**~ с двойны́м остекле́нием** collector with two pieces of glass, double-glass collector
**~ с жи́дким теплоноси́телем** liquid-type collector
**~ с за́мкнутым ко́нтуром, со́лнечный** closed-loop solar collector
**~ с кипя́щим сло́ем, со́лнечный** fluidized-bed solar collector
**~, следя́щий** tracking collector
**~ с одина́рным остекле́нием** collector with one piece of glass, one-glass collector
**~ со́лнечного опресни́теля** solar still collector
**~ со́лнечной эне́ргии, дрени́рующий** drainable solar collector unit
**~, со́лнечный** solar collector, solar trap, solar absorber assembly
**~, со́лнечный бето́нный** solar concrete collector

~ **со́лнечных луче́й** solar-ray collecting device
~ **с откры́тым ко́нтуром, со́лнечный** open-loop solar collector
~, **со́товый со́лнечный** honeycomb solar collector
~ **с паралле́льным пото́ком, со́лнечный** parallel-flow solar collector
~, **спира́льный со́лнечный** spiral-shaped solar collector
~ **с пони́женным лобовы́м сопротивле́нием** *(ветровой нагрузке)*, **со́лнечный** reduced drag solar collector
~ **с по́ристым поглоти́телем, со́лнечный** porous medium solar collector
~ **с со́бственным энергообеспече́нием, со́лнечный** self-powered solar collector
~, **стекля́нный вакууми́рованный** all-glass evacuated collector
~ **с теплов́ыми тру́бами, со́лнечный** heat pipe solar collector
~ **с термосифо́ном, со́лнечный** solar siphon collector
~, **стру́йный** trickle collector
~ **с чёрной жи́дкостью, со́лнечный** black-liquid solar collector
~, **трёхходово́й со́лнечный возду́шный** triple-pass solar air collector
~, **тру́бчатый** tube-type collector
~, **тру́бчатый со́лнечный** tube solar collector
~, **устана́вливаемый на кры́ше, со́лнечный** rooftop solar collector
~, **центробе́жный (га́зовый)** *(для удаления аэрозолей в газовой струе)* centrifugal collector
~, **цикло́нный** *(пыли)* cyclone collector

**коло́нна** *ж.*, **ректификацио́нная** column

**колпачо́к** *м.* **для защи́ты бо́рнов батаре́и** battery post cap

**компа́ния** *ж.* venture
~, **ветрова́я** wind(y) venture

**ко́мпас** *м.* compass
~, **со́лнечный** sun compass

**компа́унд** *м.* compound
~, **соедини́тельный** joint compound

**компенса́ция** *ж.* compensation
~ **простра́нственного заря́да** space-charge compensation

**ко́мплекс** *м.* complex
~, **пигме́нт-протеи́новый** pigment-protein complex
~, **расти́тельный пигме́нт-протеи́новый** plant pigment-protein complex
~, **руте́ний-бипириди́ловый** ruthenium bipiridyl complex

**компози́ты** *м. мн.* composites

**компоне́нта** *ж.* component
~, **диффу́зная** *(солнечного излучения)* diffuse component

**компоне́нт** *м.* **систе́мы, дополни́тельный** add-on system

**компо́ст** *м.* compost

**компости́рование** *с.* composting

**компре́ссор** *м.* compressor
**компью́тер** *м.* computer
~ **для регистра́ции характери́стик ве́тра** wind computer
**конве́кция** *ж.* convection
~, **гравитацио́нная** gravity convection
~, **есте́ственная** natural convection
~, **принуди́тельная** forced convection
**конденса́т** *м.* condensate
**конденса́тор** *м.* condenser
~, **двухзо́нный** dual-zoned condenser
~, **пласти́нчатый** shell-and-plate-type condenser
**конденса́ция** *ж.* condensation
**кондиционе́р** *м.* conditioner
~, **возду́шный** air-conditioner
~ **с испари́тельным охлажде́нием, со́лнечный** solar desiccant air-conditioner
~, **со́лнечный** solar air-conditioner
~ **с пита́нием от со́лнечной батаре́и, возду́шный** solar-powered air-conditioner
**кондициони́рование** *с.* conditioning
~ **во́здуха** air conditioning
~ **во́здуха, комфо́ртное** comfort air conditioning
~ **во́здуха, промы́шленное** industrial air conditioning
~ **во́здуха с испо́льзованием со́лнечной эне́ргии** solar-assisted comfort air conditioning
**констру́кция** *ж.* construction; structure
~ **аккумуля́тора** battery construction
~ **ветроустано́вки, опо́рная** windmill support structure
~, **механи́ческая опо́рная** mechanical support
~, **опо́рная** support
~, **ориенти́руемая опо́рная** orientable support
~ **со́лнечной батаре́и, несу́щая** solar cell carrier
**конта́кт** *м.* contact
~ **из алюми́ния, нанесённый ме́тодом распыле́ния в пла́мени га́зовой горе́лки** flame-sprayed aluminum contact
~, **квазиоми́ческий** quasi-ohmic contact
~, **комплана́рный** coplanar contact
~ **к пере́дней пове́рхности** front contact
~ **к ты́льной пове́рхности** rear [back] contact
~ **к ты́льной пове́рхности в ви́де чередую́щихся поло́с** *(к базе и легированному слою)* interdigitated back contact
~ **к фронта́льной пове́рхности** top contact
~, **межэлеме́нтный оми́ческий** intercell ohmic contact
~, **межэлеме́нтный опти́ческий** *(в каскадном солнечном элементе)* intercell optical contact
~ **на ты́льной пове́рхности, комплана́рный** coplanar back contact

~, **невыпрямля́ющий** nonrectifying contact
~, **полу́ченный ме́тодом сеткогра́фии** screen-printed contact
~, **терми́чески стаби́льный** thermally stable contact
~, **то́чечный** point contact
**конте́йнер** *м.* container
**контро́ллер** *м.* controller
~, **адапти́вный** adaptive controller
~, **лине́йный** linear controller
~, **энергети́ческий** power controller
**контро́ль** *м.* monitoring, control
~, **биологи́ческий** biological control
~ **лопасте́й, неразруша́ющий** nondestructive testing of blades
~ **состоя́ния** condition monitoring
**ко́нтур** *м.* loop
~, **за́мкнутый** closed loop
~, **откры́тый** open loop
~, **разделённый** separate loop
~ **со́лнечной устано́вки, возду́шный** solar air loop
~ **электроли́та** electrolyte loop
**конфигура́ция** *ж.* configuration
~, **переднебарье́рная** *(в гетеропереходе)* frontwall configuration
~ **по́ля гелиоста́тов** heliostat field configuration
~, **тыльнобарье́рная** *(в гетеропереходе)* backwall configuration
**концентра́тор** *м.* concentrator
~, **асимметри́чный параболоцилиндри́ческий** asymmetrical cylindrical concentrator
~, **ветрово́й** wind concentrator
~ **в каска́де, втори́чный** second-stage concentrator
~ **в каска́де, перви́чный** first-stage concentrator
~, **волоко́нный диффу́зный** slab-diffuser fiber concentrator
~, **втори́чный** secondary concentrator
~, **голографи́ческий** holographic concentrator
~, **диэлектри́ческий светово́й** dielectric light concentrator
~, **жи́дкостный со́лнечный** liquid solar concentrator
~, **зерка́льный** mirror booster
~, **идеа́льный** ideal concentrator
~ **из ли́нзы Френе́ля и фокли́на, комбини́рованный** Fresnel-Winston tandem concentrator
~ **излуче́ния рефра́ктором-отража́телем** refractor-reflector radiation concentrator
~, **квазистати́ческий** quasistatic concentrator
~, **лотко́вый** trough-type concentrator
~ **лучи́стой эне́ргии** incident energy concentrator
~, **люминесце́нтный** luminescent concentrator

**~, многогра́нный** polygon concentrator
**~, многосло́йный** multiple layer concentrator
**~, мо́дульный** modular concentrator
**~, надувно́й** inflatable concentrator
**~ на осно́ве пло́ских фаце́т** planar-sectioned concentrator
**~, неподви́жный** fixed [static, stationary] concentrator
**~, неследя́щий** nontracking concentrator
**~ не сохраня́ющий изображе́ния** *(Солнца в фокальной области)* nonimaging concentrator
**~, нето́чный** unprecise concentrator
**~, нефокуси́рующий со́лнечный** nonfocusing solar concentrator
**~, параболо́идный** paraboloid concentrator, dish
**~, параболо́идный просто́й** paraboloid simple concentrator
**~, параболоцилиндри́ческий** parabolic trough [cylindrical parabolic] concentrator
**~, перви́чный** primary concentrator
**~, пла́вающий в воде́ следя́щий со́лнечный** waterborne tracking solar concentrator
**~, пло́ский** planar concentrator
**~, полукру́глый цилиндри́ческий** half-circular cylindrical concentrator
**~ пото́ка** flow concentrator; augmentor
**~, при́зменный** refractive wedge concentrator
**~, при́зменный со́лнечный** prism solar concentrator
**~, следя́щий** tracking concentrator
**~ с многокра́тным прохожде́нием излуче́ния че́рез гологра́мму, голографи́ческий** holo-loop concentrator
**~ с неподви́жным зе́ркалом, со́лнечный** fixed solar concentrator
**~ со́лнечной эне́ргии, двухфо́кусный** bifocused solar energy concentrator
**~ со́лнечной эне́ргии, многоступе́нчатый** multistage solar energy concentrator
**~, со́лнечный** solar concentrator
**~, со́лнечный сфери́ческий** solar bowl concentrator
**~ с ориента́цией «се́вер — юг»** polar concentrator
**~ со слеже́нием по а́зимуту** moving azimuth concentrator
**~ со слеже́нием по а́зимуту и высоте́ склоне́ния со́лнца, со́лнечный** azimuth-altitude tracking solar concentrator
**~ со сфери́ческим отража́телем** spherical reflector concentrator
**~, сохраня́ющий изображе́ние** *(Солнца в фокаль-*

*ной области)* imaging concentrator

~ **с расщепле́нием луча́** *(по спектру)* beam splitting concentrator

~, **стациона́рный сфери́ческий** stationary spherical concentrator

~ **с то́чечным фо́кусом** point focus concentrator

~ **с трапециеда́льным про́филем** trapezoidal grooves concentrator

~, **сфери́ческий** spherical concentrator

~ **с фикси́рованной устано́вкой по зени́ту и со слеже́нием по а́зимуту** fixed zenith-moving azimuth concentrator

~, **тороида́льный** toroidal concentrator

~, **то́чный** precise concentrator

~, **трёхме́рный** three-dimensional concentrator

~, **фаце́тный** faceted concentrator

~, **флюоресце́нтный** fluorescent concentrator

~, **фотоэлектри́ческий** photovoltaic concentrator

~ **Френе́ля** Fresnel concentrator

~ **Френе́ля, тонколисто-во́й** thin-sheet Fresnel concentrator

~, **широкоаперту́рный** large- [wide-] aperture concentrator

**концентра́ция** *ж.* concentration

~ **ионизи́рованных акце́пторов** ionized acceptor concentration

~ **моби́льных ио́нов** mobil ion concentration

~, **ни́зкая** soft concentration

~, **одноро́дная** uniform concentration

~ **при́меси** impurity concentration

~ **CO, преде́льная** *(при полном сгорании топлива)* ultimate CO concentration

**ко́рпус** *м.* **батаре́и** battery case

**корро́зия** *ж.* corrosion

~, **гальвани́ческая** galvanic corrosion

**ко́смос** *м.* space

**котёл** *м.* boiler

~ **со встро́енной горе́лкой** boiler burner unit

~, **со́лнечный** solar fired boiler

**котёл-утилиза́тор** *м.* waste heat boiler

**коэффицие́нт** *м.* coefficient, ratio

~ **диффу́зии** diffusity, diffusivity

~ **заполне́ния** *(вольт-амперной характеристики)* fill factor

~ **затене́ния** *(в солнечных установках)* shading coefficient

~ **ио́нной акти́вности** ion-activity coefficient

~ **испо́льзования** utilization factor

~ **испо́льзования со́лнечной радиа́ции** solar radiation utilizability

~ **концентра́ции** concentration factor, concentration ratio

~ **концентра́ции, геометри́ческий** geometrical concentration ratio

~ **концентра́ции, максима́льный испо́льзуемый** maximum usable concentration ratio

~ **концентра́ции, опти́ческий** optical concentration ratio

~ **концентра́ции, теорети́ческий максима́льный** theoretical maximum concentration ratio

~ **концентра́ции, эффекти́вный** effective concentration ratio

~ **мо́щности** *(ветроустановки)* capacity factor

~ **напряже́ния, температу́рный** *(солнечного элемента)* voltage temperature coefficient

~ **переда́чи поле́зной эне́ргии** useful energy gain

~ **поглоще́ния** absorption coefficient

~ **поле́зного де́йствия** coefficient of performance, efficiency

~ **поле́зного де́йствия, объёмный** volumetric efficiency

~ **по́лных теплові́х поте́рь в зда́нии** building overall energy loss coefficient

~ **по́лных теплові́х поте́рь колле́ктора** collector overall energy loss coefficient

~ **преломле́ния** index of refraction

~ **преломле́ния, переме́нный** variable refractive index

~ **радиацио́нного поврежде́ния** radiation damage coefficient

~ **расшире́ния** coefficient of expansion

~ **регре́ссии** regression coefficient

~ **теплопереда́чи** *(в Бте в час и разности температур 0,6°С)* coefficient of heat transmission, heat transmission coefficient

~ **теплопрово́дности за счёт конве́кции ме́жду сте́нкой и плёнкой жи́дкости** film coefficient

~ **терми́ческого расшире́ния** coefficient of thermal expansion

~ **то́ка, температу́рный** *(солнечного элемента)* current temperature coefficient

~ **эми́ссии** emission factor

~ **энергети́ческой эффекти́вности** energy efficiency ratio

~ **эффекти́вного опти́ческого поглоще́ния** effective optical absorption coefficient

**кпд [коэффицие́нт поле́зного де́йствия]** *м.* efficiency

~, **преде́льный** *(солнечного элемента)* limit efficiency

~, **реко́рдный** record efficiency

~ **ци́кла Карно́** Carnot efficiency

~, энергети́ческий energy coefficient

**кре́кинг-аппара́т** *м.* **для перего́нки (не́фти)** cracking still

**кре́мний** *м.* silicon

~, **амо́рфный** amorphous silicon

~, **бездислокацио́нный** dislocation-free silicon

~, **вы́ращенный ме́тодом Чохра́льского** Czochralski pulling silicon

~ **высо́кой чистоты́** high-purity silicon

~, **гидрогенизи́рованный** hydrogenated silicon

~, **гидрогенизи́рованный амо́рфный** hydrogenated amorphous silicon

~ **глубо́кой очи́стки, металлурги́ческий** upgraded metallurgical grade silicon

~, **затвердева́ющий** solidified silicon

~ **из ри́совой шелухи́** rice-husk silicon

~, **импланти́рованный** implanted silicon

~, **ио́нно-импланти́рованный** ion-implanted silicon

~, **кислородосодержа́щий** oxygen-containing silicon

~, **кристалли́ческий** crystalline silicon

~, **крупнозерни́стый** large-grained silicon

~, **крупнозерни́стый кристалли́ческий** large-grained crystalline silicon

~, **леги́рованный** doped silicon

~, **леги́рованный ли́тием** lithium-counterdoped silicon

~, **леги́рованный фо́сфором** phosphorus-doped silicon

~, **ле́нточный** ribbon silicon

~, **металлурги́ческий** metallurgical grade silicon

~, **микрокристалли́ческий** microcrystalline silicon

~, **монокристалли́ческий** single-crystalline silicon

~ **на кера́мике** silicon-on-ceramics

~ **на подло́жке из стекла́, амо́рфный** amorphous silicon-on-glass

~, **насы́щенный дейте́рием, амо́рфный** deuterated amorphous silicon

~, **неимпланти́рованный** unimplanted silicon

~, **нейтро́нно-леги́рованный** neutron transmutation doped silicon

~, **некристалли́ческий** noncrystalline silicon

~, **немонокристалли́ческий** nonsingle-crystalline silicon

~, **облучённый** irradiated silicon

~, **облучённый прото́нами** proton-bombarded [proton-irradiated] silicon

~, **облучённый электро́нами** electron-bombarded [electron-irradiated] silicon

~, **очи́щенный металлурги́ческий** metallurgical grade silicon

~, **пассиви́рованный кристалли́ческий** passivated crystalline silicon

~, **поликристалли́ческий** polycrystalline silicon

**~, полукристалли́ческий** semicrystalline silicon
**~, полу́ченный в дугово́й печи́** arc-furnace silicon
**~, полу́ченный ме́тодом бести́гельной зо́нной пла́вки** float-zone silicon
**~, полу́ченный ме́тодом зо́нной пла́вки** zone melted [float-zone process] silicon
**~, полу́ченный ме́тодом като́дного распыле́ния** ion sputtered silicon
**~, полу́ченный ме́тодом литья́** cast silicon
**~, полу́ченный ме́тодом протя́гивания че́рез распла́в** RAD silicon
**~, полу́ченный ме́тодом распыле́ния** sputtered silicon
**~, полу́ченный пла́зменным осажде́нием** plasma deposited silicon
**~, полу́ченный пла́зменным распыле́нием** plasma sprayed silicon
**~ по́сле опера́ции и́мпульсного о́тжига** pulsed-annealed silicon
**~, распла́вленный** molten silicon
**~, рекристаллизо́ванный** recrystallized silicon
**~ со́лнечного ка́чества** solar grade silicon
**~ со сто́лбчатой структу́рой** columnar silicon
**~ с радиацио́нными поврежде́ниями** radiation-damaged silicon
**~ с улу́чшенными характери́стиками** upgraded silicon
**~, флори́рованный амо́рфный** fluorinated amorphous silicon
**~, четырёххло́ристый** silicon tetrachloride

**крепле́ние** *с.* attachment, bonding
**~, клеево́е** adhesive bonding
**~ ло́пасти** *(ветроустановки)* blade attachment
**~ стекла́, непосре́дственное** *(к солнечному элементу)* direct glassing

**крива́я** *ж.* curve
**~ распределе́ния продолжи́тельности ско́рости ве́тра** wind speed duration curve
**~ сниже́ния сто́имости проду́кции с увеличе́нием объёма произво́дства** learning curve
**~, универса́льная** *(полученная компьютерным моделированием)* universal curve
**~ частоты́ измене́ния ско́рости ве́тра** wind speed frequency curve

**кри́зис** *м.* crisis
**~, энергети́ческий** energy crisis

**криста́лл** *м.* crystal
**~, сегнетоэлектри́ческий** ferroelectric crystal

**кристаллиза́ция** *ж.* crystallization
**~ на пове́рхности разде́ла, регули́руемая** interface controlled crystallization

**крите́рий** *м.* criterion
**~ ка́чества воды́** water-quality criterion

~ ка́чества во́здуха air-quality criterion
~ ка́чества со́лнечного элеме́нта solar cell quality criterion
ксенобио́тик *м.* xenobiotic
ксено́н *м.* xenon
ксило́за *ж.* xylose
куло́н *м.* coulomb
культу́р/а *ж.* culture
~, кле́точная tissue culture
~ы, полевы́е field crops
ку́хня *ж.* cooker
~, городска́я со́лнечная urban solar cooker
~, конвекти́вная со́лнечная convective solar cooker
~ ти́па «горя́чий я́щик», со́лнечная hot box solar cooker
~, фокуси́рующая со́лнечная focus solar cooker

# Л

лагу́на *ж.* lagoon
ла́зер *м.* laser
~, га́зовый gas laser
~, со́лнечный га́зовый solar(-powered) gas laser
~ с со́лнечной нака́чкой solar-pumped laser
~, эксиме́рный excimer laser
лазу́рь *ж.* blue
~, берли́нская *(материал для электрода)* prussian blue
лакто́за *ж.* lactose
ламина́тор *м.* *(установка для нанесения слоистого пластика)* laminator
ламини́рование *с.* lamination
~, ва́куумное vacuum lamination
ла́мпа *ж.* lamp
~, безопа́сная safety lamp
~, га́зовая gas lamp
~, дугова́я arc lamp
~, с керами́ческим излуча́телем, водоро́дная га́зовая hydrogen ceramic mantle gas lamp
ланта́н *м.* lanthanum
леги́рование *с.* doping
~ а́томами при́меси doping of impurity atoms
~ боковы́х сте́нок кана́вок trench sidewall doping
~, ио́нное ion-assisted doping
~, ио́нно-лучево́е ion-beam doping
~, нейтро́нное трансмутацио́нное neutron transmutation doping
~, обрати́мое хими́ческое reversible electrochemical doping
~, си́льное heavy doping
~, холо́дное cold doping
ледни́к *м.* ice-house
ле́нта *ж.* ribbon
~, дендри́тная *(кремния)* dendritic web
~ из спла́ва свине́ц — ка́льций — о́лово lead-calcium-tin strip
~ кре́мния silicon ribbon, silicon foil
~ кре́мния, междендри́тная dendritic-web silicon ribbon
~ кре́мния, сильнонапря-

жённая high-stress silicon ribbon
~ кре́мния, слабонапряжённая low-stress silicon ribbon
**лесоразведе́ние** *с.* silviculture
~, **быстрорасту́щее** short-rotation forestry
**лёд** *м.* ice
~, **ва́куумный** vacuum ice
**ли́вень** *м.* cloud-burst, heavy shower, downpour
**лигни́н** *м.* lignin
**лигни́т** *м.* lignite
**ли́нза** *ж.* lens
~, **акри́ловая** acrylic lens
~, **голографи́ческая** holographic lens
~, **двухступе́нчатая** two-stage lens
~, **жи́дкостная** liquid lens
~, **миниатю́рная вы́пуклая** minidome lens
~ **Френе́ля** Fresnel lens
~ **Френе́ля, двухступе́нчатая лине́йная** two-stage linear Fresnel lens
~ **Френе́ля из кремнийоргани́ческой смолы́ и стекла́** silicone-glass Fresnel lens
~ **Френе́ля из кремнийоргани́ческой смолы́ и стекла́, гибри́дная** hybrid silicone-glass Fresnel lens
~ **Френе́ля, кругова́я** circular Fresnel lens
~ **Френе́ля, лине́йная** linear Fresnel lens
**ли́ния** *ж.* line
~ **горизо́нта** sky line
~ **по произво́дству кре́мниевых пласти́н, промы́шленная** silicon wafer production line
~ **по произво́дству фотоэлектри́ческих батаре́й, промы́шленная** photovoltaic battery production line
~ **сбо́рки** assembly line
~ **электропереда́чи** transmission line
**лист** *м.* sheet
~ **кре́мния** silicon sheet
**лову́шка** *ж.* trap
~, **глубо́кая** deep trap
~ **для ды́рок** hole trap
~ **для неосновны́х носи́телей** minority carrier trap
~ **для со́лнечной эне́ргии** solar energy trap
**локализа́ция** *ж.* localization
~ **пла́тины** platinum localization
**лом** *м.* scrap
~, **батаре́йный** battery scrap
**ло́пасть** *ж.* blade, vane
~, **враща́ющаяся** rotating blade
~, **изо́гнутая** turning vane
~, **повора́чиваемая** swinging blade
~, **саморегули́рующая** self-pitch-controlled blade
~, **эффекти́вная** *(ветроустановки)* efficient blade
**лопа́тка** *ж.* *(турбины)* vane
**луч** *м.* beam, ray
~, **входя́щий** incoming ray
~**и́, косми́ческие** cosmic rays
~, **отражённый** reflected ray
~, **со́лнечный** solar beam
**лэ́нгли** *(единица измерения интенсивности солнечно-*

*го излучения*, 1 *лэнгли* = 1 *кал/см*$^2$*)* langley
**люме́н** *м.* lumen
**люминесце́нция** *ж.* luminescence

# M

**магистра́ль** *ж.* main
~, **водопрово́дная** water main
**ма́гма** *ж.* magma
**ма́гний** *м.* magnesium
**магни́т** *м.* magnet
~, **сверхпроводя́щий** superconducting magnet
**магнитогазодина́мика** *ж.* magnetogasdynamics
**магнитогидродина́мика** *ж.* magnetohydrodynamics
**магнитопа́уза** *ж.* magnetopause
**мазу́т** *м.* fuel oil
**ма́ксимум** *м.* maximum
~, **годово́й** annual maximum
~ **потребле́ния** *(электроэнергии)*, **годово́й** annual maximum demand
~, **теорети́ческий** theoretical maximum
**мано́метр** *м.* air [pressure] gauge
**ма́сло** *с.* oil
~, **ди́зельное** diesel oil
~ **из биома́ссы** biomass oil
~, **пиро́лизное** pyrolytic oil
~, **сиву́шное** fusel oil
~, **хими́чески модифици́рованное расти́тельное** chemically modified vegetable oil
**ма́сса** *ж.* mass
~, **акти́вная** *(в аккумуляторе)* active mass
~, **вну́тренняя** internal mass
~, **возду́шная** air mass
~, **измельчённая расти́тельная** vegetation debris
~, **нулева́я возду́шная** *(для солнечного излучения за пределами атмосферы)* air mass zero, AM0
~ **поко́я** rest mass
**материа́л** *м.* material
~, **акти́вный** *(электрода)* active material
~ **ба́зы** *(солнечного элемента)*, **сильнолеги́рованный** highly doped base material
~**ы**, **втори́чные** *(переработки отходов)* recyclables
~, **вы́ращенный ме́тодом хими́ческого га́зового осажде́ния из металлоргани́ческих соедине́ний** MOCVD-grown material
~, **высоколеги́рованный** highly doped material
~, **герметизи́рующий** encapsulant material
~ **для аккумули́рования со́лнечной эне́ргии** solar energy storage material
~ **для со́лнечной энерге́тики** solar energy material
~ **из двойны́х листо́в поликарбона́та** tuffaic
~, **исхо́дный** starting material
~, **катодоакти́вный** cathode-active material

**~, листово́й слои́стый** laminate material
**~, макромолекуля́рный** macromolecular material
**~, мембра́нный** membrane material
**~, молекуля́рный** molecular material
**~ на осно́ве пеноурета́на, изоли́рующий** zer-o-cel
**~, некорроди́рующий** non-corroding material
**~, ослабля́ющий взрыв** explosion-attenuation material
**~, особочи́стый** high-purity material
**~, переохлаждённый** undercooled material
**~, подавля́ющий взрыв га́зов в батаре́е** battery explosion-attenuation material
**~, покро́вный** cover material
**~, полу́ченный молекуля́рной эпита́ксией** MBE-grown material
**~, порошко́вый акти́вный** powdery active material
**~, прозра́чный** *(покрытие солнечной установки)* glassing material
**~, прозра́чный изоляцио́нный** transparent insulation material
**~, прозра́чный и поглоща́ющий** transmittance-absorptance product
**~ рабо́чего колеса́** runner material
**~ с высо́кой электропрово́дностью** highly conductive material
**~, си́льно разупоря́доченный** highly disordered material
**~, слабопоглоща́ющий** weakly absorbing material
**~ с неупоря́доченной структу́рой** disordered material
**~ с ни́зкой подви́жностью** *(носителей)*, **фотоэлектри́ческий** low-mobility photovoltaic material
**~ с переме́нной ширино́й запрещённой зо́ны** graded band gap material
**~ с постоя́нной ширино́й запрещённой зо́ны** constant band gap material
**~ с прямы́ми перехо́дами** direct band gap material
**~ с фа́зовым перехо́дом** phase-change material
**~, термоэлектри́ческий** thermoelectric material
**~, токси́чный** toxic material
**~, углеро́дный** carbon material
**~, улучша́ющий сво́йства по́чвы** soil conditioner
**~ фи́рмы Дюпо́н, изоляцио́нный** *фирм.* tyvek
**~, фотоэлектри́ческий** photovoltaic material
**~, цеалитоподо́бный** zeolite-like material
**~, целлюло́зный** cellulosic material

**мат** *м.*:
**~ы, со́лнечные нагрева́тельные** solar heating mats

**ма́трица** *ж.* matrix
**~, электроли́тная** electrolyte matrix

**махови́к** *м.* *(для аккумулирования энергии)* flywheel

**маши́на** *ж.* machine, engine
**~, волнова́я энергети́ческая** wave energy engine
**~ Дарье́** *(ветроустановка)* Darrieus machine
**~, комбини́рованная парова́я** compound engine
**~, многофа́зная колле́кторная** polyphase commutator machine
**~ с ци́клом Бра́йтона, со́лнечная теплова́я** solar Brayton engine
**~, термомагни́тная теплова́я** thermomagnetic heat engine
**мая́к** *м.* lighthouse
**~, необслу́живаемый** unmanned lighthouse
**МГД-генера́тор** *м.* MHD generator
**~, арго́н-це́зиевый** argon-cesium MHD generator
**~, геофизи́ческий** geophysical MHD generator
**~, диагона́льный** diagonal MHD generator
**~ ди́скового ти́па** MHD disk generator
**~, дозвуково́й фараде́евский** subsonic Faraday-type MHD generator
**~, жидкометалли́ческий** liquid metal MHD generator
**~, и́мпульсный** pulsed MHD generator
**~, крупномасшта́бный** large-scale MHD generator
**~, рабо́тающий на проду́ктах сгора́ния у́гля** coal-fired MHD generator
**~ с неравнове́сной пла́змой** nonequilibrium MHD generator
**~ с откры́тым ци́клом** open-cycle MHD generator
**~ со шла́ковой плёнкой** slagging MHD generator
**~ с раке́тной ка́мерой сгора́ния** rocket-driven MHD generator
**~ с я́дерным реа́ктором, ди́сковый** nuclear MHD disk power system
**~ Фараде́я** Faraday MHD generator
**МГД-дви́житель** *м.*:
**~ на морско́й воде́** MHD seawater propulsion system
**~ с при́водом от ветродви́гателя** windmill propulsion
**МГД-кана́л** *м.* MHD channel
**~, диагона́льный** diagonal MHD channel
**~ с возду́шным охлажде́нием** air-cooled MHD channel
**МГД-надстро́йка** *ж.* MHD-topper
**МГД-неусто́йчивость** *ж.*, **резисти́вная** MHD resistive instability
**МГД-систе́ма** *ж.*, **жидкометалли́ческая** liquid metal MHD system
**МГД-тече́ние** *с.* MHD flow
**~ Куэ́тта** MHD Couette flow
**~, осесимметри́чное** axisymmetric MHD flow
**МГД-турбуле́нтность** *ж.* MHD turbulent process
**МГД-устано́вка** *ж.* MHD-engine, magnetodynamic plant
**~ и́мпульсная** pulsed MHD power plant

**медь** *ж.* copper
**междоу́злие** *с. (в кристаллическом полупроводнике)* interstitial
**ме́льница** *ж.* mill
~, **ветряна́я** windmill
**мембра́на** *ж.* membrane
~, **ионообме́нная** ion-exchange membrane
~, **катионообме́нная** cation-exchange membrane
~, **композицио́нная** composite membrane
~, **микропо́ристая** microporous membrane
~, **проводя́щая** conducting membrane
~, **проница́емая** permeation membrane
~, **протонообме́нная** proton-exchange membrane
~, **твёрдоэлектроли́тная** solid electrolyte membrane
~, **тилако́идная** thylakoid membrane
~, **фотосинтези́рующая** photosynthetic membrane
**мени́ск** *м.* meniscus
**мероциани́н** *м.* merocyanine
**ме́сто** *с.* **перегре́ва** *(солнечной батареи)* hot spot
**мета́лл** *м.* metal
~, **остекло́ванный** glassed metal
~, **перехо́дный** transition metal
~, **редкоземе́льный** rare-earth metal
~, **щелочно́й** *(в аккумуляторе)* alkali metal
**мета́лл — диэле́ктрик — полупроводни́к** *м.* metal-insulator-semiconductor
**металлиза́ция** *ж.* metallization
~ **ме́тодом сеткогра́фии** screen-printed metallization
~ **пере́дней пове́рхности** *(солнечного элемента)* front-surface metallization
~ **ты́льной пове́рхности** *(солнечного элемента)* back-surface metallization
**метаногене́зис** *м.*, **термофи́льный** thermophilic methanogenesis
**ме́тод** *м.* method, technique
~, **вольт-ёмкостный** capacitance-voltage technique
~ **вытя́гивания ле́нты** *(полупроводника)* **с испо́льзованием опо́рной сте́нки** ramp-assisted foil casting technique
~ **измере́ния по пове́рхностному фотонапряже́нию** surface photovoltage method
~ **измере́ния по спа́ду фо́тоэдс** open-circuit decay method
~ **коне́чных элеме́нтов** finite element method
~ **леги́рования** doping technique
~ **наиме́ньших квадра́тов** least square method
~ **нанесе́ния диффуза́нта путём погруже́ния в раство́р** paint-on-diffusant method
~ **напра́вленной кристаллиза́ции** technique of directional crystallization
~ **оце́нки разме́ров и сто́имости со́лнечных устано́вок для нагре́ва воды́** solcost

~ **очи́стки электроли́тов** method of purifying electrolytes

~ **переда́чи эне́ргии путём транспортиро́вки мета́на и воды́ с обрати́мой реа́кцией ме́жду ни́ми с образова́нием окси́да углеро́да и водоро́да** Eva-Adam method

~ **произво́дства эне́ргии** method of generating power

~ **распределе́ния тепла́** *(от теплового аккумулятора)* heat-distribution method

~ **расслое́ния при терми́ческом расшире́нии** *(кремния)* TESS [thermal expansion shear separation] technique

~ **расчёта оптима́льных разме́ров** optimal sizing method

~ **регули́рования** *(солнечной батареи)* **по то́ку эта-ло́нного элеме́нта** current-slaved pilot cell method

~ **регули́рования режи́ма разря́да электрохими́ческого элеме́нта** method of monitoring electrochemical cell

~ **ре́зания поло́тнами с закреплённым абрази́вом** *(для солнечных элементов)* fixed abrasive slicing, FAST technique

~ **спа́да фо́тоэдс** photoinduced open-circuit voltage decay method

~ **теплообме́нника** heat exchanger method

~, **четырёхзо́ндовый** four-point method

**мето́дика** *ж.* technique, procedure

~ **ла́зерного скани́рования** laser scanning technique

~ **определе́ния пара́метров** *(солнечных элементов)* parametrization procedure

**механиза́ция** *ж.* mechanization

**механи́зм** *м.* mechanism

~ **деграда́ции** degradation mechanism

~, **кла́панный** valve mechanism

~ **концентра́ции** concentration mechanism

~ **перено́са то́ка, домини́рующий** dominant junction transport mechanism

~ **при́вода со́лнечной батаре́и** solar array drive mechanism

~ **саморазря́да** self-discharge mechanism

~, **туннéльный** tunneling mechanism

**меха́ника** *ж.* mechanics

**микробатаре́я** *ж.* microbattery

~, **твердоте́льная** solid state microbattery

**микрогетеропереxо́д** *м.* microheterojunction

**микрогидроэлектроста́нция, микроГЭС** *ж.* micro-hydro power plant

**микрокли́мат** *м.* microclimate

~, **ме́стный** local microclimate

**микрооргани́змы** *м. мн.*, ме-

**таноге́нные** methane microorganisms

**микросопло́** *с.* micronozzle

~, **инжекцио́нное** injection micronozzle

**микрострукту́ра** *ж.* microstructure

**микроэлектро́д** *м.* microelectrode

**миниэлектроста́нция** *ж.* mini-power plant

**мише́нь** *ж.* target

~, **жи́дкая водоро́дная** liquid hydrogen target

**модели́рование** *с.* modeling

~ **ветрово́й эне́ргии** wind energy modeling

~ **в нерасчётных режи́мах** off-design modeling

~, **компью́терное** computer simulation

~ **прибо́ра** device modeling

~, **стохасти́ческое** stochastic simulation

**моде́ль** *ж.* model

~, **двухзо́нная** *(солнечной радиации)* two-band model

~ **рекомбина́ции Шо́кли — Ри́да** Shockley-Read recombination model

**модифика́ция** *ж.* **электро́да** electrode modification

**мо́дуль** *м.* module

~ **испо́льзующий отражённое излуче́ние, со́лнечный** albedo-collecting solar module

~, **многосекцио́нный фотоэлектри́ческий** multistring photovoltaic module

~ **на осно́ве амо́рфного кре́мния, энергети́ческий** amorphous silicon power module

~ **отража́теля** reflector module

~, **пло́ский со́лнечный** flat-plate solar module

~ **прото́чного редо́кс-аккумуля́тора** redox flow cell stack

~ **с двусторо́нней пове́рхностью, со́лнечный** bifacial solar module

~, **скла́дываемый со́лнечный** stowable [folding] solar module

~ **с концентра́тором, фотоэлектри́ческий** concentrating photovoltaic module

~ **со́лнечной батаре́и** solar array [solar battery] module

~ **с то́чечным фо́кусом, фотоэлектри́ческий** point-focusing photovoltaic module

~, **фотоэлектри́ческий** photovoltaic module

~ **черепи́чной констру́кции, фотоэлектри́ческий** shingle-type photovoltaic module

~ **этало́нных со́лнечных элеме́нтов** pilot cell module

**модуля́ция** *ж.* modulation

~, **амплиту́дная** amplitude modulation

~ **проводи́мости** conductivity modulation

**моле́кула** *ж.* molecule

~, **фотовосстанови́тельная** photoreduced molecule

~, **фотоокисля́ющая** photooxidized molecule

**моме́нт** *м.* *(вращения)* torque

~, **крутя́щий** torque

~, пусково́й крутя́щий starting torque

**моносло́й** *м.* monolayer

**мото́р** *м.* motor

~, **сверхпроводя́щий** superconducting motor

**мо́щность** *ж.* power; capacity

~, **индика́торная** *(двигателя)* indicated horsepower

~ **котла́ в лошади́ных си́лах** boiler horsepower

~ **котла́, теплова́я** boiler rating

~, **максима́льная** maximum power

~ **на валу́** shaft power

~, **передава́емая** transmission power

~, **пи́ковая** peak watt, peak power

~, **расчётная в лошади́ных си́лах** design horsepower

~ **со́лнечного све́та** sunshine power

~ **со́лнечной батаре́и** solar array power

~ **теплообме́нника, теплова́я** capacitance rate

~, **фотоэлектри́ческая** photovoltaic power

~ **фотоэлектри́ческой батаре́и, выходна́я** photovoltaic (power system) output

~, **электри́ческая** electric power

~, **эффекти́вная** *(двигателя)* effective horsepower

**му́тность** *ж.* turbidity

**му́фта** *ж.* sleeve

~, **герметизи́рующая** *(в аккумуляторе)* sealing sleeve

~, **стяжна́я** turnbuckle

# Н

**набо́р** *м.* **чёрных пла́стиковых труб** *(для систем отопления и кондиционирования воздуха)* ABC plastic pipes

**наво́з** *м.* rural excrement, manure

~, **коро́вий** dairy manure

~, **све́жий** fresh dairy manure

~, **свино́й** piggery manure

~, **сухо́й** dry dairy manure

**нагре́в** *м.* heating

~, **допусти́мый** warming-up allowance

~ **с вы́держкой вре́мени** time-lag heating

**нагрева́тель** *м.* heater

~, **аккумули́рующий** storage heater

~, **двухкана́льный** two-outlet heater

~, **двухко́нтурный со́лнечный** double-loop solar heater

~ **с ка́мерой сгора́ния, в кото́рой отходя́щие га́зы сме́шиваются с теплоноси́телем** direct-fired heating unit

~, **со́лнечный** solar heater

**нагру́зка** *ж.* *(электрическая)* load

~, **ба́зовая** *(энергосистем)* baseload

~, **бытова́я** appliance load

~, **годова́я** annual load

~ **зда́ния, теплова́я** building heating load

~ на систе́му охлажде́ния *(здания)* cooling load
~, по́лная охлажда́ющая *(сумма воспринимаемого и скрытого тепла)* total cooling load
~, потре́бная demand load
~, присоединённая connected load
~, расчётная design load
~, расчётная теплова́я design heating load
~ систе́мы кондициони́рования зда́ния building energy ratio
~, теплова́я heating load
~, центра́льная center load

**накло́н** *м. (солнечной установки)* inclination

**наконе́чник** *м.* **для батаре́и, ка́бельный** battery cable termination

**накопле́ние** *с.* accumulation
~ радиацио́нных дефе́ктов accumulation of radiation defects

**нанесе́ние** *с. (напр. плёнок)* printing
~ па́сты ме́тодом сеткогра́фии screenprinting of paste
~ то́лстых плёнок электростати́ческим печа́тным спо́собом thick-film electrostatic printing
~ штрихо́в дифракцио́нной решётки diffraction grating
~, электростати́ческое *(контакта)* electrostatic printing
~, электрохими́ческое *(покрытия)* electroplating

**наполни́тель** *м.* filler
~, проводя́щий conductive filler

**напо́р** *м. (воды)* head
~ ве́тра wind pressure
~, высо́кий high head
~, ни́зкий low head
~, скоростно́й velocity pressure

**напряже́ние** *с.* **1.** *(электрическое)* voltage **2.** stress
~ в (кристалли́ческой) решётке lattice stress
~ Дембе́ра Dember voltage
~, пове́рхностное surface voltage
~ поляриза́ции polarization voltage
~, расчётное design voltage
~, регули́рованное regulated voltage
~, соотве́тствующее то́чке максима́льной мо́щности maximum-power-point voltage
~ фотоэлектри́ческого элеме́нта, обра́тное пробивно́е photovoltaic cell reverse breakdown voltage
~ цепи́ circuit voltage

**насо́с** *м.* pump
~, вертика́льный парово́й vapor-lift pump
~, высокотемперату́рный high-temperature pump
~, геотерма́льный теплово́й geothermal heat pump
~, испо́льзующий тепло́ земли́, теплово́й ground coupled heat pump
~, испо́льзующий теплоту́ воды́, теплово́й water-source heat pump
~, испо́льзующий теплоту́

**во́здуха, теплово́й** air-source heat pump
~, **испо́льзующий теплоту́ гру́нта, теплово́й** ground-source heat pump
~, **испо́льзующий теплоту́ грунто́вых вод, теплово́й** groundwater-source heat pump
~, **металлогидри́дный теплово́й** metal-hydride heat pump
~, **обрати́мый** reverse-running pump
~, **саморегули́руемый теплово́й** self-regulating heat pump
~ **с двумя́ исто́чниками тепла́, со́лнечный теплово́й** dual source solar-assisted heat pump
~, **со́лнечный абсорбцио́нный теплово́й** solar absorption heat pump
~, **со́лнечный диафра́гменный** solar diaphragm pump
~, **со́лнечный теплово́й** solar(-assisted) heat pump
~ **с пита́нием от фотоэлектри́ческой батаре́и, водоподъёмный** photovoltaic water pump
~, **теплово́й** heat pump
~, **теплово́й «вода́ — вода́»** water-to-water heat pump
~, **теплово́й «вода́ — во́здух»** water-to-air heat pump
~, **теплово́й «во́здух — вода́»** air-to-water heat pump
~, **теплово́й «во́здух — во́здух»** air-to-air heat pump
~, **хими́ческий теплово́й** chemical heat pump
~, **центробе́жный** centrifugal pump

**на́трий** *м.* sodium

**не́бо** *с.* sky
~, **ночно́е** night sky
~, **охлажда́ющее ночно́е** cool north sky
~, **се́верное** north sky
~, **холо́дное ночно́е** cold night sky
~, **части́чно о́блачное** partly cloudy sky

**нейтра́льность** *ж.* neutrality
~ **заря́дов** charge neutrality

**нейтро́н** *м.* neutron

**неоднoро́дность** *ж.* inhomogeneity, nonuniformity
~, **вну́тренняя** internal inhomogeneity
~ **пото́ка** flow nonuniformity
~, **электри́ческая** electrical nonuniformity

**несоотве́тствие** *с.* mismatch
~ **решётки** lattice mismatch

**нестехиометри́чность** *ж.* nonstoichiometry

**неусто́йчивость** *ж.* instability

**нефело́метр** *м.* turbidimeter

**нефть** *ж.* oil
~ **из у́гля, синтети́ческая сыра́я** syncrude

**ни́кель** *м.* nickel
~, **четырёхвале́нтный** quadrivalent nickel

**нитри́д** *м.* nitride
~ **кре́мния** silicon nitride
~ **кре́мния, фтори́рованный** fluorinated silicon nitride
~ **ли́тий-алюми́ния** lithium-aluminum nitride
~ **тита́на** titanium nitride

**ни́ша** *ж.* niche
~, **экологи́ческая** ecological niche
**носи́тель** *м. (заряда)* carrier
~ **в ба́зе** base carrier
~, **генери́рованный при поглоще́нии фото́на** photon generated carrier
~, **горя́чий** hot carrier
~, **инжекти́рованный** injected carrier
~, **неосновно́й** minority carrier
~, **основно́й** majority carrier
~, **преоблада́ющий** predominant carrier
~ **то́ка** current carrier
~, **фотовозбуждённый** photoexcited carrier
~, **фотогенери́рованный** photogenerated carrier
**ну́жды** *ж. мн.*:
~, **со́бственные** auxiliaries
~ **со́лнечной электроста́нции, со́бственные** auxiliaries of solar power plant

# О

**обезво́живание** *с.* dewatering, dehydration
~, **абсорбцио́нное** *(спирта)* absorption dehydration
~ **древеси́ны** dehydration of wood
~ **проду́ктов** food dehydration
~ **с по́мощью со́лнечной эне́ргии** solar dehydration
~ **то́плива на осно́ве спи́рта** solvent extraction
**о́бласт/ь** *ж.* region; area; range
~, **взрывоопа́сная** hazardous area
~**и, за́падные** westlands
~, **квазинейтра́льная** quasi-neutral region
~ **поглоще́ния фото́нов** photon-absorbing region
~ **примене́ния** application range
~ **прозра́чная фронта́льная** transparent frontal area
~ **простра́нственного заря́да** space-charge region
~ **с контроли́руемым ка́чеством во́здуха** air-quality control region
~ **фотоэлектри́чества** photovoltaic field
~ **электри́ческого по́ля** electric field region
*n*-~ *n*-region
*p*-~ *p*-region
**о́блачность** *ж.* sky cover
~, **сре́дняя** mean sky cover
~, **сумма́рная дневна́я** total sky cover
**облицо́вка** *ж.* lining
~, **термосто́йкая** high-refractory lining
**обме́н** *м.* exchange
~, **ио́нный** ion exchange
~ **электро́нами** electron exchange
**обогаще́ние** *с.* **ура́на** uranium enrichment
**оболо́чка** *ж.* envelope; mantle; enclosure
~ **зда́ния** building envelope
~, **керами́ческая** ceramic mantle

~, **надувна́я** balloon
~, **полиме́рная** polymeric enclosure
**обору́дование** *с.* equipment
~ **для фотоэлектри́ческих измере́ний** photovoltaic measurement equipment
~, **фотоэлектри́ческое** photovoltaic equipment
**обрабо́тка** *ж.* processing, treatment, curing
~, **анаэро́бная** anaerobic treatment
~, **высокотемперату́рная** high-temperature curing
~ **отхо́дов** *(в воде)*, **фи́нишная** advanced waste treatment
~, **плазмохими́ческая** plasmachemical treatment
~ **сто́чных вод** wastewater treatment
~ **сто́чных вод, анаэро́бная конта́ктная** anaerobic contact wastewater treatment
~, **теплова́я** heat treatment
**образе́ц** *м.* sample
**образова́ние** *с.* formation
~ **дивака́нсий, уско́ренное** enhancement in divacancy production
~ **дислока́ций** dislocation formation
**обслу́живание** *с.* maintenance
**обтека́ние** *с.* flow
~, **нестациона́рное** unsteady flow
**обши́вка** *ж.* **скв́ажины** well casing
**О́бщество** *с.*:
~, **со́лнечной эне́ргии, Междунаро́дное** International Solar Energy Society, ISES
**объе́кт** *м.* object
~, **лета́ющий со́лнечный** flying solar object
**объём** *м.* volume
~ **биома́ссы, по́лный** total biomass volume
~ **зёрен** grain volume
~ **печи́** furnace volume
~, **поле́зный** useful volume
**огражде́ние** *с.*:
~, **солнцезащи́тное** solar douser
**ограниче́ние** *с.* limitation
~, **энергети́ческое** energy limitation
**Оже́-спектроскопи́я** *ж.* Auger spectroscopy
~, **электро́нная** Auger electron spectroscopy
**о́зеро** *с.* lake
~, **со́лнечное** solar lake
**окисле́ние** *с.* oxidation
~, **ано́дное** anodic oxidation
~, **биологи́ческое** biological oxidation
~, **вну́треннее** internal oxidation
~ **мета́на** oxidation of methane
~, **прямо́е** direct oxidation
~, **электрохими́ческое** electrochemical oxidation
**окисли́тель** *м.* oxidant, oxidizer
**окно́** *с.* window
~, **открыва́ющееся в кры́ше** skylid
~ **с жалюзи́, венециа́нское** venetian blind window
~, **черда́чное** skylight
~, **чувстви́тельное к со́л-**

нечному излуче́нию sun sensitive window
**оксиани́он** *м.* oxyanion
**окси́д** *м.* oxide
~ **и́ндия и о́лова** indium-tin oxide, ITO
~ **ма́гния** magnesium oxide
~ **мета́лла** metal oxide
~ **о́лова, леги́рованный фто́ром** fluorine doped tin oxide
~ **редкоземе́льных элеме́нтов** rare-earth oxide
~ **свинца́** lead oxide
~ **те́рбия** terbium oxide
~ **углеро́да** carbon monoxide; *pl* carbon oxides
~, **хлорсодержа́щий** chlorine-containing oxide
**опа́лубка** *ж.* decking
**опа́сность** *ж.* hazard
~ **для здоро́вья** health hazard
**опера́тор** *м.* operator
~, **круглосу́точный** around-the-clock operator
**опо́ра** *ж.* support
~ **со́лнечной пане́ли** solar panel support
~, **структу́рная** *(солнечной установки)* structural support
**определе́ние** *с.*:
~ **разме́ров и пара́метров со́лнечной бытово́й устано́вки для горя́чего водоснабже́ния** hot water sizing
~ **спектра́льной характери́стики имита́тора** simulator spectral characterization
~ **характери́стик** performance prediction
**опресне́ние** *с.* distillation
~ **морско́й воды́, со́лнечное** solar sea-water desalination
~, **со́лнечное** solar distillation
**опресни́тель** *м.* distiller, still
~ **бассе́йнового капилля́рного ти́па, со́лнечный** wick-basin solar still
~ **бассе́йнового ти́па, со́лнечный** basin-type solar distiller
~, **двухбассе́йновый со́лнечный** double-basin solar still
~, **многоступе́нчатый со́лнечный** multieffect solar still
~, **накло́нный со́лнечный** tilted solar still
~, **со́лнечный** solar distiller, solar still
~ **фити́льного ти́па, со́лнечный** wick-type solar still
**о́птика** *ж.* optics
~ **ли́нзы** lens optics
~ **Френе́ля** Fresnel optics
**оптимиза́ция** *ж.* **разме́ров** *(напр. солнечной установки)* sizing
**ориента́ция** *ж.* orientation
~ **зда́ния** *(на юг)* building orientation
~, **оптима́льная** optimum orientation
~ **пове́рхности разде́ла** interface orientation
~ **стены́** *(здания)* wall orientation
~, **ю́жная** south facing
**оса́док** *м.* cake
~ **на фи́льтре** *(после фильтрации)* filter cake
**осажде́ние** *с.* deposition

~ **из га́зовой фа́зы, фотохими́ческое** photochemical vapor deposition
~ **из га́зовой фа́зы, хими́ческое** chemical vapor deposition
~ **из паро́в металлоргани́ческих соедине́ний, хими́ческое** metalorganic chemical vapor deposition, MOCVD
~, **ио́нно-лучево́е** ion-beam deposition
~ **металлоргани́ческих соедине́ний из га́зовой фа́зы** metalorganic chemical vapor deposition, MOCVD
~, **неэлектрохими́ческое** ele-ctroless deposition
~, **пла́зменное** plasma-enhanced deposition
~ **при ни́зком давле́нии** low-pressure deposition
~, **реакти́вное** reactive deposition
~, **электрохими́ческое** electrochemical deposition, electrodeposition

**осветле́ние** *с. (воды)* clarification

**освеще́ние** *с.* illumination
~, **двусторо́ннее** bifacial illumination
~, **неоднoро́дное** nonuniform illumination
~, **охра́нное** security light
~ **пото́ком высо́кой интенси́вности** high-flux illumination
~ **с высо́кой интенси́вностью** high-intensity illumination
~, **со́лнечное** solar illumination
~ **с фотоэлектри́ческим исто́чником электропита́ния, охра́нное** photovoltaic (powered) security light
~, **фотоэлектри́ческое** photovoltaic illumination

**освещённость** *ж. (солнечного элемента)* irradiance
~ **пере́дней пове́рхности, энергети́ческая** front irradiance
~ **ты́льной пове́рхности, энергети́ческая** back irradiance

**осно́вы** *ж. мн.* **преобразова́ния со́лнечной эне́ргии** fundamentals of solar energy conversion

**оста́ток** *м.*:
~, **по́лный сухо́й** total solids

**остекле́ние** *с.* glazing
~, **двойно́е** double glazing
~, **двойно́е гермети́чное** sun-a-therm *(фирмы "AGS Industries Inc.„, США)*
~, **одина́рное** single glazing
~ **со́лнечных помеще́ний** sunspace glazing
~, **тройно́е** triple glazing

**острово́к** *м.* island
~, **сверхто́нкий металли́ческий** ultrafine metal island

**осуши́тель** *м.* dehumidifier
~, **жи́дкий** liquid desiccant
~, **со́лнечный** solar dehumidifier, solar dehydrator

**ось** *ж.* **1.** *(геометрическая)* axis **2.** *(физическая; вал)* shaft
~, **вертика́льная** vertical axis
~, **горизонта́льная** horizontal axis

~ ры́сканья yaw axis
~ экли́птики ecliptic axis
**отго́нка** *ж.* **лёгких фра́кций** topping
**о́тжиг** *м.* annealing
~ в жи́дкой фа́зе liquid-phase annealing
~, взрывно́й burst annealing
~ дефе́ктов defect annealing
~, и́мпульсный pulsed annealing
~, ла́зерный laser annealing
~ некогере́нтным све́том incoherent light annealing
~, непреры́вный continuous annealing
~, низкотемперату́рный периоди́ческий *(со́лнечного элеме́нта)* low-temperature periodic annealing
~, обрати́мый reverse annealing
~, опти́ческий optical quenching
~ радиацио́нных дефе́ктов *(в полупроводниках)* radiation damage annealing
~ с по́мощью светово́й вспы́шки flash annealing
~, терми́ческий thermal annealing
~, уско́ренный accelerated annealing
~ электро́нным пучко́м, и́мпульсный electron pulsed beam [pulsed electron-beam] annealing
**отклоне́ние** *с.* yaw
**отключе́ние** *с. (напр. систе́мы)* shutdown
**отложе́ние** *с.* scaling
~ силика́тов ма́гния magnesium-silicate scaling
~, твёрдое solid deposition
**отноше́ние** *с.* ratio
~ высоты́ к диа́метру *(ветровой электростанции)* height-diameter ratio
~ мо́щности по́лных тепловы́х потéрь в зда́нии к ра́знице вну́тренней и нару́жной температу́р building overall heat loss rate
~ пло́щади к объёму *(здания)* surface-to-volume ratio
~ пло́щади пове́рхности лопасте́й к фронта́льной пло́щади ветроколеса́ solidity
**отопле́ние** *с.* heating
~, автоматизи́рованное automatic heating
~, водяно́е water heating
~ до́ма house heating
~, принуди́тельное возду́шное forced-air heating
~ с промежу́точным поглоще́нием и перераспреде́лением эне́ргии, со́лнечное indirect solar gain
~, центра́льное district heating
**отравле́ние** *с.* poisoning
~ монооки́сдом углеро́да carbone monoxide poisoning
**отража́тель** *м.* reflector
~, вне́шний external reflector
~, вну́тренний internal reflector
~, ги́бкий со́лнечный flexible solar reflector
~, диффу́зный diffusing reflector
~, моза́ичный стекля́нный mosaic glass reflector

~, **надувно́й** balloon reflector
~ **неосновны́х носи́телей** minority carriers mirror
~, **орбита́льный** orbital reflector
~, **параболи́ческий** parabolic reflector
~, **перви́чный** primary reflector
~, **пло́ский** planar reflector
~, **повреждённый микрометеори́тами, со́лнечный** impact-damaged solar reflector
~, **при́зменный со́лнечный** prismatic solar reflector
~, **прозра́чный теплово́й** transparent heat reflector
~ **со следя́щим поглоти́телем, стациона́рный** stationary reflector with tracking absorber
~, **сохраня́ющий изображе́ние** *(объекта)* reflecting imager
~, **сфери́ческий** spherical reflector
~, **ты́льный** back(-surface) reflector
~, **цилиндри́ческий** cylindrical reflector
~ **электромагни́тного излуче́ния** electromagnetic radiation reflector

**отраже́ние** *с.* reflection
~, **вне́шнее** external reflection
~, **вну́треннее** internal reflection
~, **многокра́тное** multiple reflection
~, **опти́ческое** optical reflectance
~ **от Земли́** ground reflection
~, **пове́рхностное** veiling reflection
~, **по́лное вну́треннее** *(света)* total internal reflection
~, **со́лнечное** solar reflection
~, **спектра́льное** spectral reflectance

**отсто́й** *м.* sludge

**отхо́ды** *мн.* residues, waste
~, **бытовы́е** municipal waste
~, **вре́дные** hazardous waste
~, **древе́сные** forestry waste
~ **животново́дства** animal waste
~ **лесозаготовок** forest harvest residue
~ **морски́х во́дорослей** seaweed waste
~, **муниципа́льные твёрдые** municipal solid waste
~ **перерабо́тки фру́ктов** fruit-processing waste
~, **пищевы́е** food waste
~, **промы́шленные** industrial waste
~ **с высо́ким содержа́нием золы́, сельскохозя́йственные** high-ash agricultural waste
~, **сельскохозя́йственные** agricultural waste
~ **таба́чной промы́шленности** tobacco residues
~ **тома́тного произво́дства** tomato-processing waste
~, **хими́ческие** chemical waste

**охлажде́ние** *с.* cooling, refrigeration
~, **абсорбцио́нное** absorption refrigeration

~, вну́треннее *(при сжатии газа)* intercooling
~, испари́тельное evaporative cooling
~, принуди́тельное forced cooling
~, со́лнечное solar refrigeration
оце́нка *ж.* evaluation, rating, assessment, estimation
~ ветровы́х ресу́рсов wind resources assessment
~ на осно́ве двухýровневой ма́рковской моде́ли *(в солнечной энергосистеме)* two-state Marcovian estimation
~ сто́имости *(системы)* за срок слу́жбы life cycle costing
~, те́хнико-экономи́ческая technoeconomic assessment
~ уста́лостной про́чности fatigue prediction
очи́стка *ж.* purification
~, анаэро́бная anaerobic depuration
~, диффузио́нная *(водорода)* diffusion purification
~, фракцио́нная *(при перегонке)* fractional distillation
оши́бка *ж.* слеже́ния tracking error

# П

паде́ние *с.* incidence
~ напряже́ния в ли́нии (электропереда́ч) line drop
паке́т *м.* stack
~ электро́дов, зигзагообра́зно сло́женный accordion folded electrode assembly
~ элеме́нтов cell stack
пане́ль *ж.* panel
~, испо́льзующая отражённое излуче́ние albedo collecting panel
~, колле́ктора для поглоще́ния со́лнечной эне́ргии solar (energy) collecting panel
~, отража́ющая reflector panel
~, пло́ская двусторо́нняя *(солнечных элементов)* flat bifacial panel
~, потоло́чная ceiling panel
~, складна́я со́лнечная folding solar panel
~, следя́щая пло́ская со́лнечная tracking flat solar panel
~, со́лнечная solar panel
~, со́лнечная гофриро́ванная solar corrugation panel
~, со́лнечная отопи́тельная solar heating panel
~ со́лнечной батаре́и subarray
~ с регули́руемым напряже́нием (заря́да), со́лнечная self-regulating voltage solar panel
~, тру́бчатая tubular panel
~ ю́жной ориента́ции, со́лнечная south facing solar panel
пар *м.* steam, vapor
~, водяно́й water vapor
~, высокотемперату́рный водяно́й high-temperature steam

**~, геотерма́льный** *(из-под поверхности земли)* geothermal steam
**~, перегре́тый** superheated steam
**~, сухо́й** dry steam
**па́ра** *ж.* couple, coupling; pair
**~, гальвани́ческая** galvanic coupling
**~, генери́рованная** generated pair
**~ электро́дов, уча́ствующая в реа́кции восстановле́ния-окисле́ния** redox couple
**~, электро́нно-ды́рочная** electron-hole pair
**~, электрохими́ческая** electrochemical couple
**парабoло́ид** *м.* paraboloid
**параболоцили́ндр** *м.* parabolic trough
**пара́метр** *м.* parameter
**~ глубо́ких лову́шек** deep trap parameter
**~, кинети́ческий** kinetic parameter
**~, термоакусти́ческий** thermoacoustic parameter
**парк** *м.* park
**~, ветрово́й** wind park
**парогенера́тор** *м.* steam [vapor] generator
**~, водоро́дно-кислоро́дный** hydrogen-oxygen steam generator
**~, малоинерцио́нный со́лнечный** low-inertia solar vapor generator
**~, со́лнечный** solar vapor generator
**паротурбогенера́тор** *м.* **с за́мкнутым ци́клом** closed-cycle vapor turbogenerator
**партнёрство** *с.* partnership
**~, ограни́ченное** limited partnership
**паспортиза́ция** *ж.* certification
**~ со́лнечных элеме́нтов** solar cell certification
**пасса́т** *м.* *(ветер)* trade wind
**пассива́ция** *ж.* passivation
**~ грани́ц зёрен** passivation of grain boundaries
**~ дефе́ктов** defect passivation
**па́ста** *ж.* paste
**~ окси́да свинца́** lead-oxide paste
**~, отверждённая** cured paste
**~ положи́тельного электро́да** positive paste
**пе́на** *ж.* scum, foam
**переда́ча** *ж.* transmission, transfer
**~ по сверхвысоково́льтным ли́ниям** *(более 800 кВ)* ultrahigh voltage transmission
**~ тепла́** heat transmission
**~ электри́ческой эне́ргии** electric power transmission
**~ эне́ргии** energy transmission
**~ эне́ргии без поте́рь** dissipationless power transmission
**передвиже́ние** *с.* **веще́ств** *(в растении)* translocation
**перезаряжа́емость** *ж.* rechargeability
**переме́на** *ж.* **ве́тра** veer of wind
**перенапряже́ние** *с.* overvoltage, overpotential

~ **выделе́ния кислоро́да** oxygen overpotential

**перено́с** *м.* transport, transfer

~ **водоро́да** hydrogen transfer

~ **в** *p* — *n*-**перехо́де** junction transport

~, **диффузио́нный** diffusion transport

~ **заря́да** charge transfer

~, **ио́нный** ion transport

~ **носи́телей** carrier transport

~ **тепла́** thermal transport

~ **то́ка** current transport

~ **фотоэлектро́нов** photoelectron transfer

~ **электро́на** electron transfer

~, **электро́нный** electronic transport

~ **электро́нов, фотоинду-ци́рованный** photoinduced electron transfer

**переполюсо́вка** *ж.* **элеме́нта** cell voltage reversal

**перерабо́тка** *ж.* treatment, processing; digestion; conversion

~, **анаэро́бная** anaerobic digestion

~ **биома́ссы, безотхо́дная** biomass refinery

~, **двухфа́зная анаэро́бная** two-phase anaerobic digestion

~ **отхо́дов, биологи́ческая** bioconversion of wastes

~, **пиролити́ческая** pyrolytic conversion

~, **полунепреры́вная анаэ-ро́бная** semi-continuous digestion

~ **помёта пти́цы** poultry manure digestion

~ **ры́бы** fish processing

~ **шла́ка** sludge treatment

**перераспредели́тель** *м.* **из-луче́ния** radiation distributer

**перестро́йка** *ж.* **со́бствен-ных дефе́ктов** rearrangement of intrinsic defects

**перехо́д** *м.* junction

~ **в жи́дкое состоя́ние** liquefaction

~ **в со́лнечном элеме́нте** cell junction

~, **дио́дный** diode junction

~, **диффузио́нный** diffused junction

~, **изоти́пный** isotype junction

~, **индуци́рованный** induced junction

~, **ме́лкий** shallow junction

~ **мета́лл — полупровод-ни́к** metal-semiconductor junction

~, **мно́жественный** multijunction

~ **полупроводни́к — элек-троли́т** semiconductor-electrolyte junction

~ **с пове́рхностным барье́-ром** surface barrier junction

~, **тунне́льный** tunneling junction

~, **фа́зовый** phase change, phase transfer, phase transformation, phase transition

*p* — *n*-~ junction

*p* — *n*-~ **в твёрдом те́ле** solid-state junction

*p* — *n*-~, **жи́дкий** liquid junction

*p* — *n*-~, **изгото́вленный ме́тодом ла́зерной обрабо́тки** laser-processed junction
*p* — *n*-~, **несимметри́чный** asymmetric junction
*p* — *n*-~, **одино́чный** single junction
*p* — *n*-~, **плана́рный** planar junction
*p* — *n*-~, **ре́зкий** step junction
*p* — *n*-~, **фотоэлектри́ческий** photovoltaic junction
**переходни́к** *м.* adapter
~ **аккумуля́тора** battery adapter
**пери́од** *м.* **ро́ста** *(растений)* growing season
**перокси́д** *м.* **водоро́да** hydrogen peroxide
**перфора́ция** *ж.* perforation
~, **цилиндри́ческая** circular perforation
**перфторсульфоними́д** *м.* perfluorosulfonimide
**перхлора́т** *м.* perchlorate
**песо́к** *м.* sand
**петля́** *ж.* *(в трубопроводе)* **для компенса́ции лине́йного расшире́ния** expansion loop
**печь** *ж.* furnace; oven; stove; kiln
~ **возду́шного отопле́ния** warm air furnace
~, **высокотемперату́рная со́лнечная** high-temperature solar furnace
~, **двухзерка́льная со́лнечная** two-stage solar furnace
~ **для сжига́ния дров** wood burning stove
~ **для су́шки** kiln
~, **дугова́я** arc furnace
~, **ка́мерная** box stove
~ **ка́мерного ти́па, со́лнечная ку́хонная** box-type solar cooker
~ **каталити́ческого сжига́ния, водоро́дная** hydrogen catalytic combustion cooker
~, **многоцелева́я со́лнечная ку́хонная** multipurpose solar cooker
~, **мусоросжига́тельная** incinerator
~, **со́лнечная** solar furnace, solar oven
~, **со́лнечно-дровяна́я суши́льная** solar/wood energy kiln
~ **с параболо́идными зеркала́ми, опти́ческая** image furnace
~, **суши́льная** desiccator
~, **электри́ческая** electric furnace
**пигме́нт** *м.* pigment
~, **фотосинтети́ческий** photosynthetic pigment
**пик** *м.* peak
~ **зи́мний** *(максимальная нагрузка электрических или тепловых систем)* winter peak
~ **со́лнечной радиа́ции, дневно́й** daily insolation peak
**пирано́метр** *м.* pyranometer
~, **многосе́нсорный** multisensor pyranometer
~ **с температу́рной компенса́цией** loss-compensated radiometer
**пиргелио́метр** *м.* pyrheliometer

**~, фотоэлектри́ческий** photovoltaic pyrheliometer

**пиро́лиз** *м. (при получении кремния)* pyrolysis

**~, бы́стрый** fast pyrolysis

**~, стру́йный** spray pyrolysis

**пита́тель** *м.* feeder

**плавле́ние** *с.* fusion

**плаву́честь** *ж.* buoyancy

**пла́зма** *ж.* plasma

**~, возду́шная** air plasma

**~, косми́ческая** space plasma

**~ проду́ктов сгора́ния с приса́дкой** seeded combustion plasma

**пла́мя** *с.* flame

**~, водоро́дно-кислоро́дное** hydrogen-oxygen flame

**плани́рование** *с.* planning

**~ ме́стности с учётом влия́ния со́лнечной эне́ргии на отопле́ние и зате-не́ние зда́ний** heliothermic planning

**~, энергети́ческое** energy planning

**планта́ция** *ж.* plantation

**~ древе́сной биома́ссы** woody biomass plantation

**~ из быстрорасту́щих де-ре́вьев, энергети́ческая** silvicultural farm

**~ лесно́й биома́ссы** forest biomass plantation

**~, приро́дная** wild plantation

**~ с густо́й поса́дкой** high-density plantation

**~, энергети́ческая** energy plantation

**пласти́на** *ж.* plate, wafer

**~, графи́товая сепара́тор-ная** graphite separator plate

**~, испо́льзованная** scrap wafer

**~ колле́ктора** collector plate

**~, композитная сепара́тор-ная** composite separator plate

**~, кре́мниевая** silicon wafer

**~ криста́лла, вы́ращенно-го ме́тодом Чохра́льского** Czochralski wafer

**~, отрица́тельная** *(в аккумуляторе)* negative plate

**~, пло́ская** flat plate

**~, поглоща́ющая** absorber plate

**~, покро́вная** cover plate

**~, положи́тельная** *(в аккумуляторе)* positive plate

**~, по́ристая газораспреде-ли́тельная** *(в топливном элементе)* porous gas distribution plate

**~, сепара́торная** separator plate

**~, тру́бчатая положи́тель-ная** *(электрода)* tubular positive plate

**пла́тина** *ж.* platinum

**плёнка** *ж.* film

**~ амо́рфного кре́мния, ле-ги́рованного хло́ром** amorphous clorinated film

**~, диэлектри́ческая** dielectric film

**~ из со́бственного полу-проводника́** intrinsic film

**~ из твёрдого электроли́та** solid electrolyte sheet

**~ кре́мния, самоподде́р-живающаяся** *(отслаиваемая от подложки)* self-supporting silicon film

**~, леги́рованная** doped film

~, **модифици́рованная** modified film

~, **нанесённая ме́тодом распыле́ния** spray deposited film

~ **напылённая под угло́м** *(к подложке)*, **то́нкая** obliquely deposited thin film

~, **нефтяна́я** oil film

~ **окси́да о́лова** *(для солнечных установок)* tin oxide film

~ **окси́дов и́ндия и о́лова** *(для солнечных установок)* indium-tin oxide film

~, **осаждённая в ва́кууме** vacuum-evaporated film

~, **отража́ющая** reflecting film

~, **полу́ченная ме́тодом электро́нно-лучево́го испаре́ния** electron-beam evaporated film

~, **поляризо́ванная** polarized film

~, **проводя́щая** conducting film

~, **прозра́чная** transparent film

~, **просветля́ющая** antireflection film

~ **с ма́лой концентра́цией дефе́ктов** low-defect film

~, **то́лстая** thick film

~, **электроосаждённая** electrodeposited film

**пло́скость** *ж.* plane

~ **двойникова́ния** *(в кристалле)* twin plane

~ **приёмника** *(концентратора)* receiver plane

~, **фока́льная** *(концентратора)* focal plane

~ **111 (кристаллографи́ческая)** 111 plane

**пло́тность** *ж.* density

~ **заря́да** charge density

~ **неравнове́сных носи́телей** nonequilibrium carrier density

~ **обра́тного то́ка насыще́ния со́лнечного элеме́нта** junction saturation current density

~, **объёмная** bulk density

~ **отражённого пото́ка** reflected flux density

~ **па́дающего пото́ка излуче́ния, пове́рхностная** incident irradiance

~ **па́ра** vapor density

~ **пото́ка** *(излучения)* flux density

~ **пото́ка излуче́ния, пове́рхностная** irradiance

~ **пото́ка излуче́ния, фикси́рованная пове́рхностная** fixed irradiance

~ **пото́ка прямо́го излуче́ния, пове́рхностная** direct irradiance

~ **пото́ка рассе́янного излуче́ния, пове́рхностная** diffuse irradiance

~ **пото́ка со́лнечного излуче́ния** solar radiant flux density

~ **пото́ка со́лнечного излуче́ния, пове́рхностная** solar irradiance

~ **пото́ка со́лнечного излуче́ния, спектра́льная** spectral irradiance

~ **пото́ка сумма́рного со́лнечного излуче́ния на горизонта́льной пове́рхности** global solar irradiance

~ **пото́ка сумма́рного со́лнечного излуче́ния на накло́нной пове́рхности** total solar irradiance

~ **пото́ка электро́нов, спектра́льная** spectral photon irradiance

~ **размеще́ния гелиоста́тов** *(отношение суммарной площади отражателей к площади поля гелиостатов)* heliostat packing density

~ **состо́яний** density of states

~ **состо́яний в запрещённой зо́не** density of gap states

~ **состо́яний на грани́це зёрен** grain boundary states density

~ **фотото́ка** photocurrent density

~ **эне́ргии** energy density

**пло́ттер** *м.* **для за́писи характери́стик со́лнечного элеме́нта** solar cell characteristics plotter

**пло́щадь** *ж.* area

~ **колле́ктора, о́бщая** gross collector area

~, **о́бщая** *(солнечной установки)* gross area

~ **попере́чного сече́ния** *(плоского коллектора)*, **по́лная** gross cross-sectional area

~, **свобо́дная** free area

~ **фока́льного пятна́** focus [focal spot] area

~ **фока́льного пятна́, геометри́чески рассчи́танная** geometrically projected focal spot area

**поведе́ние** *с.* **электрохими́ческое** electrochemical behavior

**пове́рхность** *ж.* surface

~, **акти́вная пере́дняя** active front surface

~, **высо́кая уде́льная** high surface area

~ **для конвекти́вной переда́чи тепла́** convector

~, **зерка́льная** mirrored surface

~, **нагрева́емая** heated surface

~ **нагре́ва котла́** boiler heating surface

~, **на кото́рую па́дает излуче́ние** light-incident surface

~ **на осно́ве «чёрного» хро́ма** *(для солнечного коллектора)* black chrome surface

~ **непрямо́го нагре́ва** indirect heating surface

~, **опти́ческая из «чёрного» ко́бальта** optically black cobalt surface

~, **освеща́емая** exposed [illuminated] surface

~, **отража́ющая** reflective surface

~, **пере́дняя** front [upper] surface

~, **поглоща́ющая** absorbing surface

~, **посеребрённая** *(солнечного отражателя)* silvered surface

~ **разде́ла** interface

~ **разде́ла полупроводни́к — электроли́т** semiconductor-electrolyte interface

~ **разде́ла со́лнечный эле-**

мéнт — вóздух solar cell-air interface
~ раздéла твёрдое тéло — жи́дкость solid/liquid interface, SLI
~ с гетеропереходóм *(солнечного элемента)*, лицевáя heteroface
~, селекти́вная selective surface
~, селекти́вная поглощáющая *(приёмника солнечного излучения)* selective absorbing surface
~ сóлнечного мóдуля solar module surface
~ сóлнечного элемéнта, пóлная solar cell area
~ сóлнечной батарéи solar array surface
~, текстури́рованная texturized surface
~, ты́льная back surface
~, фокуси́рующая focusing surface
~, чёрная селекти́вная black selective surface

**поворóт** *м.* **от вéтра** turn-out of the wind

**повреждéни/е** *с.* damage
~ в кóсмосе *(солнечного элемента)*, радиациóнное space radiation damage
~я, вы́званные горя́чими электрóнами hot-electron damages
~, радиациóнное radiation damage

**повышéние** *с.*:
~ кáчества крéмния upgradation of silicon
~ эффекти́вности óтжига enhanced annealing

**поглоти́тель** *м.* absorber
~, вакууми́рованный vacuum absorber
~ змеевикóвого ти́па serpentine-flow absorber
~, металлокерами́ческий фототерми́ческий cermet photothermal absorber
~ на оснóве окси́да мéди oxidized copper absorber
~ на оснóве теплово́й трубы́ heat-pipe absorber
~ на оснóве «чёрного» молибдéна black molybdenum absorber
~ на оснóве «чёрного» ни́келя, селекти́вный black nickel selective absorber
~ на оснóве чи́стых метáллов pure-metal absorber
~, неселекти́вный nonselective absorber
~, низкотеплопровóдный poorly conducting absorber
~, пьезоэлектри́ческий piezoelectric absorber
~, селекти́вный selective absorber
~, следя́щий tracking absorber
~ сóлнечной энéргии solar energy absorber
~, сóлнечный solar absorber
~ теплá heat sink
~, трёхгрáнный triangular absorber
~, трýбно-пласти́нчатый tube-in-plate absorber
~, трýбчатый tubular absorber
~, ты́льный backwall absorber
~, углерóдный сóлнечный carbonaceous solar absorber
~, чёрный black absorber

**поглоща́емость** *ж.* absorbability
**поглоще́ние** *с.* absorption
~, **вну́треннее** intersubband absorption
~ **водоро́да** hydrogen absorption
~ **на свобо́дных носи́телях** free-carrier absorption
~, **непрямо́е опти́ческое** indirect optical absorption
~, **опти́ческое** optical absorption
~, **паразú́тное** parasitic absorption
~, **прямо́е** direct absorption
~, **прямо́е опти́ческое** direct optical absorption
~ **со́лнечной эне́ргии** solar energy absorption
**подавле́ние** *с.* suppression
~ **конве́кции** convection suppression
~ **шу́ма** noise suppression
**подви́жность** *ж.* *(носителей заряда)* mobility
~, **ни́зкая** low mobility
~ **носи́телей (заря́дов)** carrier mobility
~, **хо́лловская** Hall mobility
**подло́жка** *ж.* substrate
~, **امо́рфная** amorphous substrate
~, **дефе́ктная** defected substrate
~ **для тонкоплёночного со́лнечного элеме́нта** thin-film solar substrate
~ **из кре́мния** silicon substrate
~ **из стекла́** glass substrate
~ **из углеро́дной бума́ги** *(в электроде топливного элемента)* carbon backing paper
~, **иноро́дная** foreign substrate
~, **кристалли́ческая** crystalline substrate
~, **многосло́йная** multilayer substrate
~, **мулли́товая** mullitic substrate
~, **некристалли́ческая** non-crystalline substrate
~, **отража́ющая дифракцио́нная** reflecting grating substrate
~, **покры́тая окси́дом о́лова** tin-oxide coated substrate
~, **поликристалли́ческая** multicrystalline substrate
~, **полиме́рная** polymer substrate
~, **проводя́щая** conducting substrate
~, **прозра́чная проводя́щая** light transmitting conductive substrate
~, **радиацио́нно-сто́йкая** radiation-resistant substrate
~, **спечённая** sintered substrate
~ **с псевдоожи́женным [кипя́щим] сло́ем** fluidized-bed substrate
~, **терми́чески отожжённая** thermally annealed substrate
~, **электро́дная** electrode substrate
**подсисте́ма** *ж.* subsystem
~, **вспомога́тельная энергети́ческая** auxiliary energy subsystem
~ **для измере́ния характе-**

ри́стик луча́, отражённого от гелиоста́та beam characterization subsystem

~ колле́ктор — концентра́тор collector/concentrator subsystem

~, колле́кторная collector subsystem

~, регули́рующая control subsystem

**подсло́й** *м.* undercoat

**по́езд** *м.* train

~, **антигравитацио́нный** antigravity train

~ **на магни́тной поду́шке** magnetically levitated train

**пожа́р** *м.* fire

~, **лесно́й** forestal fire

**показа́тель** *м.* **(сте́пени)** index

~ **дискомфо́рта** discomfort index

**покро́в** *м.* cover

~ **не́ба, о́блачный** cloud cover

**покры́тие** *с.* coating; cover

~, **двухсло́йное селекти́вное** double-layer selective coating

~ **диэле́ктрик — мета́лл — диэле́ктрик, многосло́йное** multilayer dielectric-metal-dielectric coating

~ **для спектра́льного увеличе́ния интерва́ла длин волн** wave-length-shifting coating

~, **защи́тное** protective cover

~ **из мно́жества линз** *(солнечного коллектора)* multiple lens cover

~ **мета́ллом** plating

~, **многосло́йное** multiple coating

~ **на земле́** *(из травы и растений)* ground cover

~ **на осно́ве окси́да ко́бальта** cobalt oxide coating

~ **на осно́ве окси́дов мета́ллов** metal oxide coating

~ **на осно́ве «чёрного» хрома** black chromium coating

~, **опти́ческое** optical coating

~, **поглоща́ющее** absorptive coating

~, **полу́ченное ме́тодом центрифуги́рования** spin-on coating

~ **по углу́ паде́ния** *(света)*, **селекти́вное** angular selective coating

~, **просветля́ющее** antireflective coating

~, **селекти́вное** selective coating

~ **с ма́лым коэффицие́нтом излуче́ния** low-emittance coating

~, **спектра́льное селекти́вное** spectrally selective coating

~ **с углово́й селекти́вностью** *(коэффициента пропускания)*, **око́нное** angular selective window coating

~, **теплоотража́ющее** heat reflecting coating

~, **фототерми́ческое** photothermal coating

~, **шерохова́тое** roughened coating

~, **электрохро́мное** electrochromic coating

**по́ле** *с.* field

**~, встро́енное (электри́ческое)** built-in field
**~ гелиоста́тов** heliostat field
**~, дре́йфовое** drift field
**~ излуче́ния** irradiation field
**~, индуци́рованное** induced field
**~, индуци́рованное заря́дом в окси́де** oxide-charge-induced field
**~, магни́тное** magnetic field
**~, многоме́рное электри́ческое** multidimensional electric field
**~ на ты́льной пове́рхности** back surface field
**~ на фронта́льной пове́рхности обеднённого сло́я** depletion layer field
**~, попере́чное магни́тное** transverse magnetic field
**~, пульси́рующее магни́тное** pulsation magnetic field
**~ распределённых колле́кторов** distributed collector field
**~ со́лнечных батаре́й** solar array field
**~, температу́рное** temperature field
**~ тече́ния** flow field
**~ фотоэлектри́ческих батаре́й** photovoltaic array field
**~ Хо́лла** Hall field
**~, электри́ческое** electrical field
**~ *p* — *n*-перехо́да** junction field
**~ *p* — *n*-перехо́да, встро́енное** junction internal field

**полёт** *м.* flight
**~ с испо́льзованием со́лнечной эне́ргии** solar(-powered) flight
**полиакрилонитри́л** *м. (полимерный фотоэлектрический материал)* polyacrylonitrile
**полианили́н** *м. (материал катода топливного элемента)* polyaniline
**~, электроакти́вный** electroactive polyaniline
**полиацетиле́н** *м. (полимер для солнечного элемента)* polyacetylene
**поливини́л** *м.* polyvinyl
**~, прозра́чный** weather-guard
**поливинилбутира́ль** *м.* polyvinyl butyral
**полиме́р** *м.* polymer
**~, гидрофи́льный** hydrophylic polymer
**~, гидрофо́бный** hydrophobic polymer
**~, металли́ческий** *(для солнечного элемента)* metallic polymer
**~, проводя́щий** conducting polymer
**~ы, сопряжённые** conjugated polymers
**полимериза́ция** *ж.* polymerization
**~, электрохими́ческая** electrochemical polymerization
**полипепти́д** *м.* polypeptide
**полипирро́л** *м. (в электролите)* polypyrrole
**поли́тика** *ж.* policy
**~ в о́бласти волново́й**

энерге́тики wave power policy
~ двойны́х цен на ры́нке *(фотоэлектрического оборудования)* dual price market policy
~, долгосро́чная энергети́ческая long-range energy policy
~, энергети́ческая energy policy
**политиофе́н** *м.* polythiophen
**полиэлектроли́т** *м.* polyelectrolyte
**полиэтиле́н** *м.* polyethylene
~, **прозра́чный** transparent polyethylene
**полоса́** *ж.* band; bar; strip
~, **враща́ющаяся** *(в маховиковом аккумуляторе)* rotating bar
~, **лесозащи́тная** shelter belt
~ **поглоще́ния** absorption band
~ **пропуска́ния** *(голографического концентратора)* bandwidth
~ **пропуска́ния фи́льтра** filter window
**по́лость** *ж.* cavity
~ **в ска́льных поро́дах** rock cavern
~ **концентра́тора** concentrator enclosure
~ **стены́ Тро́мба** Tromber wall cavity
**полумета́лл** *м.* semimetal
~, **анизотро́пный** anisotropic semimetal
**полупроводни́к** *м.* semiconductor
~, **амо́рфный** amorphous semiconductor
~, **вы́рожденный** degenerate semiconductor
~, **кристалли́ческий** crystalline semiconductor
~, **крупнозерни́стый** large-grained semiconductor
~, **молекуля́рный** molecular semiconductor
~, **неоргани́ческий** inorganic semiconductor
~, **объёмный** bulk semiconductor
~, **органи́ческий** organic semiconductor
~, **поликристалли́ческий** polycrystalline semiconductor
~, **полукристалли́ческий** semicrystalline semiconductor
~ **с вы́сокой концентра́цией неосновны́х носи́телей (заря́да)** minority-carrier dominated semiconductor
~, **слои́стый** lamellar semiconductor
~, **со́бственный** intrinsic semiconductor
~, **широкозо́нный** wide band gap semiconductor
**полупроводни́к — изоля́тор — полупроводни́к** *м.* semiconductor-insulator-semiconductor
**полусфе́ра** *ж.* hemisphere
~, **зерка́льная** *(отражателя)* mirrored hemisphere
~, **небесная** skydome
~, **прозра́чная** *(отражателя)* clear hemisphere
**получе́ние** *с.* production, generation

~ **водоро́да** hydrogen formation
~ **водоро́да, фотоэлектролити́ческое** photoelectrolytic hydrogen production
~ **кре́мния ме́тодом углеродотерми́ческого восстановле́ния** carbothermic production of silicon
~ **мета́на, биологи́ческое** biomethanation
~ **мета́на из смывны́х вод** spentwash biomethanation
~ **со́лнечного тепла́ для промы́шленных проце́ссов** solar industrial process heat production
~ **эне́ргии непосре́дственно у потреби́теля, фотоэлектри́ческое** direct-to-load photovoltaic power generation
~ **эне́ргии, нетрадицио́нное** nonconventional energy production
**полуэлеме́нт** *м.* half-cell
~, **отрица́тельный** negative half-cell
**поляриза́ция** *ж.* polarization
~, **ано́дная** anodic polarization
~ **све́та** light polarization
**поля́рность** *ж.* polarity
~, **отрица́тельная** negative polarity
~, **положи́тельная** positive polarity
**поро́да** *ж. (горная)* rock
~, **грани́тная** granitic area
~, **суха́я нагре́тая** *(под землёй, для получения геотермальной воды)* hot dry rock
**по́ршень** *м.* **насо́са** bucket
**постоя́нная** *ж.* constant
~ **вре́мени** time constant
~, **га́зовая** *(в уравнении идеального газа)* gas constant
~ **опти́ческого поглоще́ния** optical absorption constant
~ **Пла́нка** Planck's constant
~, **со́лнечная** solar constant
**поступле́ние** *с.* **со́лнечной радиа́ции** solar access
**потенциа́л** *м.* potential
~ **аккумули́рования льда** ice storage potential
~, **биоэнергети́ческий** bioenergy potential
~ **ветрово́й энерге́тики** wind energy potential
~ **диффу́зии** diffusion potential
~, **кислоро́дный** oxygen potential
~, **конта́ктный** contact potential
~ **межэлектро́дного про́боя** electrode breakdown potential
~, **плоскозо́нный** flat band potential
~ **разо́мкнутой це́пи** open-circuit potential
~ **со́лнечного пру́да** solar pond potential
~, **станда́ртный** standard potential
~, **термодинами́ческий** thermodynamic potential
~, **фотоэлектри́ческий** photovoltaic potential
~, **электростати́ческий** electrostatic potential
~, **электрохими́ческий** electrochemical potential

**потéри** *ж. мн.* loss(es)
~, **внýтренние** inherent losses
~ **ёмкости** capacity loss
~ **здáния, тепловы́е** building heat loss
~ **на излучéние** radiation losses
~ **на поглощéние** absorption loss
~ **на сопротивлéние** resistive losses
~ **на трéние** *(в трубопроводах)* friction head
~ **от испарéния** boil-off losses
~ **сопротивлéний в объёме** *(солнечного элемента)* bulk resistive losses
~, **схéмные** connection [mismatch] losses
~ **теплá** heat loss
~ **теплá чéрез стéнки аккумуля́тора теплá и трубопрóводов** standby heat loss
~, **тепловы́е** heat wastes
~ **у концá лопáтки** *(ветроколеса)* tip-leakage losses
~ **эксéргии** exergy losses
~ **энéргии** energy loss
**потóк** *м.* flow, flux
~ **вóздуха, естéственный** natural air flow
~ **воздýшно-водорóдной смéси** hydrogen-air mixing stream
~ **в слéде** *(за ветроустановкой)* wake flow
~, **ламинáрный** laminar flow
~, **лучи́стый** radiant flux
~, **объёмный** volume flow
~, **опти́ческий** optical flux
~, **отражённый** reflected flux
~, **сходя́щийся** converging flow
~, **теплóвóй** heat flow, heat flux
~, **турбулéнтный** turbulent flow
~ **фотóнов** photon beam, photon flux
~ **фотóнов, пáдающий** incident photon flux
~ **энéргии** energy flow
**потреби́тель** *м.* consumer
~ **фотоэлектри́ческого обору́дования** photovoltaic consumer
**потреблéние** *с.* consumption
~ **всех ви́дов энéргии, пóлное** total gross energy consumption
~ **энéргии** energy consumption
~ **энéргии, мировóе** world energy consumption
~ **энéргии, пóлное чи́стое** total net energy consumption
**потрéбност/ь** *ж.* demand, requirement
~ **в кислорóде, биологи́ческая** *(для аэробной переработки органических веществ)* biological oxygen demand, BOD
~**и в отоплéнии в грáдусоднях** degree-day heating
~ **в хими́ческом кислорóде** *(для окисления неорганических соединений в воде)* chemical oxygen demand
~ **в энéргии** energy requirement

~, **сре́дняя** average demand
**по́чва** *ж.* soil
~, **ки́слая** acid soil
**по́яс** *м.* belt
~, **зелёный** green belt
**превраще́ние** *с.* transformation; conversion
~, **дрожжево́е** yeast conversion
~, **изоме́рное** isomerization
**предкры́лок** *м.* *(лопасти турбины)* slat
**предохрани́тель** *м.* fuse
~ **для аккумуля́тора** battery terminal fuse
**предприя́тие** *с.*, **перераба́тывающее** conversion site
**преломле́ние** *с.* refraction
**преобразова́ние** *с.* conversion
~, **биологи́ческое** biological conversion
~, **гелиотерми́ческое** heliothermal conversion
~ **отхо́дов животново́дства** animal waste conversion
~, **пироэлектри́ческое** pyroelectric conversion
~ **со́лнечной эне́ргии** solar energy conversion
~ **со́лнечной эне́ргии, фототерми́ческое** photothermal solar energy conversion
~ **теплово́й со́лнечной эне́ргии, высокотемперату́рное** high-temperature solar thermal energy conversion
~ **теплово́й эне́ргии океа́на** ocean thermal energy conversion
~, **термогальвани́ческое** thermogalvanic conversion
~, **термоэлектри́ческое** thermoelectric conversion
~, **термоэмиссио́нное** thermionic emission conversion
~, **фотоэлектрохими́ческое** photoelectrochemical [solar-to-chemical] conversion
~ **Фурье́** Fourier transform
~, **электрокаталити́ческое** electrocatalytic conversion
~ **эне́ргии** energy conversion
~ **эне́ргии, биологи́ческое** biological energy conversion
~ **эне́ргии, люминесце́нтное** fluorescent energy conversion
~ **эне́ргии фото́на** photon energy conversion
~ **эне́ргии, фототерми́ческое** photothermal energy conversion
~ **эне́ргии, фотоэлектри́ческое** photovoltaic energy conversion
~ **я́дерной эне́ргии, прямо́е** direct nuclear energy conversion
**преобразова́тель** *м.* *(электрической энергии)* converter
~ **ветрово́й эне́ргии** wind energy converter
~ **ветрово́й эне́ргии с бесконе́чной ремённой переда́чей** endless belt-type wind energy converter
~, **водоро́дный термоэлектрохими́ческий** hydrogen thermoelectrochemical converter
~, **ги́бкий фотоэлектри́че-**

**ский** flexible photovoltaic device
~, **гидроэлектри́ческий** hydroelectric conversion apparatus
~ **лучи́стой эне́ргии** radiant energy converter
~ **оксида углеро́да, электрохими́ческий** electrochemical carbone monoxide converter
~, **пироэлектри́ческий** pyroelectric converter
~, **резона́нсный** resonant converter; resonant inverter
~ **с тремя́ гетероперехо́дами** triple heterojunction converter
~ **теплово́й эне́ргии в электри́ческую, твердоте́льный** solid-state heat-to-electricity converter
~, **термоио́нный** thermionic converter
~, **термоэлектри́ческий** thermoelectric converter
~, **термоэлектро́нный** thermionic converter
~, **электротермодинами́ческий** electrothermodynamic power converter
~ **эне́ргии** energy converter
~ **эне́ргии волн** water-wave energy converter
~ **эне́ргии, малогабари́тный** compatible power converter

**прерыва́тель** *м.* breaker
~ **це́пи** circuit breaker

**прессова́ние** *с.* **биома́ссы** biomass densification

**прибо́р** *м.* device
~ **для измере́ния осаждённых части́ц вы́бросов** hi-volume sampler
~ **для измере́ния радиоакти́вности** contamination meter
~ **для измере́ния со́лнечной радиа́ции** solarimeter
~ **для испыта́ний** tester
~ **для испыта́ний батаре́й, электро́нный** electronic battery testing device
~ **для регули́рования относи́тельной вла́жности** humidistat
~, **нагрева́тельный** heater (unit)
~, **не создаю́щий изображе́ния (объе́кта), опти́ческий** nonimaging device
~, **фотоэлектри́ческий** photovoltaic device
~, **фотоэлектро́лизный** photoelectrolysis device

**приёмник** *м.* receiver
~, **вне́шний** external receiver
~ **для со́лнечного дви́гателя** solar dynamic receiver
~, **про́волочный** *(солнечной станции)* wire receiver
~ **с на́триевым теплоноси́телем** sodium receiver
~ **со́лнечного излуче́ния** solar receiver
~ **со́лнечного излуче́ния, высокотемперату́рный** high-temperature solar receiver
~ **со́лнечного излуче́ния, низкотемперату́рный** low-temperature solar receiver
~ **со́лнечного излуче́ния, полостно́й** cavity solar receiver

~, **со́лнечный центра́льный** *(электростанции башенного типа)* solar central receiver
~, **сотообра́зный со́лнечный** honeycomb solar receiver
~ **с принуди́тельным охлажде́нием** actively cooled receiver
~ **с псевдоожи́женным сло́ем, со́лнечный** fluidized-bed solar receiver
~, **устано́вленный на ба́шне** tower-mounted receiver
~, **центра́льный** central receiver
**при́зма** *ж.* prism
~, **треуго́льная** triangular prism
**прили́в** *м.* tide
~, **тропи́ческий** tropic tide
**примене́ние** *с.* application
~ **в да́льнем ко́смосе** *(солнечной батареи)* deep space application
~ **в дви́гателе вну́треннего сгора́ния** automotive application
~, **геофизи́ческое** *(МГД-генератора)* geophysical prospecting
~ **на внеземно́й пове́рхности** *(солнечных батарей)* extraterrestrial surface application
~, **назе́мное** ground application
~ **со́лнечных устано́вок** solar application
~ **фотоэлектри́чества, автоно́мное** off-grid photovoltaic application
~ **фотоэлектри́чества, назе́мное** photovoltaic terrestrial application
**примени́мость** *ж. (напр. солнечных установок)* applicability
**при́мес/ь** *ж.* impurity
~**и, даю́щие светя́щееся окра́шенное пла́мя** *(при сгорании газа)* illuminants
~, **леги́рующая** dopand
~, **полу́ченная ме́тодом центрифуги́рования** spin-on impurity
~, **ре́зко уменьша́ющая вре́мя жи́зни** *(носителей заряда)* lifetime killer
~, **создаю́щая глубо́кий у́ровень** deep-level impurity
**приса́дка** *ж.* additive
~, **ка́лиевая** potassium seed
~, **сва́рочная** welding fitting
**приспособле́ние** *с.* **для перено́ски батаре́и** battery carrier
**притяже́ние** *с.* attraction
~, **гидрофо́бное** hydrophobic attraction
**про́бка** *ж.* plug
~, **безопа́сная вентиляцио́нная** safety vent plug
~, **вентиляцио́нная** *(в аккумуляторе)* vent plug
~, **возду́шная** air-lock
~, **пarова́я** vapor-lock
**пробле́ма** *ж.*:
~ **безопа́сности** safety aspect
~ **здоро́вья** health aspect
**пробо́й** *м.* breakdown
~, **микропла́зменный** microplasma breakdown
~, **продо́льный межэлектро́дный** longitudinal interelectrode breakdown

~, хо́лловский *(в МГД-генераторе)* Hall field breakdown
~ шла́кового сло́я slag layer breakdown
**проводи́мость** *ж.* conductance
~, высокочасто́тная high-frequency conductance
~, темнова́я dark conductivity
~, уде́льная conductivity
~, уде́льная электри́ческая electrical conductivity
~, шунтова́я *(солнечного элемента)* shunt conductance
**проводни́к** *м. (тока)* conductor
~, высоковале́нтный ио́нный multivalent ionic conductor
~, прозра́чный transparent conductor
**проводни́к — диэле́ктрик — полупроводни́к** *м.* conductor-insulator-semiconductor
**програ́мма** *ж.* program
~ по фотоэлектри́ческому преобразова́нию photovoltaic program
~ разви́тия возобновля́емой энерге́тики renewable energy program
**продолжи́тельность** *ж.* duration
~ нагру́зки load duration
**проду́кт** *м.* product
~ газифика́ции gasification product
~ы ка́меры сгора́ния combustor flame
~, о́бщий национа́льный *(за финансовый год)* gross national product
~ сгора́ния combustion product
**прое́кт** *м.* project, activity
~, агроэнергети́ческий agroenergy project
~ы, демонстрацио́нные demonstration activities
~ ирригáции из глубо́ких коло́дцев *(с помощью солнечных насосов)* deep-well irrigation project
~ получе́ния эне́ргии из биома́ссы biomass energy project
**проекти́рование** *с.* design
~ со́лнечного элеме́нта solar cell design
~ со́лнечной энергосисте́мы solar power system design
~ фотоэлектри́ческой систе́мы photovoltaic system design
**прозра́чность** *ж.* transparency
**производи́тель** *м.* producer
~ то́плива fuel producer
**производи́тельность** *ж.* productivity
~, эффекти́вная capacity
**произво́дство** *с.* production, manufacture, processing
~ биога́за biogas generation
~ биома́ссы biomass production
~ водоро́да, термохими́ческое thermochemical hydrogen production
~ водоро́да, фотоиниции́рованное photoinitiated hydrogen generation

~ водоро́да, фотохими́ческое photochemical hydrogen production
~ древе́сной биома́ссы woody biomass production
~ мета́на methanogenesis
~ мета́на, термофи́льное thermophilic methane production
~ па́ра в пла́зме дугово́го разря́да electric arc plasma steam generation
~ то́плива из биома́ссы biomass fuel processing
~, фотокаталити́ческое photocatalytical production
~, фотосинтети́ческое photosynthesized production
~ электри́ческой и теплово́й эне́ргии cogeneration
~ электроэне́ргии из эне́ргии со́лнца solar electric generation
~ электроэне́ргии и химика́тов, комбини́рованное chemical cogeneration
~ эне́ргии, непреры́вное continuous power generation
~ эне́ргии с по́мощью ве́тра wind generation
~ эне́ргии с по́мощью распределённых фотоэлектри́ческих элеме́нтов dispersed photovoltaic generation
~ эне́ргии с по́мощью со́лнечных устано́вок solar power generation

**промы́шленность** *ж.* industry
~, ветроэнергети́ческая wind industry
~, гелиоэнергети́ческая solar (thermal) industry
~, фотоэлектри́ческая photovoltaic industry

**проникнове́ние** *с.* penetration; permeation
~ све́та light penetration
~, электрохими́ческое electrochemical permeation

**прони́ца́емость** *ж.* permeability

**пропе́ллер** *м.* propeller

**пропуска́ние** *с.* transmittance, transmission
~ излуче́ния radiation transmission
~ луче́й beam transmittance
~ све́та light transmission
~, спектра́льное spectral transmission

**простра́нство** *с.* space
~, мёртвое возду́шное dead air space
~, со́лнечное sunspace

**протеи́н** *м.* protein
~, одноклёточный single cell protein

**противото́к** *м.* counterflow

**прото́н** *м.* proton
~ ма́лых эне́ргий low-energy proton

**профили́рование** *с.* profiling
~ запрещённой зо́ны band gap profiling

**про́филь** *м.* profile
~ измене́ния хара́ктера ве́тра на высоте́ wind profile
~ крыла́ *(ветроколеса)* aerofoil
~ леги́рования, произво́льный arbitrary doping profile
~ радиацио́нных наруше́-

**ний** *(в полупроводнике)* radiation damage profile
~ **распределе́ния концентра́ции по глубине́** concentration depth profile
~ **распределе́ния концентра́ции при́меси** impurity concentration profile
~ **распределе́ния леги́рующей при́меси** dopant profile
~ **распределе́ния лову́шек для носи́телей (заря́да)** carrier-trapping profile
~ **ско́рости ве́тра** *(по высоте)* wind speed profile
~, **температу́рный** temperature profile
~ **хими́ческого потенциа́ла** chemical potential profile
~ **электри́ческого по́ля** electric field profile

**проце́сс** *м.* process, procedure
~ **анаэро́бной фермента́ции** anaerobic digestion process
~ **бести́гельной зо́нной пла́вки** float-zone process
~ **ва́куумного напыле́ния** vacuum deposition process
~, **гелиотерми́ческий** heliothermal process
~, **гелиохими́ческий** heliochemical process
~, **гелиоэлектри́ческий** helioelectrical process
~ **диффу́зии из твёрдого исто́чника** solid source diffusion process
~ **жи́дкостной эпита́ксии из неограни́ченного объёма распла́ва** infinite melt liquid-phase epitaxy process
~, **изотерми́ческий** isothermal process
~ **испо́льзования со́лнечной эне́ргии** solar energy process
~, **«мо́крый»** wet process
~ **о́тжига дефе́ктов** defect annealing process
~ **очи́стки геотерма́льного рассо́ла** geothermal brine clarifier process
~, **перехо́дный** transient process
~, **перехо́дный то́ковый** current transient process
~ **получе́ния биога́за** biogas process
~ **получе́ния водоро́да, термохими́ческий** thermochemical hydrogen production process
~ **получе́ния лент из порошка́ кре́мния** powder silicon ribbon process
~ **преобразова́ния** *(энергии)* conversion process
~ **произво́дства кре́мния фи́рмы «Си́менс»** Siemens process
~, **рекомбинацио́нный** recombination process
~ **сбо́рки электро́дов** plate-stacking process
~**ы, сельскохозя́йственные теплові́е** agricultural heat processes
~ **теплово́го аккумули́рования** thermal accumulation process
~, **терморадиацио́нный** thermoradiation process
~ **формирова́ния** $p$ — $n$-**перехо́да** junction formation process

~, **фотоэлектри́ческий** photoelectric [photovoltaic] process
~, **фотоэлектрохими́ческий** photoelectrochemical process
~ **«холо́дного» леги́рования** cold doping process
~ **электрохими́ческого осажде́ния, одностади́йный** one-step electrodeposition process
~, **эндотерми́ческий хими́ческий** endothermic chemical process

**пруд** *м.* pond
~ **для получе́ния водоро́да, со́лнечный** solar hydrogen pond
~, **конвекти́вный со́лнечный** convective solar pond
~, **ме́лкий со́лнечный** shallow solar pond
~, **нагрева́емый со́лнцем** sun-heated pond
~ **на кры́ше** *(здания)*, **неконвекти́вный** nonconvective roof pond
~, **насы́щенный со́лнечный** saturated solar pond
~, **не испо́льзующий эффе́кт градие́нта концентра́ции со́ли, со́лнечный** saltless solar pond
~, **неконвекти́вный со́лнечный** nonconvective solar pond
~, **охлажда́ющий** cooling pond
~, **плаву́чий со́лнечный** floating solar pond
~ **с градие́нтом концентра́ции со́ли, со́лнечный** salt gradient solar pond
~, **со́лнечный** solar pond
~ **с повы́шенной солёностью, со́лнечный** bittern-based solar pond
~ **с поднима́ющейся градие́нтной зо́ной, со́лнечный** rising solar pond
~ **с покры́тием из ге́ля, со́лнечный** gel solar pond
~, **стабилизи́рованный со́лнечный** stabilized solar pond
~, **стратифици́рованный со́лнечный** stratified solar pond

**пузырёк** *м. (газа)* bubble

**пуск** *м.* **генера́тора** generator run

**путь** *м.* path
~ **теплово́го пото́ка** heat-flow path

**пучо́к** *м.* beam
~, **ио́нный** ion beam
~, **электро́нный** electron beam

**пылесо́с** *м.* cleaner
~, **электро́нный** electronic cleaner

**пятно́** *с.* spot
~, **фока́льное** focal spot

# Р

**рабо́та** *ж.* operation, function
~ **вы́хода** output function
~ **при фикси́рованном напряже́нии** *(солнечной батареи)* fixed-voltage operation

**равнове́сие** *с.* equilibrium

~, **хими́ческое** chemical equilibrium

**равноде́нствие** *с.* equinox

**радиа́тор** *м.* **для со́лнечного дви́гателя** solar dynamic radiator

**радиа́ция** *ж.* radiation; radiance

~, **длинноволнова́я** long wavelength radiance

~ **за преде́лами атмосфе́ры, со́лнечная** extraterrestrial solar radiation

~, **коротковолнова́я** short wavelength radiance

~, **лучи́стая** beam radiation

~ **на горизонта́льной пове́рхности, со́лнечная** horizontal solar radiation

~ **на горизонта́льной пове́рхности, сумма́рная со́лнечная** global solar radiation

~ **на накло́нной пове́рхности, сумма́рная со́лнечная** total solar radiation

~, **пряма́я** direct beam radiation

~, **пряма́я со́лнечная** (normal) beam solar [direct solar] radiation

~, **со́лнечная** solar radiation

~, **ультрафиоле́товая** ultraviolet radiation

~, **фотосинтети́чески акти́вная** photosynthetically active radiation

**радиозонди́рование** *с. (атмосферы)* radiosounding

**радио́метр** *м.* radiometer

~ **с враща́ющимся затеня́ющим о́бодом** rotating shadow band radiometer

**радиоста́нция** *ж.*, **со́лнечная** solar radio station

**радиохи́мия** *ж.* radiochemistry

**разделе́ние** *с.* **1.** separation **2.** grating

~, **двойно́е** *(теплоносителей в теплообменнике)* double wall separation

~ **заря́дов** charge separation

~ **заря́дов, фотоиндуци́рованное** photoinduced charge separation

~ **на фра́кции** fractionation

~, **объёмное голографи́ческое** *(изображения)* volume holographic grating

**разложе́ние** *с.* cleavage; decomposition; splitting

~ **воды́** water cleavage

~ **воды́ с по́мощью со́лнечной эне́ргии** solar water splitting

~ **воды́, термохими́ческое** thermochemical water splitting

~ **воды́, фотокаталити́ческое** photocatalytic water cleavage

~ **в тле́ющем разря́де** glow discharge decomposition

~, **мезофи́льное аэро́бное** mesophilic aerobic digestion

~, **терми́ческое** thermal decomposition

~, **термофи́льное аэро́бное** thermophilic aerobic digestion

~, **термохими́ческое** thermochemical decomposition

**разме́р** *м.* size

~ **зёрен** grain size

~ со́лнечного ди́ска, углово́й solar angle of the sun
размыка́тель *м.* для электрохими́ческого элеме́нта cell circuit interrupter
ра́зница *ж.* температу́р, расчётная design temperature difference
ра́зность *ж.* difference
~ глуби́н depth difference
~ потенциа́лов potential difference, difference of potentials
~ потенциа́лов, конта́ктная contact potential difference
разреше́ние *с.* permit
~ на произво́дство спи́рта в ка́честве то́плива alcohol fuel producer's permit
разруше́ние *с.*, климати́ческое climatic disruption
разры́в *м.* discontinuity
~ зо́ны band discontinuity
~ та́фелевской криво́й *(в электрохимическом аккумуляторе)* tafel break
разря́д *м.* discharge
~, глубо́кий deep discharge
~, като́дный cathodic discharge
~, контраги́рованный constricted discharge
~, неоднoро́дный nonuniform discharge
~, нестациона́рный unsteady discharge
~ при постоя́нном сопротивле́нии constant resistance discharge
распла́в *м.* melt
~ кре́мния, кристаллизи́рующийся crystallizing silicon melt
~ы, органосульфи́дные organosulfur melts
~ со́ли fused salt
~ фтори́дов molten fluorides
расположе́ние *с.* ветроколеса́ *(с горизонтальной осью)* по́сле ба́шни *(по отношению к потоку ветра)* downwind configuration
распределе́ние *с.* *(энергии)* distribution
~ выходно́й мо́щности *(излучения)*, спектра́льное spectral output distribution
~, изотро́пное isotropic distribution
~ пло́тности пото́ка *(излучения)* flux distribution
~ со́лнечного излуче́ния, спектра́льное solar spectral irradiance distribution
~ со́лнечного излуче́ния, этало́нное спектра́льное reference solar spectral irradiance distribution
~ спектра́льной пло́тности пото́ка со́лнечного излуче́ния spectral irradiance distribution
~ то́ка, втори́чное secondary current distribution
~ то́ка, перви́чное primary current distribution
~ фото́нов в спе́ктре spectral photon distribution
~, часто́тное frequency distribution
~ эне́ргии излуче́ния, спектра́льное spectral energy distribution
распредели́тель *м.* водоро́-

да, кулачко́вый hydrogen delivery cam

**распыле́ние** *с.* sputtering

~, ио́нно-лучево́е ion-beam sputtering

~, магнетро́нное magnetron sputtering

~, реакти́вное reactive sputtering

**рассе́иватель** *м.* dissipator

**рассе́яние** *с.* dissipation, scattering

~, прямо́е forward scattering

~, упру́гое elastic scattering

**рассо́л** *м.* brine

~, геотерма́льный geothermal brine

~, двухфа́зный two-phase brine

~ с высо́ким содержа́нием силика́тов, геотерма́льный silica-rich geothermal brine

**рассоле́ние** *с. (почвы)* desalinization

**раство́р** *м.* solution

~, во́дный aqueous solution

~ пова́ренной со́ли, во́дный sodium-cloride water solution

~ ферме́нта fermentation solution

**растворе́ние** *с.* dissolution

~, ано́дное anodic dissolution

~ электро́дного материа́ла dissolution of electrode material

**раствори́мость** *ж.* solubility

~, зави́сящая от температу́ры temperature-dependent solubility

**раствори́тель** *м.* solvent

~, нево́дный nonaqueous solvent

~, эфи́рный *(в электролите)* ether solvent

**расте́ни/е** *с.* plant

~, вы́сшее higher plant

~я для энерге́тики, однолетние annual energy crops

~я для энергети́ческого испо́льзования energy crops

~, расту́щее в воде́ aquatic plant

**расхо́д** *м.* rate

~ воды́ water rate

~ теплоты́, уде́льный heat rate

~ то́плива, уде́льный fuel rate

**расходоме́р** *м. (водяной)* flowmeter

**расчёт** *м.* 1. calculation; consideration 2. design

~ ветровы́х нагру́зок в со́лнечной батаре́е wind loading consideration in solar array

~ о́птики ли́нзы consideration of lens optics

~ сле́да wake calculation

~, теплогидродинами́ческий thermofluid dynamic design

~ уста́лостной про́чности *(напр. ветроустановок)* fatigue design

**расшире́ние** *с.* expansion

~ испо́льзования геотерма́льной эне́ргии geothermal expansion

~, теплово́е thermal expansion

**расшири́тель** *м.* expander

~, органи́ческий organic expander

**реа́ктор** *м.* reactor; digester

~ **без переме́шивающего устро́йства** no-mix reactor

~, **биологи́ческий** bioreactor

~, **двухстади́йный** two-stage digester

~, **мезофи́льный** mesophilic reactor

~ **на бы́стрых нейтро́нах** fast breeder reactor

~, **со́лнечный** solar reactor

~, **со́лнечный хими́ческий** solar-driven chemical reactor

~ **с противото́ком, анаэро́бный** upflow anaerobic reactor

~, **твердоте́льный электрохими́ческий** solid state electrochemical reactor

~, **термоио́нный** thermionic reactor

~, **хемавтотро́пный биологи́ческий** chemoautotrophic bioreactor

~, **электрохими́ческий** electrochemical reactor

**реа́ктор-размножи́тель** *м.* breeder reactor

**реа́кция** *ж.* reaction

~, **бактериа́льная фотосинтези́рующая** bacterial photosynthetic reaction

~ **в за́мкнутом объёме, газотра́нспортная** *(для получения солнечного элемента)* close-spaced vapor transport reaction

~ **восстановле́ния-окисле́ния** reduction-oxidation reaction

~ **выделе́ния водоро́да** hydrogen evolution reaction

~, **обрати́мая** reversible reaction

~ **перено́са заря́дов** charge-transfer reaction

~, **пове́рхностная** surface reaction

~, **свя́занная хими́ческая** coupled chemical reaction

~, **экзотерми́ческая** *(с выделением тепла)* exothermic reaction

~, **электро́дная** electrode reaction

~, **эндотерми́ческая** *(с поглощением тепла)* endothermic reaction

**регенера́тор** *м.* regenerator

~, **со́лнечный** solar regenerator

**регенера́ция** *ж.* regeneration

~ **ветрово́й эне́ргии** wind energy recovery

~, **кислоро́дная** oxygen regeneration

~ **приса́дки** seed reprocessing option

~ **эне́ргии** energy recovery

**регули́рование** *с.* adjustment; control; regulation

~, **аэродинами́ческое** aerodynamic control

~ **воспламене́ния** *(за счёт добавок к топливу)* ignition control

~, **дневно́е** *(солнечной энергии)* daily control

~ **мо́щности** power processing

~ **нагру́зки, электро́нное** electronic load governing

~, **прецизио́нное** precise control

~, **сезо́нное** seasonal adjustment

~ **с по́мощью опера́тора** operator control

~ **тепла́** heat regulation

~ **у́ровня жи́дкости** liquid level control

~, **электрогидравли́ческое** electrohydraulic control

**регуля́тор** *м.* controller

~ **максима́льной мо́щности** *(солнечной батареи)* maximum power controller

~ **нагру́зки** load conditioner

~ **напряже́ния, стати́ческий** static voltage controller

~ **температу́ры** temperature control device

~, **центробе́жный** *(ветроустановки)* centrifugal reef control

**редо́кс-аккумуля́тор** *м.* redox cell

~, **вана́диевый** vanadium redox cell

~, **прото́чный** redox flow battery

**редо́кс-батаре́я** *ж.* redox battery

**редо́кс-проце́сс** *м.* redox process

**редо́кс-реа́кция** *ж.* redox reaction

**редо́кс-электро́д** *м.* redox electrode

**режи́м** *м.* regime

~ **заря́да** charging regime

~, **перехо́дный** transient regime

**ре́зание** *с. (полупроводников на пластины)* slicing

~ **на станке́ с вну́тренней ре́жущей кро́мкой** internal diameter slicing

~ **сли́тка** ingot slicing

~ **фикси́рованным абрази́вом** fixed abrasive slicing

**резе́рв** *м.* reserve

~, **враща́ющийся** spinning reserve

~**ы, энергети́ческие** energy reserves

**резервуа́р** *м.* reservoir

~ **в нагре́той поро́де** *(для закачки воды в геотермальной установке)* hot-rock reservoir

~ **в скале́, геотерма́льный** geothermal reservoir in rock

~, **гидротерми́ческий** *(под землёй)* hydrothermal reservoir

~, **подзе́мный** underground reservoir

**резона́тор** *м.* resonator

~ **объёмных акусти́ческих волн** bulk acoustic-wave resonator

~, **пьезоэлектри́ческий** piezoelectric resonator

**рекомбина́ция** *ж.* recombination

~, **безызлуча́тельная** nonradiative recombination

~ **внутри́ зёрен** intragrain recombination

~ **в объёме** bulk recombination

~ **га́зов** gas recombination

~, **излуча́тельная** radiative recombination

~, **индуци́рованная све́том** photoinduced recombination

~ **на грани́це зёрен** grain-boundary recombination

~ на грани́це разде́ла interface recombination
~, нелине́йная nonlinear recombination
~, нелока́льная nonlocal recombination
~, пове́рхностная surface recombination
~ с уча́стием фоно́на phonon-assisted recombination
~, электро́нно-ды́рочная electron-hole recombination
реконстру́кция *ж.* теплов́ых электроста́нций repowering of thermal power plants
рекупера́ция *ж.* recuperation
ресу́рс *м.* resource
~ы, внутригосуда́рственные во́дные intrastate waters
~ы волново́й эне́ргии wave energy [wave power] resources
~ы, геотерма́льные geothermal resources
~, увели́ченный extended life
рефра́ктор *м.* refractor
рециркуля́ция *ж.* recirculation
~, насо́сная pump-driven recirculation
решётка *ж.* lattice
~, кристалли́ческая crystal lattice
риск *м.* risk, hazard
~ для здоро́вья health risk
рифо́рмер *м.* reformer
~, вну́тренний internal reformer
~, части́чно экрани́рованный partially shielded reformer
рифо́рминг *м.* reforming
~, вну́тренний internal reforming
~ мета́на, со́лнечный парово́й solar steam reforming of methane
ро́за *ж.*:
~ ветро́в wind rose
~ ветроэнерге́тики wind energy rose
розе́тка *ж.* socket
~ для заря́дного устро́йства socket for an electric charger
рост *м.* growth
~ дендри́тов dendritic growth
~ из га́зовой [парово́й] фа́зы vapor-phase growth
~ нагру́зки load growth
~ цены́ то́плива и зарпла́ты одина́ковыми тёмпами zero differential escalation
~, экспоненциа́льный exponential growth
ро́тор *м.* *(ветротурбины)* rotor
~, высокоскоростно́й high-speed rotor
~ Саво́ниуса, едини́чный isolated Savonius rotor
~ Саво́ниуса, сдво́енный coupled Savonius rotor
руте́ний *м.* ruthenium
ры́нок *м.* то́пливных элеме́нтов fuel cell market

# С

самовозгора́ние *с.* self-ignition
самолёт *м.* plane, aircraft

~, со́лнечный solar plane
~ с со́лнечной энергоустано́вкой solar-powered aircraft
**самопи́сец** *м.* tracer, plotter
~ для за́писи вольт-ампе́рной характери́стики I-V curve tracer
**саморазогре́в** *м.* self-heating
**саморазря́д** *м.* self-discharge
**сахари́д** *м.* saccharide
**сбереже́ние** *с.* conservation; saving
**сбор** *м.* harvest(ing)
~ урожа́я биома́ссы biomass harvesting
**сбо́рка** *ж.* assembly
~ гермети́чного токовы́вода hermetic terminal assembly
~ узла́ крепле́ния токовы́вода terminal locking assembly
**сбра́живание** *с.* digestion
~ двухстади́йное two-stage digestion
**сва́рка** *ж.* welding
**сверхпроводи́мость** *ж.* superconductivity
**сверхпроводни́к** *м.* superconductor
~ второ́го ря́да type II superconductor
~, керами́ческий ceramic superconductor
**сверхразря́д** *м.* overdischarge
**сверхрешётка** *ж.* *(кристалли́ческая)* superlattice
~ из напряжённых слоёв strained-layer superlattice
~, напряжённая strained superlattice
**свет** *м.* light
~, ви́димый visible light
~, когере́нтный coherent light
~, коллими́рованный collimated light
~, некогере́нтный incoherent light
~, па́дающий incident light
~, со́лнечный sunlight
~, со́лнечный есте́ственный natural sunlight
~, со́лнечный иску́сственный simulated sunlight
~, со́лнечный концентри́рованный concentrated sunlight
~, со́лнечный па́дающий incident sunlight
~, со́лнечный прямо́й direct sunlight
~, со́лнечный стаби́льный stable sunlight
**светово́д** *м.* light pipe
~, волоко́нный optical fiber
~, опти́ческий optical waveguide
**свеча́** *ж.* candle
**свод** *м.* canopy
~, со́лнечный прозра́чный solar canopy
**сво́йства** *с.* *мн.* properties, behavior
~, опти́ческие optical properties, optical behavior
~, оптоэлектро́нные optoelectronic properties
~, перехо́дные transient behavior
~ пове́рхности, опти́ческие surface optical properties
~ пове́рхности разде́ла interfacial properties
~, просветля́ющие antireflection properties

~, **термохими́ческие** thermochemical properties
~, **турбуле́нтные** turbulence properties
~, **фотоэлектри́ческие** photovoltaic properties
~, **фотоэлектро́нные** photoelectronic properties
**СВЧ-о́тжиг** *м.* microwave annealing
**свя́зка** *ж.* *(электродных пар)*, **газодинами́ческая** gasdynamic coupling
**связь** *ж.* bond, communication, connection
~, **ёмкостная** capacitive coupling
~, **сопряжённая двойна́я** conjugated double bond
**сгора́ние** *с.* combustion
~, **вну́треннее** internal combustion
~, **непо́лное** incomplete combustion
~, **по́лное** *(с избытком воздуха)* complete combustion
**сдвиг** *м.* shear, displacement
**сегрега́ция** *ж.* segregation
~ **при́месей** impurity segregation
**сезо́н** *м.* season
~, **отопи́тельный** heating season
~, **охлажда́ющий** cooling season
**се́кция** *ж.* *(солнечной батареи)* string
**селени́д** *м.* selenide
~ **и́ндия** indium selenide
~ **ка́дмия** cadmium selenide
**селениза́ция** *ж.* selenization
**сепара́тор** *м.* separator
~ **для аккумуля́тора** battery separator
~, **межэлектро́дный** interelectrode separator
~, **модифици́рованный целлофа́новый** modified cellophane separator
~, **найло́новый** nylon separator
~ **рассо́ла** brine separator
~ **то́пливного элеме́нта** fuel cell separator
**сероводоро́д** *м.* hydrogen sulfide
**се́тка** *ж.* *(солнечного элемента)* grid
~, **конта́ктная** grid
~, **конта́ктная металли́ческая** metal grid
**сеткогра́фия** *ж.* screening, screen printing
**сеть** *ж.* network
~ **ста́нций по измере́нию со́лнечной радиа́ции** solar metric network
**сече́ние** *с.* section
~ **поглоще́ния** absorption cross section
**сжа́тие** *с.* compression
~, **адиабати́ческое** adiabatic compression
~, **многоступе́нчатое** compound compression
**сжиже́ние** *с.* (hydro) liquefaction
~, **каталити́ческое** catalytic hydroliquefaction
~, **прямо́е** *(биомассы)* direct liquefaction
**си́л/а** *ж.* force
~**ы, Ван-дер-Ва́льсовы** Van der Waals forces
~ **гравита́ции** gravitation force

~ **ине́рции** inertial force
~, **кориолисова** Coriolis force
~, **лошади́ная** horsepower *(единица мощности, 1 л.с. = = 746 Вт)*
~, **лошади́ная возду́шная** air horsepower
~ **отображе́ния** image force
~, **подъёмная** lift (force)
~, **электродви́жущая** electromotive force
**си́ла-час** *ж.*, **лошади́ная** *(единица энергии, 1 л.с.-ч = = 0,745 кВт·ч)* horsepower hour
**силикаге́ль** *м.* silica gel
**си́нтез** *м.* synthesis
~, **одноступе́нчатый** one-step synthesis
~, **про́бный** attempted synthesis
~, **селекти́вный** selective synthesis
~, **я́дерный** nuclear fusion
**си́нтез-газ** *м.* synthesis gas
**систе́ма** *ж.* system
~ **аккумули́рования с двумя́ ба́ками для горя́чего и холо́дного теплоноси́теля** hot/cold tank storage system
~ **аккумули́рования электроэне́ргии, маховико́вая** flywheel electric energy storage system
~, **активи́рующая со́лнечный элеме́нт** solar cell activation system
~ **без вы́бросов углеки́слого га́за, энергети́ческая** carbon dioxide-free energy system
~, **биосо́лнечная комбини́рованная** solar-biomass energy combination system
~, **ва́куумная** vacuum system
~, **вентиляцио́нная** vent system
~ **ветроагрега́т/ди́зель** wind/diesel system
~, **ветрова́я холоди́льная** wind refrigeration system
~, **в кото́рой свя́заны произво́дство то́плива и его́ испо́льзование, энергети́ческая** close-coupled energy system
~ **водоснабже́ния** water management system
~ **водоснабже́ния с пита́нием от фотоэлектри́ческой батаре́и** photovoltaic water system
~ **водяно́го отопле́ния** hot-water heating system
~ **возду́шного отопле́ния** warm-air heating system
~, **возду́шно-отопи́тельная** air heating system
~, **вспомога́тельная** auxiliary system
~ **газифика́ции биома́ссы** biomass gasification system
~, **гибри́дная** *(для получения энергии с помощью Солнца и обычного топлива)* hybrid system
~, **гидроterма́льная** hydrothermal system
~, **гидроэлектри́ческая** hydroelectric system
~ **горя́чего водоснабже́ния, со́лнечная** solar hot-water system
~ **горя́чего водоснабже́ния с фа́зовым перехо́дом**

*(теплоносителя)*, **со́лнечная** phase-change solar hot-water system
**~, двухка́мерная** two-tank system
**~, децентрализо́ванная** decentralized system
**~ для выра́щивания сельскохозя́йственных культу́р** cropping system
**~ для переда́чи со́лнечного излуче́ния в зда́ние, опти́ческая** building solar optical system
**~ для подогре́ва асфа́льта, со́лнечная** solar energy asphalt heating system
**~ для получе́ния па́ра, со́лнечная** solar steam-generating system
**~ для получе́ния технологи́ческого тепла́, со́лнечная** solar industrial heat-generating system
**~ для разогре́ва би́тума, гелиотерми́ческая** solar energy heating system for road pitch
**~ для су́шки се́на, со́лнечная** hay drying solar system
**~ для энергоснабже́ния заво́да, фотоэлектри́ческая** factory-use photovoltaic power system
**~ доли́ва воды́, автомати́ческая** automatic watering system
**~, дрена́жная** area drain system
**~ желе́зо — во́здух** iron-air system
**~, за́мкнутая** closed system
**~, за́мкнутая регенерати́вная** closed-loop regeneration system
**~ заря́да аккумуля́торной батаре́и** battery charger system
**~ заря́да** *(аккумулятора)*, **многоцелева́я** multipurpose charging system
**~ заря́да** *(аккумулятора)*, **программи́руемая** programmable charging system
**~, изобража́ющая, свобо́дная от аберра́ций** *(в оптике концентратора)* aberration-free imaging system
**~, иммобилизо́ванная фотосинтези́рующая** immobilized photosynthetic system
**~, интегри́рованная сельскохозя́йственная энергети́ческая** integrated rural energy system
**~ испари́тельного охлажде́ния** evaporative cooling system
**~ испари́тельного охлажде́ния, со́лнечная** solar (liquid) desiccant cooling system
**~, испо́льзующая во́ду в ка́честве теплоноси́теля, со́лнечная теплова́я** hydraulic solar heating system
**~, ка́бельная** cable system
**~ Кассегре́на, концентри́рующая** Cassegrain concentrating system
**~ комбини́рованной вы́работки эне́ргии** cogeneration system
**~, компре́ссорная холоди́льная** compression refrigerating system

~ **кондициони́рования во́здуха, со́лнечная** solar air conditioning system
~ **контро́ля состоя́ния батаре́и** battery check system
~ **концентри́рующий отража́тель — следя́щий поглоти́тель** concentrating reflector/tracking absorber system
~, **криоге́нная магни́тная** cryogenic magnetic system
~ **ли́тий — во́здух** lithium-air system
~ **лу́нного бази́рования, энергети́ческая со́лнечная** lunar power system
~ **мегава́ттного кла́сса** megawatt-class system
~ **медь/берли́нская лазу́рь** copper/Prussian blue system
~, **металловодоро́дная** metal-hydrogen system
~, **металлогидри́дная** metal-hydride system
~, **многосква́жинная** multiple well system
~ **нагре́ва воды́ для бытовы́х нужд, со́лнечная** domestic water heating system
~, **нагрева́тельная двухтру́бная** two-pipe stream system
~ **накопле́ния эне́ргии, дома́шняя** household power storage system
~ **на осно́ве то́пливных элеме́нтов, электрогенери́рующая** fuel-cell power-generating system
~ **нару́жного освеще́ния** outdoor lighting system
~ **на эвтекти́ческих солевы́х сме́сях, аккумули́рующая** eutectic salt storage system
~, **не даю́щая изображе́ния объе́кта, опти́ческая** nonimaging system
~ **оканто́вки колле́ктора** edge retaining system
~, **опти́ческая** optical system
~ **ориента́ции** *(солнечной установки)* position control system
~ **ориента́ции (со́лнечной) батаре́и** array positioning system
~ **освеще́ния, фотоэлектри́ческая** photovoltaic lighting system
~ **осуше́ния во́здуха, со́лнечная** solar air dehumidification system
~ **отбо́ра тепла́** heat extraction system
~ **отво́да тепла́ и воды́** water thermal management system
~ **отопле́ния** heating system
~ **отопле́ния, возду́шная** air-type system
~ **отопле́ния, возду́шная принуди́тельная** forced-air system
~ **отопле́ния, изоли́рованная со́лнечная** isolated solar gain system
~ **отопле́ния, комбини́рованная** *(воздух — вода, вода — пар)* split system
~ **отопле́ния, со́лнечная** solar heating system
~ **отопле́ния, со́лнечная возду́шная** solar hot-air system

**~ отопле́ния, со́лнечная мо́дульная** modular solar heating system
**~ отопле́ния, со́лнечная этало́нная** standard solar heating system
**~ отопле́ния с принуди́тельной циркуля́цией воды́** forced-circulation water heater system
**~, охлажда́ющая** cooling system
**~ охлажде́ния, со́лнечная** solar cooling system
**~, парова́я** vapor system
**~ переда́чи теплоты́** heat transportation system
**~, передвижна́я со́лнечная теплова́я** moving-type solar heating system
**~ поворо́та лопасте́й во флю́герное положе́ние** blade feathering system
**~ пода́чи воды́** water supply system
**~, поля́рная** polar system
**~ преобразова́ния ветрово́й эне́ргии ма́лой мо́щности** *(менее 100 кВт)* small wind energy system
**~ преобразова́ния: концентра́тор — со́лнечный элеме́нт** concentrator/solar-cell converter system
**~ преобразова́ния со́лнечной эне́ргии** solar energy conversion system
**~ преобразова́ния эне́ргии ве́тра** wind energy conversion system
**~ преобразова́ния эне́ргии, гибри́дная** hybrid energy conversion system
**~ произво́дства электроэне́ргии, фотоэлектри́ческая** photovoltaic power-generating system
**~, прото́чная** flow system
**~ прямо́го нагре́ва** *(здания солнечным излучением)* direct-gain system
**~, рабо́тающая по за́мкнутому ци́клу Бра́йтона, со́лнечная динами́ческая** solar dynamic Bryton closed-cycle system
**~ радиацио́нного охлажде́ния, акти́вная** active radiative cooling system
**~ ра́ннего предупрежде́ния** early warning system
**~, распределённая** distributed system
**~ регенера́ции эне́ргии** energy recovery system
**~ регули́рования генера́тора** generator control system
**~ регули́рования нанесе́ния па́сты** *(на электрод)* paste hopper control system
**~ регули́рования пара́метров со́лнечной энергоустано́вки** solar power control system
**~ регули́рования температу́ры батаре́и** battery temperature regulation system
**~, резе́рвная** backup system
**~ с годовы́м ци́клом, энергети́ческая** annual cycle energy system
**~ с грави́йным аккумуля́тором** *(теплоты)*, **со́лнечная возду́шная отопи́тельная** air-to-rock solar heating system
**~ с двумя́ рабо́чими жи́д-**

**костями** binary fluid system

~ **с двухфа́зным газожи́дкостным металли́ческим рабо́чим те́лом** *(в МГД-установке)* two-phase gas-liquid metal system

~ **с жи́дким теплоноси́телем, со́лнечная отопи́тельная** liquid-based solar-heating system

~ **с жи́дким теплоноси́телем, со́лнечная теплова́я** solar-powered fluid-heating system

~ **с жидкометалли́ческим теплоноси́телем, энергети́ческая со́лнечная** liquid-metal solar power system

~ **с за́мкнутым ко́нтуром** closed-loop system

~ **с за́мкнутым ко́нтуром, обеспе́чивающая опорожне́ние колле́ктора в бак** *(при выключении насоса)* drainback system

~ **с за́мкнутым ко́нтуром, со́лнечная отопи́тельная** closed-loop solar-heating system

~ **с за́мкнутым ко́нтуром, со́лнечная теплова́я** closed solar thermal system

~ **с испо́льзованием воды́ в ка́честве рабо́чего те́ла, отопи́тельная** water-based heating system

~ **с испо́льзованием со́лнечной эне́ргии, биога́зовая** solar-assisted biogas system

~ **с концентра́тором, энергети́ческая со́лнечная** solar energy concentrator system

~, **следя́щая** tracking system

~ **слеже́ния за Со́лнцем** solar tracking system

~ **слеже́ния за то́чкой максима́льной мо́щности** maximum power point tracking system

~ **с лине́йным фо́кусом и неподви́жным зе́ркалом** fixed mirror line focus system

~ **снабже́ния электроли́том** electrolyte supply system

~ **с нака́чкой излуче́нием, энергоаккумули́рующая** radiation-augmented energy storage system

~ **с насо́сной [принуди́тельной] циркуля́цией водяно́го теплоноси́теля, гелиоводоподогрева́тельная** forced circulation solar water-heating system

~ **соедине́ния** interconnection system

~, **соединённая с электросе́тью, фотоэлектри́ческая** grid-connected photovoltaic system

~, **со́лнечная** solar system

~, **со́лнечная адапти́вная** adaptive solar system

~, **со́лнечная акти́вная** *(с ориентацией на Солнце)* active solar system

~, **со́лнечная водоро́дная энергети́ческая** solar hydrogen energy system

~, **со́лнечная жи́дкостная**

**отопи́тельная** solar liquid-heating system
**~, со́лнечная коммуна́льная** residential solar system
**~, со́лнечная пасси́вная** *(без ориентации на Солнце)* passive solar system
**~, со́лнечная теплоаккумули́рующая** solar thermal storage system
**~ со́лнечная теплова́я, возду́шная** air-based solar-heating system
**~, со́лнечная теплонасо́сная** solar heat pump system
**~, со́лнечная энергети́ческая гибри́дная** hybrid solar energy system
**~, со́лнечная энергети́ческая глоба́льная** global solar power network system
**~ соо́сных ветроколёс** tandem rotor system
**~ с откры́тым ко́нтуром, обеспе́чивающая опорожне́ние колле́ктора в бак** *(при выключении насоса)* draindown system
**~ с откры́тым ко́нтуром, со́лнечная теплова́я** open solar thermal system
**~ с откры́тым ци́клом** open-cycle system
**~ с откры́тым ци́клом, со́лнечная** solar open-cycle system
**~ с параболо́идным зе́ркалом, электри́ческая** dish-electric system
**~ с паровы́м ци́клом, энергети́ческая геотерма́льная** dry steam energy system
**~ с перераспределе́нием эне́ргии** indirect system
**~ с перераспределе́нием эне́ргии от аккумуля́тора тепла́, пасси́вная** indirect-gain system
**~ с постоя́нным угло́м накло́на, фотоэлектри́ческая** constant-tilt photovoltaic system
**~ с со́лнечным пру́дом и конденсацио́нной ба́шней** solar lake/condensation system
**~ с со́лнечным энергоснабже́нием, межорбита́льная тра́нспортная** solar(-powered) interorbital transportation system
**~ с то́чечным фо́кусом** point-focus system
**~ с центра́льным приёмником** central receiver system
**~ с ци́клом Ре́нкина, энергети́ческая со́лнечная** solar Rankine cycle power system
**~ с ци́клом Сти́рлинга, энергети́ческая со́лнечная** solar Stirling cycle power system
**~ с циркуля́цией воды́** *(за счёт давления воздуха)*, **за́мкнутая** closed water piping system
**~ с электромагни́тным при́водом, со́лнечная моноре́льсовая** solar induction monorail system
**~, теплоаккумули́рующая конте́йнерная** thermal energy storage container system

**~, теплопередаю́щая** heat transfer system

**~ теплоснабже́ния, геотерма́льная** geothermal heating system

**~ теплоснабже́ния, комму́нальная протяжённая** long-distance district heating system

**~ теплоснабже́ния, со́лнечная коммуна́льная** community solar heating system

**~, теплоэнергети́ческая ирригацио́нная** heat energy irrigation system

**~, термофотоэлектри́ческая** thermophotovoltaic system

**~, фотобиологи́ческая** photobiological system

**~, фотоэлектри́ческая** photovoltaic (power) system

**~, фотоэлектри́ческая автоно́мная** stand-alone photovoltaic system

**~, фотоэлектри́ческая аркти́ческая** arctic photovoltaic system

**~, фотоэлектри́ческая двухнасо́сная** dual photovoltaic pumping system

**~, фотоэлектри́ческая заря́дная** photovoltaic charging system

**~, фотоэлектри́ческая маломо́щная** small-scale photovoltaic system

**~, фотоэлектри́ческая морска́я** marine photovoltaic system

**~, фотоэлектри́ческая пла́вающая** floating photovoltaic system

**~, фотоэлектри́ческая распределённая** distributed photovoltaic system

**~, фотоэлектри́ческая следя́щая** tracking photovoltaic system

**~, фотоэлектри́ческая теплова́я гибри́дная** photovoltaic/thermal hybrid system

**~, фотоэлектри́ческая электро́лизная [фотоэлектро́лизная]** photovoltaic electrolyzer system

**~, электри́ческая** electrical system

**~, электри́ческая возду́шно-желе́зная** iron-air electrical system

**~ электробезопа́сности** electrical safety system

**~, электрогенери́рующая** electricity-generating system

**~, электроли́тная** electrolyte system

**~, энергети́ческая автоно́мная** autonomous energy system

**~, энергети́ческая возобновля́емая автоно́мная** self-contained renewable energy system

**~, энергети́ческая по́лная** total energy system

**~, энергети́ческая резе́рвная** backup energy system

**~, энергети́ческая сельскохозя́йственная** rural energy system

**~, энергети́ческая со́лнечная** solar energy [solar power] system

**~, энергети́ческая спу́тниковая** *(для энергоснабже-*

*ния Земли)* satellite power system
~ **энергоснабже́ния зда́ний, фотоэлектри́ческая** residential photovoltaic power system
**сифо́н** *м.* siphon
**сия́ние** *с.* radiance
~, **со́лнечное** sunshine
**скачо́к** *м.* step
~ **потенциа́ла** potential step
~ **то́ка** current step
**сква́жина** *ж.*, **геотерма́льная** geothermal well
**склоне́ние** *с. (Солнца)* declination
**ско́рость** *ж.* velocity; rate; speed
~ **ве́тра** wind speed, wind velocity
~ **ве́тра для ветроколеса́, крити́ческая** furling speed
~ **ве́тра для ветроустано́вки, максима́льная рабо́чая** survival wind speed
~ **ве́тра для ветроустано́вки, максима́льно допусти́мая** cut-out speed
~ **ветра для ветроустано́вки, минима́льно допусти́мая** cut-in speed
~ **ве́тра, при кото́рой отключа́ется ветроэнергоустано́вка** shutdown wind speed
~ **ве́тра, сре́дняя** average wind speed
~ **водяно́го пото́ка** water flow velocity
~ **во́здуха** air speed
~ **вытя́гивания кре́мния** silicon pulling rate
~ **заря́да** charge rate
~ **заря́да, постоя́нная** fixed charge rate
~ **инже́кции** injection rate
~, **крити́ческая** critical velocity; tip speed
~ **нагре́ва** heating rate
~, **осева́я** shaft speed
~ **пове́рхностной рекомбина́ции** surface recombination velocity
~ **пото́ка** flow rate
~ **разря́да** discharge rate
~ **рекомбина́ции** recombination velocity
~ **ро́ста** growth rate
~ **ры́сканья** yaw rate
~ **саморазря́да** self-discharge rate
~ **тепловыделе́ния** heat liberation rate
~, **углова́я** angular speed
**сла́нец** *м.* slate
**след** *м.* track
~ **за ветроколесо́м** wind turbine wake
~**ы мета́ллов** trace metals
~, **трёхме́рный** *(за ветроустановкой)* three-dimensional wake
**слеже́ние** *с.* tracking
~, **непреры́вное двухо́сное** continuous two-axis tracking
**сли́ток** *м.* ingot
~, **вы́ращенный по ме́тоду Чохра́льского** Czochralski grown ingot
~ **поликристалли́ческого кре́мния** multicrystalline silicon ingot
**слои́** *м. мн.*, **водоно́сные** aquifer
**слой** *м.* layer
~, **аккумули́рующий** *(в*

*солнечном пруде)* storage layer
**~, ано́дный** anodic layer
**~, атмосфе́рный** atmospheric layer
**~, ба́зовый** *(солнечного элемента)* base layer
**~ Гельмго́льца** Helmholtz layer
**~, грани́чный** boundary layer
**~, двойно́й** double layer
**~, дипо́льный** dipole layer
**~, диффузио́нный** diffused layer
**~, дихромати́чный желати́новый** dichromated gelatin layer
**~, желати́новый** gelatin layer
**~, иммерсио́нный** immersion-formed layer
**~, инверсио́нный** inversion layer
**~, леги́рованный** doped layer
**~, мёртвый** dead layer
**~, монокристалли́ческий** monocrystalline layer
**~, нелеги́рованный** undoped layer
**~, обеднённый** depletion layer
**~, о́блачный** cloud layer
**~, пассиви́рующий** passivating layer
**~, пове́рхностный** surface layer
**~, полупроводнико́вый** semiconductor layer
**~, полупрозра́чный** semitransparent layer
**~, полу́ченный ме́тодом сеткогра́фии** screen-printed layer
**~, поляризо́ванный шла́ковый** polarized slag layer
**~, приэлектро́дный** near-electrode layer
**~, проводя́щий окси́дный** conductive oxide layer
**~, промежу́точный** intermediate layer
**~, простра́нственно модули́рованный со́бственный** spatially modulated intrinsic layer
**~, связу́ющий** binder layer
**~ с градие́нтом (температу́ры)** gradient layer
**~ с ни́зкой излуча́тельной спосо́бностью** low-emission layer
**~, спечённый** sintered layer
**~ с со́бственной электропрово́дностью** intrinsic layer
**~, теплоизоляцио́нный запо́лненный во́здухом** air-filled insulation layer
**~ турбуле́нтной пла́змы, грани́чный** turbulent plasma boundary layer
**~, турбуле́нтный пограни́чный** turbulent boundary layer
**~ у́гольного шла́ка** *(в МГД)* coal slag layer
**~, уплотня́ющий** sealing layer
**~, шла́ковый** slag layer
**~, электри́ческий двойно́й** electrical double layer
**~, эпитаксиа́льный** epitaxial layer
**сма́чиваемость** *ж.* wettability

**смесеобразова́ние** *с.* mixture formation
**смеси́тель** *м.* mixer
**~, водоро́дно-возду́шный** hydrogen-air mixer
**смесь** *ж.* mixture
**~, газожи́дкостная то́пливная** fluid/gaseous fuel mixture
**~, горю́чая** air-gas mixture
**~, обогащённая водоро́дом** hydrogen-rich mixture
**~ соле́й, эвтекти́ческая** eutectic salts
**~, стехиометри́ческая** stoichiometric mixture
**~, то́пливная** fuel mixture
**~, эвтекти́ческая** eutectic mixture
**~ этано́ла и воды́** ethanol/water mixture
**смеще́ние** *с.* bias
**~, обра́тное** reverse bias
**~, прило́женное** applied bias
**~, прямо́е** forward bias
**смог** *м.* smog
**~ с вы́бросами окси́дов се́ры** sulfur smog
**сниже́ние** *с.* **1.** lowering; fall **2.** reduction
**~ вла́жности** dehumidity
**~ содержа́ния рту́ти** mercury reduction
**~ характери́стики** performance deterioration
**собира́ние** *с.* collection
**~ за счёт дре́йфа** *(неосновных носителей)* drift-assisted collection
**~ носи́телей** carrier collection
**~ со́лнечной эне́ргии** harvesting of solar energy
**~ фотогенери́рованных носи́телей** photogenerated-carrier collection
**совмести́мость** *ж.* compatibility
**~, хими́ческая** chemical compatibility
**содержа́ние** *с.* **приса́дки** seed fraction
**соедине́ни/е** *с.* **1.** *(электрическое)* connection **2.** *(химическое)* compound **3.** *(сварное)* joint
**~я, внутриэлеме́нтные сварны́е** intra-cell welds
**~ встык трубопрово́да, сварно́е** weld joint
**~, двойно́е** binary compound
**~ для компенса́ции лине́йного расшире́ния** *(трубопровода)* expansion joint
**~ для хране́ния водоро́да, интерметалли́ческое** hydrogen storage intermetallic compound
**~, интеркали́рованное** intercalation compound
**~, попере́чное** cross connection
**~, пятерно́е** pentenary compound
**~, редкоземе́льное** rare-earth compound
**~, сварно́е** *(солнечных элементов)* welded interconnection
**~, теплово́е** thermal bond
**~, тройно́е** ternary compound
**~, цикли́ческое** cyclic compound
**~, четверно́е** quaternary compound

**созда́ние** *с.* **иску́сственной атмосфе́ры** weathering
**со́лнце** *с.* sun
~, **максима́льно я́ркое** *(интенсивностью 1 кВт/м²)* full sun
**солнцестоя́ние** *с.* solstice
~, **зи́мнее** winter solstice
~, **ле́тнее** summer solstice
**соло́ма** *ж.* straw
~, **пшени́чная** wheat straw
**соль** *ж.* salt
~, **гла́уберова** *(в фазовых аккумуляторах тепла)* Glauber salt
~, **полу́ченная выпа́риванием под со́лнцем** solar salt
**сольва́т** *м. (электролит в аккумуляторе)* solvate
**сольвата́ция** *ж.* **в электроли́те** electrolyte solvation
**соляриза́ция** *ж.* solarization
**соля́рий** *м.* solarium
**сооруже́ни/е** *с.* building; structure; construction
~**я, коммуна́льные** public utilities
~, **обору́дованное фотоэлектри́ческой батаре́ей, солнцезащи́тное** photovoltaic equipped shade
~, **солнцезащи́тное** *(экран)* solar shade
**соотноше́ни/е** *с.* relation; ratio
~ **во́здух—водоро́д** air-hydrogen ratio
~**я, фа́зовые** phase relations
~ **Эйнште́йна** Einstein relation
**сопло́** *с.* nozzle
~, **ускоря́ющее** accelerating nozzle
**сополиме́р** *м.* copolymer
**сопротивле́ние** *с.* resistance
~ **ба́зы** *(солнечного элемента)*, **уде́льное** base resistivity
~ **батаре́и с твёрдым электроли́том** solid state battery resistance
~, **гидравли́ческое** fluid resistance
~ **на грани́це разде́ла** interfacial resistance
~, **объёмное** bulk resistance
~, **парази́тное** parasitic resistance
~, **после́довательное** series resistance
~, **распределённое** distributed resistance
~, **распределённое после́довательное** distributed series resistance
~, **слоево́е** *(солнечного элемента)* sheet resistance
~, **уде́льное** resistivity
~, **шунтово́е** shunt resistance
~ **элеме́нта** cell resistance
**сорбе́нт** *м.* sorbent
**со́рбция** *ж.* sorption
**соста́в** *м.* composition
~ **дымовы́х га́зов** stack gas composition
~, **изото́пный** isotopic composition
~ **окисли́теля** oxidant composition
~, **постоя́нный** constant composition
~ **проду́ктов сгора́ния** constituents of combustion products
~, **равнове́сный** equilibrium composition

~, хими́ческий chemical composition
**состоя́ние** *с.* condition, state, status
~ в вале́нтной зо́не valence state
~ в запрещённой зо́не gap state
~, возбуждённое excited state
~, до́норное donor state
~, заря́женное charge state
~, локализи́рованное localized state
~, метастаби́льное metastable state
~ на пове́рхности разде́ла interface state
~, основно́е ground state
~, пове́рхностное surface state
~, сверхпроводя́щее superconducting state
~, свя́занное bound state
~, свя́занное с дефе́ктами структу́ры defect state
~ с геоте́рмикой geothermal situation
~ с норма́льным электри́ческим сопротивле́нием state of normal electric resistivity
~ фотоэлектри́чества, совреме́нное photovoltaic state-of-the-art
~, энергети́ческое energy state
**сохране́ние** *с.* **эне́ргии** conservation of energy
**спад** *м.* decay
~ фотонапряже́ния photovoltage decay
~ фотоэдс open-circuit (voltage) decay
**спектр** *м.* spectrum
~, ви́димый visible spectrum
~, опти́ческий optical spectrum
~ со́лнечного излуче́ния solar spectrum
~ со́лнечного излуче́ния в ко́смосе space solar spectrum
~ со́лнечного излуче́ния в назе́мных усло́виях terrestrial solar spectrum
~, электромагни́тный electromagnetic spectrum
**спектро́метр** *м.* spectrometer
**спектрорадио́метр** *м.* spectroradiometer
**спектроскопи́я** *ж.* spectroscopy
~, абсорбцио́нная absorption spectroscopy
~ глубо́ких у́ровней deep-level transient spectroscopy
~, импеда́нсная impedance spectroscopy
~, мёссба́уэровская Mössbauer spectroscopy
~, опти́ческая optical spectroscopy
~ пове́рхностного фотонапряже́ния surface photovoltage spectroscopy
~ ра́мановского комбинацио́нного рассе́яния Raman scattering spectroscopy
~, рентге́новская X-ray spectroscopy
~, фотолюминесце́нтная абсорбцио́нная photoluminescence absorption spectroscopy
~, фотоэлектро́нная photoelectron spectroscopy
~, электро́дная импеда́нс-

ная electrode impedance spectroscopy
~, электро́нно-рентге́новская electron yield X-ray spectroscopy
**спектрофотóметр** *м.* spectrophotometer
**спира́ль** *ж.* **Э́кмана** *(распределение ветра в атмосфере)* Ekman spiral
**спирт** *м.* alcohol
~ **в ка́честве то́плива** fuel-grade alcohol
~, **древе́сный** wood alcohol
~, **по́лностью денатури́рованный** denatured alcohol
~, **полу́ченный из зерна́** grain alcohol
~, **промы́шленный** industrial alcohol
~, **эти́ловый** ethyl alcohol
**спиртóметр** *м.* alcoholometer
**сплав** *м.* alloy
~, **бро́нзовый** bronze alloy
~ **кре́мния и герма́ния** silicon-germanium alloy
~, **малосурьмя́нистый свинцо́вый** *(в аккумуляторе)* low-antimonial lead alloy
~ **на осно́ве алюми́ниевой па́сты** *(для солнечного элемента)* aluminum paste alloy
~, **сверхпроводя́щий металли́ческий** superconducting metal alloy
~, **свинцо́во-ка́льциевый** lead-calcium alloy
~, **узкозо́нный** low-band gap alloy
**сплавле́ние** *с.* alloying
~ **при механи́ческом возде́йствии** mechanical alloying
**спосо́бность** *ж.* ability
~, **высо́кая излуча́тельная** high emittance
~ **де́рева, теплотво́рная** wood heating efficiency
~ **Земли́, отража́тельная** ground reflectance
~, **излуча́тельная** emissivity; emittance
~, **ни́зкая излуча́тельная** low emittance
~, **отража́тельная** reflectance
~, **поглоща́ющая** absorptivity
~, **теплотво́рная** *(топлива)* heat(ing) value
**спрос** *м.* demand
~ **на эне́ргию** energy demand
~ **на эне́ргию, вну́тренний** domestic energy demand
**спу́тник** *м.* satellite
~, **иску́сственный** artificial satellite
~, **со́лнечный энергети́ческий** solar power satellite
**среда́** *ж.* medium
~, **аккумули́рующая** storing medium
~, **апрото́нная** aprotic medium
~, **окружа́ющая** environment
~, **по́ристая** porous medium
~, **преломля́ющая** refractive medium
~ **с ни́зкой проводи́мостью** low-conductivity medium
~, **теплова́я** heating medium

~, щелочна́я alkaline medium
сре́дство *с.*:
~ с водоро́дным дви́гателем, городско́е тра́нспортное hydrogen-powered urban vehicle
~, фотоэлектри́ческое тра́нспортное photovoltaic (powered) vehicle
срез *м.* cut
~, ди́сковый *(слитка полупроводника)* slice
сродство́ *с.* affinity
~, электро́нное electron affinity
срок *м.*:
~ слу́жбы life cycle
~ слу́жбы, расчётный design life
стабилиза́тор *м.* stabilizer
~, мембра́нный membrane stabilizer
стабилиза́ция *ж.* stabilization
стаби́льность *ж.* stability
~ в назе́мных усло́виях terrestrial stability
~ при нату́рных испыта́ниях *(солнечной батареи)* outdoor stability
~, электрохими́ческая electrochemical stability
станда́рт *м.* standard
~ на ветроустано́вки wind energy standard
~ на вы́бросы загрязня́ющих веще́ств emission standard
~ на ка́чество воды́ water-quality standard
~ на ка́чество во́здуха air-quality standard
ста́нция *ж.* station
~, автомати́ческая сейсми́ческая earthquake automatic monitoring station
~ автотехобслу́живания с со́лнечным энергоснабже́нием solar(-powered) service station
~, гидроэлектри́ческая hydroelectric station
~, пило́тная pilot station
~, соединённая с электросе́тью, фотоэлектри́ческая grid-connected photovoltaic station
~, фотоэлектри́ческая photovoltaic facility, photovoltaic power plant
~, фотоэлектри́ческая косми́ческая space photovoltaic blanket
~, фотоэлектри́ческая насо́сная photovoltaic pumping station
~, фотоэлектри́ческая плаву́чая aquatic photovoltaic facility
~, фотоэлектри́ческая центра́льная centralized photovoltaic power plant
~, центра́льная central station
~, центра́льная теплова́я central heating plant
~, энергети́ческая геотерма́льная geothermal power plant
стекло́ *с.* glass
~, безопа́сное safety glass
~, двойно́е double glass, two pieces of glass
~, защи́тное cover glass
~, ламини́рованное laminated glass
~, листово́е plate glass

~, одина́рное single glass, one piece of glass
~, око́нное pane
~, призмати́ческое покро́вное prismatic cover glass
~, силика́тное silicate glass
~ с ио́нной проводи́мостью ionic conductive glass
~ с ни́зким содержа́нием желе́за *(для солнечных установок)* low-iron glass
~ «со́лнечный гель» sol-gel glass
~ с покры́тием coating glass
~, фосфоросилика́тное phosphosilicate glass

**стекловолокно́** *с.* (glass) fiber

**стеклоуглеро́д** *м.* glassy carbone

**стена́** *ж.* wall
~ воды́ water wall
~, со́лнечная solar [sun] wall
~, со́лнечная аккумули́рующая energy storage sun wall
~, теплорегули́рующая thermal rectifying wall
~ Тро́мба Trombe wall

**сте́нка** *ж.* wall
~ кана́ла, бокова́я channel sidewall
~ МГД-генера́тора MHD generator wall

**сте́пень** *ж.* ratio
~ сжа́тия *(компрессора)* compression ratio

**стерилиза́тор** *м.* sterilizer
~, медици́нский со́лнечный solar medical sterilizer

**стехиоме́трия** *ж.* stoichiometry

**сто́имость** *ж.* cost(ing), value
~ потреблённого электроэнергети́ческой компа́нией то́плива, отнесённая к его́ теплосодержа́нию electric utility company fuel cost
~ со́лнечной систе́мы, экономи́чески оптима́льная economic optimal solar system cost
~ электроэне́ргии на ши́нах *(электростанции)* busbar price

**сто́йкость** *ж.* **1.** *(сопротивление)* resistance **2.** *(долговечность)* durability
~ к возде́йствию атома́рного кислоро́да *(зеркального отражателя)* atomic-oxygen durability
~, коррозио́нная corrosion resistance
~ к растре́скиванию cracking resistance
~ со́лнечного элеме́нта, радиацио́нная solar cell radiation resistance

**сто́ки** *м. мн.* sewer, sewage
~, городски́е urban runoff
~, жи́дкие effluent slurry
~, заводски́е mill wastewater

**столб** *м.*:
~, осцилли́рующий водяно́й *(в волновой электростанции)* oscillating water column

**сторона́** *ж.* side
~, высо́кая high side
~, со́лнечная sunny side

**стоя́нка** *ж.* stand, stop, parking
~ с пита́нием от со́лнечных батаре́й, кры́тая авто-

моби́льная photovoltaic equipped parking and shade

**страте́гия** *ж.* strategy

~ **регули́рования** control strategy

~ **сохране́ния (эне́ргии)** (energy) conservation strategy

**стратифика́ция** *ж.* stratification

~, **турбуле́нтная** turbulent stratification

**стратосфе́ра** *ж.* stratosphere

**структу́ра** *ж.* structure

~, **агрега́тная** aggregate structure

~, **варизо́нная** graded band gap structure

~, **гермети́чная** seal structure

~, **гетероэпитаксиа́льная** heteroepitaxial structure

~, **зо́нная** band structure

~ **из капилля́рных труб** capillary tube structure

~, **каска́дная** tandem structure

~, **ма́тричная** matrix structure

~, **многоперехо́дная** multijunction structure

~, **многосло́йная** multilayer structure

~, **отража́ющая** reflecting structure

~, **по́ристая** *(в топливном элементе)* pore structure

~ **с индуци́рованным перехо́дом** induced-junction structure

~, **собира́ющая свет** light trapping structure

~ **с переме́нной шириной запрещённой зо́ны** variable-gap structure

~, **теплоотводя́щая** heat-sink structure

**ступе́нь** *ж.* *(в каскаде)* stage

~ **ка́меры сгора́ния, втора́я** combustor second stage

~ **ка́меры сгора́ния, пе́рвая** combustor first stage

**сублима́ция** *ж.* sublimation

~ **в за́мкнутом объёме** *(для получения солнечного элемента)* close-spaced sublimation

**субпроду́кт** *м.* byproduct

**субтро́пики** *мн.* subtropics

**су́дно** *с.* boat, vessel

~, **со́лнечное** solar boat

**суже́ние** *с.* narrowing, shrinkage

~ **запрещённой зо́ны** band gap narrowing, band gap shrinkage

**сульфа́т** *м.* **аммо́ния** *(в солнечном пруде)* ammonium sulfate

**сульфи́д** *м.* sulfide

~ **вана́дия** vanadium sulfide

~ **желе́за** iron sulfide

~ **ка́дмия** cadmium sulfide

~ **ме́ди** copper sulfide

**суперпози́ция** *ж.* superposition

**суперспла́в** *м.* superalloy

**суспе́нзия** *ж.* suspension

~, **во́дная** aqueous suspension

**суши́лка** *ж.* **1.** dryer **2.** drying-room

~ **для каучу́кового листа́, со́лнечная** solar rubber sheet dryer

~ **для пищевы́х проду́к-**

тов, со́лнечная solar food dryer
~ для ры́бы, со́лнечная solar fish dehydrator
~ для фру́ктов, со́лнечная solar fruit dehydrator
~ ка́мерного ти́па, со́лнечная cabinet-type solar dryer
~ парнико́вого ти́па, со́лнечная greenhouse-type solar dryer
~ сельскохозя́йственной проду́кции, со́лнечная solar crop dryer
~, со́лнечная solar drying device, solar dryer; solar desiccator

**су́шка** *ж.* drying
~, возду́шная air drying
~ зерна́ grain drying
~, иску́сственная kiln drying
~ на откры́том во́здухе, со́лнечная open-air sun drying
~ се́на, со́лнечная solar hay drying

**схе́ма** *ж.* scheme, circuit
~ для повыше́ния мо́щности со́лнечной батаре́и, электро́нная solar panel output enhancement circuit
~ защи́ты protection [safe] circuit
~ защи́ты батаре́и от перезаря́да, встро́енная intrinsically safe battery circuit
~ защи́ты батаре́и, поро́говая threshold detecting battery protecting circuit
~ защи́ты батаре́и при заря́де battery charging protection circuit
~ коммута́ции *(электродов)* shuffling circuit
~ концентра́ции concentration scheme
~ отопи́тельной геотерма́льной устано́вки geothermal heating scheme
~ преобразова́ния эне́ргии energy conversion scheme
~ регули́рования заря́да charge control circuit
~ регули́рования максима́льной мо́щности *(солнечной батареи)* maximum power control circuit
~ с двуху́ровневым вы́ходом dual-level output circuit
~ с пита́нием от со́лнечной эне́ргии solar-powered circuit

**счётчик** *м.* meter
~ вре́мени рабо́ты time-of-use meter
~ с тру́бкой Венту́ри venturi meter

**сы́воротка** *ж.* whey, buttermilk
~, сы́рная cheese whey

**сырьё** *с.* raw material
~, сельскохозя́йственное agricultural raw material

# Т

**табле́тка** *ж.* pellet
~, водоро́дная то́пливная hydrogen fuel pellet

**тексту́ра** *ж.* *(рельеф на поверхности солнечного элемента)* texture

**текстури́рование** *с.* *(обработка поверхности солнечного элемента с целью уменьшения коэффициента отражения)* texturing
  **~ пове́рхности** surface texturing
**теку́честь** *ж.* fluidity
**теллури́д** *м.* **рту́ти** mercury telluride
**те́ло** *с.* body
  **~, бы́стро испаря́ющееся твёрдое** volatile solid
  **~, рабо́чее** working body, working fluid
  **~, светя́щееся** luminous body
  **~ с приса́дкой це́зия, рабо́чее** cesium-seeded working fluid
  **~, твёрдое** solid
  **~, чёрное** black body
**температу́ра** *ж.* temperature
  **~, абсолю́тная** absolute temperature
  **~ вла́жного термо́метра** wet-bulb temperature
  **~, дневна́я** day temperature
  **~ конденса́ции паро́в** dewpoint temperature
  **~, крити́ческая** *(испарения)* critical temperature
  **~ не́ба** sky temperature
  **~, номина́льная рабо́чая** nominal operating temperature
  **~ окружа́ющей среды́** ambient temperature
  **~ перехо́да** *(в сверхпроводимости)* transition temperature
  **~, равнове́сная** *(воздуха)* balance point
  **~, расчётная** design temperature
  **~, расчётная нару́жная** design outside temperature
  **~ самовоспламене́ния** ignition temperature
  **~, со́лнечно-возду́шная** solair temperature
  **~ со́лнечного элеме́нта, станда́ртная** standard cell solar temperature
  **~ сте́нок** *(в МГД-канале)* wall temperature
  **~ сухо́го термо́метра** dry-bulb temperature
  **~, эквивале́нтная** equivalent temperature
  **~ элеме́нта** cell temperature
  **~, эффекти́вная** effective temperature
**тео́рия** *ж.* theory
  **~ теплообме́нника** heat exchange theory
**тепли́ца** *ж.* greenhouse
  **~, плёночная** plastic house
**тепло́** *с.* heat
  **~, вла́жное** wet heat
  **~, геотерма́льное** geothermal heat
  **~, глуби́нное** deep heat
  **~ для гражда́нских нужд** civic heat
  **~, поле́зное** useful heat
  **~, поле́зное со́лнечное** useful solar heat
  **~, сумма́рное** total heat
  **~, электри́ческое** electrical heat
**тепловыделе́ние** *с.*:
  **~, вну́треннее** *(в здании)* internal heat gain
  **~ то́плива** *(полученное при охлаждении продуктов*

*сгорания до комнатной температуры)* higher heating value
~ **челове́ка в поко́е** basal metabolism
**теплоёмкость** *ж.* thermal [heat] capacity
**теплоизоля́ция** *ж.* insulation
~, **светопрозра́чная** light transmissive insulation
**теплоноси́тель** *м.* heat transfer fluid, transfer media, transfer medium
**теплообме́н** *м.* heat transfer
~, **конвекти́вный** convective heat transfer
~, **радиацио́нный** radiative heat transfer
**теплообме́нник** *м.* heat exchanger
~, **во́дно-возду́шный** water-air heat exchanger
~ **«жи́дкость — во́здух»** liquid-to-air heat exchanger
~ **«жи́дкость — жи́дкость»** liquid-to-liquid heat exchanger
~, **металлогидри́дный** metal-hydride heat exchanger
~ **с встре́чным движе́нием теплоноси́теля** counterflow heat exchanger
~ **с двойно́й сте́нкой** double-wall heat exchanger
~ **с принуди́тельной циркуля́цией во́здуха** forced-circulation air heating coil
**теплоотво́д** *м.* heat removal
**теплоприёмник** *м.* **со́лнечного излуче́ния** solar (thermal) receiver
**теплопрово́дность** *ж.* thermal conductance; thermal [heat] conduction
~, **уде́льная** thermal conductivity
**теплопроизводи́тельность** *ж.* **то́почного устро́йства** burner capacity
**теплота́** *ж.* heat
~ **испаре́ния, скры́тая** latent heat of vaporization
~ **конденса́ции** heat of condensation
~ **кристаллиза́ции** crystallization heat
~ **плавле́ния** heat of fusion
~ **плавле́ния, скры́тая** latent heat of fusion
~ **сгора́ния** *(топлива)* heat of combustion
~, **скры́тая** latent heat
**термализа́ция** *ж.* thermalization
**термо́граф** *м.* thermograph
**термогра́фия** *ж.* thermography
~, **инфракра́сная** infrared thermography
**термодина́мика** *ж.* thermodynamics
~, **неравнове́сная** nonequilibrium thermodynamics
**термо́лиз** *м.* thermolysis
~ **воды́** water thermolysis
**термо́метр** *м.* thermometer
~ **для измере́ния эффекти́вной температу́ры** *(с учётом суммарной радиации)* globe thermometer
**термопа́ра** *ж.* thermocouple
**термопассива́ция** *ж.* thermopassivation
**те́рмос** *м.* thermos
**термосифо́н** *м.* thermosiphon
**термоста́т** *м.* thermostat

~, дифференциа́льный differential thermostat

**термофотоэлектри́чество** *с.* thermophotovoltaics

**термохи́мия** *ж.* thermochemistry

**термоэдс** *ж.* thermoelectric power

**термоэлектри́чество** *с.* thermoelectricity

**термоэлеме́нт** *м.* thermopile

**те́стер** *м.* **для со́лнечных элеме́нтов** solar cell tester

**те́хника** *ж.* **1.** engineering **2.** technology; technique

~ **гидрогениза́ции** hydrogenation technique

~ **получе́ния водоро́да с по́мощью со́лнечной эне́ргии** solar hydrogen technique

~, **термофотоэлектри́ческая** thermophotovoltaic technology

~, **ше́льфовая** offshore engineering

~, **электрохими́ческая импеда́нсная** electrochemical impedance technique

**техноло́гия** *ж.* technology

~, **безотхо́дная** nonwaste technology

~, **биога́зовая** biogas technology

~ **биома́ссы** biomass technology

~, **газофа́зная** *(солнечных элементов)* vapor-phase technology

~, **ио́нно-лучева́я** ion-beam technology

~, **капиталоёмкая** capital intensive technology

~ **коммута́ции** interconnection technology

~ **концентра́тора ветрово́й эне́ргии** wind concentrator technology

~, **криоге́нная** cryogenic technology

~ **лопасте́й ветроколёс** wind turbine blade technology

~, **мембра́нная** membrane technology

~, **нея́дерная энергети́ческая** nonnuclear energy technology

~ **получе́ния листово́го кре́мния** silicon sheet technology

~ **получе́ния па́льмового ма́сла, ко́мплексная** integrated palm oil processing

~ **произво́дства эне́ргии, альтернати́вная** alternative energy generation technology

~ **с испо́льзованием ма́лых ГЭС** *(производства энергии)* mini-hydro technology

~ **с испо́льзованием центра́льного приёмника** *(получения энергии)* central receiver technology

~, **со́лнечная теплова́я** solar heat technology

~, **трудоёмкая** labor-intensive technology

~, **энергети́ческая** energy technology

~, **я́дерная энергети́ческая** nuclear energy technology

**тече́ние** *с.* **1.** flow; course **2.** stream

~ **в кана́ле МГД-генера́то-**

ра *(рабочего тела)* MHD generator channel flow
~, **втори́чное** secondary flow
~ **двухфа́зного рабо́чего те́ла** two-phase flow
~ **жи́дкости** fluid flow
~, **океани́ческое вы́званное ве́тром** wind-driven current
~, **пульси́рующее** pulsated flow
~, **рециркуляцио́нное** recirculating flow
~ **сто́ков** sludge flow
**това́ры** *м. мн.* products
~ **потреби́тельские, со́лнечные** solar consumer products
~ **потреби́тельские, энергосберега́ющие** conservation consumer products
**ток** *м.* current
~, **земно́й** earth current
~, **индуци́рованный пучко́м фото́нов** photon-beam induced current
~, **крити́ческий** *(в сверхпроводнике)* critical current
~, **межэлеме́нтный** *(утечки)* intercell current
~ **насыще́ния** saturation current
~, **переме́нный** AC [alternating] current
~, **попере́чный** transversal current
~, **постоя́нный** DC [direct] current
~, **пульси́рующий** ripple current
~ **уте́чки** leakage current
~, **электри́ческий** (electric) current
**токовво́д** *м.* terminal
**токовы́вод** *м.* *(в аккумуляторе)* terminal
~, **универса́льный** universal terminal
**токоотво́д** *м.* current collector
**токси́чность** *ж.* toxicity
**толера́нтность** *ж.* tolerance
**толуиди́н** *м.* toluidine
**то́нна** *ж.* ton
~, **суха́я** *(напр. высушенной биомассы)* dry ton
**то́пливо** *с.* fuel
~, **автомоби́льное альтернати́вное** alternative automobile fuel
~, **брикети́рованное** briquetted fuel
~, **водоро́дное** hydrogen fuel
~, **возобновля́емое** renewable fuel
~ **для фе́рмерского тра́ктора** farm tractor fuel
~, **жи́дкое** liquid fuel
~, **жи́дкое водоро́дное** liquid hydrogen fuel
~ **из биома́ссы** biomass fuel
~ **из дров** fuelwood
~, **ископа́емое** fossil fuel
~, **коте́льное** boiler fuel
~, **неископа́емое** nonfossil fuel
~, **полу́ченное при конве́рсии мета́на** hydrocarbon-conversed fuel
~, **синтети́ческое** synfuel
~, **синтети́ческое жи́дкое** synthetic liquid fuel
~, **со́лнечное** solar fuel
~, **тра́нспортное** transportation fuel
~, **чи́стое** clean fuel

~, экологи́ческое ecological fuel
топогра́фия *ж.* topography
торможе́ние *с.* braking
~, регенерати́вное regenerative braking
то́чка *ж.* point
~ воспламене́ния flash [ignition] point
~ кипе́ния boiling point
~ кисло́тно-осно́вного равнове́сия equi-acid-base point
~ конденса́ции condensation point
~, крити́ческая critical point
~ максима́льной мо́щности peak power point
~ насыще́ния dewpoint
~, ни́зшая downpoint
~ оптима́льной мо́щности maximum power point
~, расчётная design point
то́чность *ж.* слеже́ния tracking accuracy
травле́ние *с.* etching
~, кисло́тное acid etching
~, фотоэлектрохими́ческое photoelectrochemical etching
~, щелочно́е alkaline etching
трансми́ссия *ж.* transmission
трансмута́ция *ж.* transmutation
тра́нспорт *м.* transport
~ на водоро́дном то́пливе hydrogen vehicle
транспортиро́вка *ж.* transportation
~ водоро́да transmission of hydrogen
~ эне́ргии, термохими́ческая thermochemical energy transportation
трансформа́тор *м.* transformer
~, абсорбцио́нный теплово́й absorption heat transformer
~, лине́йный line transformer
трансформа́ция *ж.* transformation
~ амо́рфного кре́мния в кристалли́ческий silicon amorphous-microcrystalline transformation
~ со́лнечной эне́ргии solar energy transformation
тре́щина *ж.* crack
~, подзе́мная subsurface crack
~, подзе́мная иску́сственная artificial subsurface crack
триселени́д *м.* нио́бия niobium triselenide
трисульфи́д *м.* молибде́на molybdenum trisulfide
трихлорсила́н *м.* *(материал для получения кремния)* trichlorsilane
триэтиленглико́ль *м.* triethylene glycol
тропосфе́ра *ж.* troposphere
тростни́к *м.* sugar-cane
~, са́харный sugar-cane
труба́ *ж.* 1. pipe, tube 2. *(дымовая)* chimney, smoke stack
~, вакууми́рованная evacuated tube
~ вентиля́ции, выводна́я vent stack
~ вертика́льного теплооб-

**ме́нника** vertical heat exchanger pipe
~, **водопрово́дная** water service pipe
~, **двойна́я** double pipe
~, **дымова́я** chimney, smoke stack
~ **из леги́рованной ста́ли** alloy pipe
~ **из нелеги́рованной ста́ли** black pipe
~, **капилля́рная** capillary tube
~, **напо́рная** delivery pipe
~, **пла́стиковая** plastic pipe
~ **с водо́й в ка́честве рабо́чего те́ла, теплова́я** water heat pipe
~ **с гальвани́ческим покры́тием** galvanized pipe
~, **со́лнечная вытяжна́я** solar chimney
~, **сто́чная** waste pipe
~, **теплова́я** heat pipe
**тру́бка** *ж.* pipe, tube
~ **бе́та-глинозёма** beta-alumina tube
~ **Венту́ри** venturi tube
~, **обрабо́танная давле́нием, металли́ческая** wrought metal pipe
**трубопрово́д** *м.* pipeline, manifold
~ **для перека́чки жи́дкого водоро́да** liquid hydrogen transfer line
~ **из углеро́дистой ста́ли** carbon steel pipe
~, **напо́рный** penstock
~, **электри́чески изоли́рованный соедини́тельный** electrically insulated fluid connector
**тума́н** *м.* mist, fog, haze
**туннели́рование** *с.* tunneling
**турби́на** *ж.* turbine
~ **Банки́** Banki turbine
~, **ветрова́я** wind turbine
~, **вихрева́я** vortex turbine
~, **во́дная** water turbine
~, **возду́шная** air turbine
~, **волнова́я** wave-powered turbine
~, **га́зовая** gas turbine
~, **гидравли́ческая** hydraulic turbine
~, **двухступе́нчатая** double-inflow turbine
~ **для ма́лой ГЭС** mini-hydro turbine
~ **для преобразова́ния волново́й эне́ргии** wave-energy conversion turbine
~, **и́мпульсная** impulse turbine
~ **Капла́на** Kaplan turbine
~, **конденсацио́нная** condensing turbine
~, **лёгкая ветрова́я** light wind turbine
~ **Ми́тчелла** Mitchell turbine
~, **одноступе́нчатая** single-stage turbine
~, **осева́я** axial turbine
~, **парова́я** steam turbine
~ **Пе́лтона** Pelton turbine
~, **пропе́ллерная** propeller turbine
~, **радиа́льная** radial turbine
~, **реакти́вная** reaction turbine
~ **Саво́ниуса, автомати́ческая регули́руемая** self-regulated Savonius turbine
~ **Саво́ниуса, ветрова́я** Savonius wind turbine

~ с вертика́льной о́сью (ро́тора), ветрова́я vertical axis (rotor-type) wind turbine

~ с горизонта́льной о́сью, ветрова́я horizontal axis wind turbine

~ с дельтави́дными лопастя́ми delta-turbine

~ с попере́чным пото́ком cross flow turbine

~ с противодавле́нием с вы́пуском па́ра в атмосфе́ру atmospheric exhaust turbine

~ с регули́руемыми лопастя́ми, ветрова́я tip-controlled wind turbine

~ ти́па торна́до, ветрова́я tornado-type wind turbine

~ Ту́рго, и́мпульсная Turgo impulse turbine

~ Уэ́льса Wells turbine

~ Фрэ́нсиса Francis turbine

~ Фрэ́нсиса, вертика́льная vertical Francis turbine

~ Фрэ́нсиса, горизонта́льная horizontal Francis turbine

~, четырёхло́пастная ветрова́я four-bladed wind turbine

**турбовентиля́тор** *м.* turboblower

**турбогенера́тор** *м.* turbogenerator

**турбуле́нтность** *ж.* turbulence

~, трёхме́рная three-dimensional turbulence

# У

**увеличе́ние** *с.* increase, amplification

~ вы́хода не́фти из сква́жин с по́мощью со́лнечной эне́ргии solar enhanced oil recovery

~ поглоще́ния absorption enhancement

~ теплоты́ *(за счёт солнечного излучения, природных факторов и деятельности людей)* heat gain

~ характери́стик *(солнечного элемента)* за счёт отраже́ния albedo enhanced performance

**увлажни́тель** *м.* humidifier

~ во́здуха air washer

**углеводоро́д** *м.* hydrocarbon

~ы, лёгкие light hydrocarbons

**углеро́д** *м.* carbon

**у́гли** *мн.* то́щие lower rankcoals

**у́гол** *м.* angle, corner

~ вну́треннего отраже́ния internal reflection angle

~ накло́на tilt (angle)

~ накло́на колле́ктора collector tilt

~ накло́на *(солнечной установки)*, оптима́льный optimum tilt

~ накло́на *(солнечного коллектора)*, оптима́льный сезо́нный optimum seasonally tilt angle

~, оптима́льный *(солнеч-*

*ной установки)* optimum angle
~ **отраже́ния** reflection angle
~ **охва́та концентра́тора** acceptance angle of concentrator
~ **паде́ния (све́та)** angle of incidence, incident angle
~ **по́лного вну́треннего отраже́ния** total internal reflection angle
~ **ры́сканья** yaw angle
~ **склоне́ния Со́лнца** solar declination
~, **часово́й** *(перемещения Солнца,* 1 *час* = 15°*)* hour angle
~ **экли́птики** ecliptic angle
**у́голь** *м.* coal
~, **активи́рованный** activated carbon
~, **бу́рый** brown coal
~, **древе́сный** charcoal
**удале́ние** *с.* removal
~ **водоро́да** dehydrogenation
~ **ио́нов** *(из раствора химическим путём)* deionization
~ **пе́ны** *(с поверхности воды)* scumming
**уда́р** *м.* impact, blow
**удобре́ние** *с.* fertilizer
~, **азо́тное** nitrogen fertilizer
~, **бактериа́льное** bacteria fertilizer
**указа́тель** *м.* indicator, marker
~ **полюсо́в батаре́и** battery marker
**укры́тие** *с.* shade, shelter, cover
**упако́вка** *ж.* package, packaging
~ **батаре́и** battery package, battery packaging
**уплотне́ние** *с.* seal, jacket
~, **ва́куумное** vacuum jacket
~, **гермети́чное** hermetic seal
~, **многофункциона́льное** multifunctional seal
**управле́ние** *с.* control, management
~ **гелиоста́том** heliostat control
**уравне́ние** *с.* equation
~ **Ангстрёма** *(для оценки солнечной радиации)* Ångstrom-type equation
~ **Арре́ниуса** Arrenius equation
~ **дио́да** diode equation
~ **диффу́зии** diffusion equation
~ **диффу́зии неосновны́х носи́телей** minority carrier diffusion equation
~ **идеа́льного га́за** perfect gas equation
~ **непреры́вности** continuity equation
~ **перено́са** transport equation
~ **Пуассо́на** Poisson equation
~ **Френе́ля** Fresnel equation
~ **Шо́кли — Ри́да** Shockley-Read equation
**ура́н** *м.* uranium
**у́ровень** *м.* level
~ **акце́птора** acceptor level
~ **вака́нсий, электри́ческий** electrical level of vacancies

~, ва́куумный vacuum level
~ инже́кции injection level
~ инже́кции, высо́кий high injection level
~ леги́рования doping level
~, лову́шечный trapping state
~ освещённости illumination level
~ освещённости, высо́кий high illumination level
~, равнове́сный background level
~ со́лнечной радиа́ции solar flux level
~ Ферми́ Fermi level
~ Ферми́ для реа́кции восстановле́ния-окисле́ния redox Fermi level

**усиле́ние** *с.* amplification, gain

**ускоре́ние** *с.* acceleration

**ускори́тель** *м.* accelerator

**усло́ви/е** *с.* condition
~я для расчёта design conditions
~я запылённости dusty conditions
~я испыта́ний, станда́ртные standard test conditions
~я нейтра́льности заря́да charge neutrality conditions
~я рабо́ты (со́лнечного) элеме́нта, номина́льные температу́рные nominal operating cell temperature conditions

**успе́х** *м.* success, advance
~и гелиоте́хники advances in solar energy technology

**уста́лость** *ж.* *(напр. металла)* fatigue

**устано́вка** *ж.* plant, unit, installation
~ аккумули́рования эне́ргии energy-storage facility
~, биога́зовая biogas plant
~, ветрова́я windpower plant
~, ветроди́зельная wind/diesel power plant
~, ветронасо́сная windmill device, wind-driven lift pump
~, ветрофотоэлектри́ческая гибри́дная hybrid wind photovoltaic plant
~, ветрофотоэлектри́ческая комбини́рованная combined photovoltaic eolian electric plant
~, волнова́я wave machine
~, гидротерми́ческая *(для разложения биомассы)* hydrothermal plant
~, гидрофотоэлектри́ческая hydrophotovoltaic plant
~, гидроэлектри́ческая hydroelectric plant
~, дви́гательная со́лнечная solar propulsion system
~ для газифика́ции в кипя́щем сло́е fluidized-bed gasifier
~ для герметиза́ции со́лнечной батаре́и solar array laminator
~ для испыта́ния фотоэлектри́ческих батаре́й photovoltaic test facility
~ для пиро́лиза pyrolyser
~ для пиро́лиза соло́мы straw pyrolyser
~ для получе́ния водоро́да hydrogen production plant
~ для получе́ния льда, со́лнечная solar ice plant

~ для получе́ния спи́рта alcohol distillery

~ для произво́дства водоро́да с испо́льзованием со́лнечной эне́ргии solar hydrogen production facility

~ ио́нной имплantáции (ion) implanter

~, испо́льзующая обы́чное то́пливо conventional fossil plant

~ комбини́рованного энергоснабже́ния combination utility

~, конденсацио́нная condensing unit

~ контро́ля monitor

~ контро́ля загрязне́ния во́здуха с со́лнечным энергоснабже́нием solar(-powered) pollution monitor

~, ку́хонная со́лнечная solar cooker assembly

~ мо́дульного ти́па modular plant

~, насо́сная со́лнечная solar pumping system

~, насо́сная с термодинами́ческим ци́клом, со́лнечная solar thermodynamic pumping system

~, опресни́тельная со́лнечная solar distillation device

~, пароэже́кторная холоди́льная со́лнечная solar vapor thermal compression chiller

~ с вертика́льной о́сью vertical shaft unit

~ с высо́кой концентра́цией *(солнечного излучения)* high-ratio installation

~ с горизонта́льной о́сью horizontal shaft unit

~ с испо́льзованием со́лнечной эне́ргии, биога́зовая solar-assisted biogas plant

~ с комбини́рованным ци́клом *(преобразования энергии)* combined-cycle plant

~ с неподви́жным ку́полом, биога́зовая fixed-dome biogas plant

~ со́лнечная solar plant

~, со́лнечная энергети́ческая автоно́мная stand-alone solar power plant

~ со слеже́нием за Со́лнцем heliotropic plant

~ со слеже́нием по двум ося́м, со́лнечная two-axis focusing solar plant

~ с паралле́льно соединёнными тру́бами parallel piping installation

~ створ́чатого ти́па, энергети́ческая волнова́я flap-type wave energy converter

~, суши́льная со́лнечная solar-powered drying facility

~ с центра́льным приёмником, испыта́тельная central receiver test facility

~ с энергоснабже́нием от со́лнечного пру́да, опресни́тельная solar pond powered distillation plant

~ теплоснабже́ния, со́лнечная solar heat plant

~ уче́бного телеви́дения с пита́нием от со́лнечной батаре́и solar(-powered) educational television set

~, холоди́льная абсорбцио́нная absorption cold store

**~, холоди́льная со́лнечная** solar-driven cold store
**~ энергети́ческая, водоро́дно-возду́шная** hydrogen-air power plant
**~, энергети́ческая гибри́дная** *(использующая энергию Солнца и обычное топливо)* hybrid power-generating plant
**~, энергети́ческая компа́ктная** packaged power unit
**~, энергети́ческая плаву́чая** floating plant
**~ ю́жной ориента́ции, фотоэлектри́ческая** south-facing photovoltaic array
**~, я́дерная** nuclear plant
**усто́йчивость** *ж.* **к радиа́ции** radiation resistance
**устро́йство** *с.* arrangement, apparatus, device
**~ аккумуля́тора, портати́вное заря́дное** portable battery charger
**~, безэлектроли́тное электрохро́мное** electrolyte-free electrochromic device
**~, бестрансформа́торное заря́дное** transformerless charger
**~, ветроэнергети́ческое** wind energy device
**~, взрывобезопа́сное** explosion-proof arrangement
**~, гидроэлектри́ческое** hydroelectric device
**~ демпфи́рования движе́ния** *(ветроколеса)* motion damping apparatus
**~, диффу́зорно-эже́кторное** diffuser-ejector
**~ для байпаси́рования во́здуха** air bypass apparatus
**~ для зали́вки воды́ в батаре́ю** battery watering device
**~ для измельче́ния като́дов батаре́и** crusher for battery cathodes
**~ для испо́льзования прили́вной эне́ргии** tidal power apparatus
**~ для испо́льзования тепла́ проду́ктов сгора́ния** *(в печи)* heat recovery device
**~ для испо́льзования эне́ргии волн** wave energy apparatus
**~ для испыта́ний аккумуля́тора** battery tester
**~ для контро́ля эне́ргии в аккумуля́торе** battery energy monitor
**~ для концентра́ции со́лнечных луче́й** apparatus for collecting solar beams
**~ для осветле́ния** *(воды)* clarifier
**~ для открыва́ния што́р, светочувстви́тельное** light-actuated curtain puller
**~ для охлажде́ния и удале́ния воды, стати́ческое** *(в топливном элементе)* cooling water/static water removal means
**~ для переда́чи магни́тного по́ля** magnetic field transfer device
**~ для пода́чи то́плива** *(в топливном элементе)* fuel feed arrangement
**~ для преобразова́ния эне́ргии волн** assembly for harnessing wave energy

~ **для произво́дства электри́ческой эне́ргии** apparatus for developing electrical energy

~ **для пульвериза́ции** pulverization device

~ **для регули́рования ветрово́го пото́ка** *(усиления или ослабления)* wind flow shroud

~ **для сбо́рки** *(напр. солнечных элементов)* stacker

~ **для собира́ния со́лнечной эне́ргии** solar energy collection device

~ **для ускóренного заря́да** *(батареи)*, **регули́руемое** controlled fast charger

~ **для цикли́рования** battery cycling device

~ **для эконо́мии** *(напр. топлива)* saver

~ **для эконо́мии то́плива** fuel saver

~, **заря́дное** charger, charging device, charging system

~, **микропроце́ссорное следя́щее за Со́лнцем** microprocessor-controlled sun tracker

~ **на то́пливных элеме́нтах** fuel-cell device

~ **обезво́живания** dehydrator

~, **опти́ческое скани́рующее** optical scanner

~ **отбо́ра максима́льной мо́щности** maximum power point [MPP-] tracking device

~, **отключа́ющее** switching device

~, **отража́ющее** reflector array

~, **пламягася́щее** flame arrestor

~ **преобразова́ния** conversion unit

~, **преобразу́ющее** converting apparatus

~ **распределе́ния све́та** light distribution arrangement

~ **регули́рования пото́ка тепла́** *(через солнечный коллектор)* heat regulation device

~ **сбо́рки батаре́й, автомати́ческое** automatic battery stacker

~ **сбро́са давле́ния** pressure relief device

~, **следя́щее за положе́нием Со́лнца** sun tracker

~, **следя́щее за Со́лнцем по астрономи́ческим да́нным** astronomically based sun tracker

~ **слеже́ния, двухо́сное** double-axis tracker

~ **слеже́ния за Со́лнцем с руло́нной ли́нзой Френе́ля** Fresnel scroll solar tracking device

~ **слеже́ния за то́чкой максима́льной мо́щности** *(солнечного элемента)* maximum power point tracker

~ **слеже́ния, одноо́сное** single-axis tracker

~, **со́лнечное заря́дное** solar charger

~, **со́лнечное следя́щее** solar tracking device

~, со́лнечно-освети́тельное solar lighting device
~ с при́водом от водото́ка, электрогенери́рующее current-driven power-generating apparatus
~, стати́ческое static device
~, теплоаккумули́рующее thermal energy storage apparatus
~ управле́ния заря́дом charging control apparatus
~, фокуси́рующее focusing device
~, фотопроводя́щее photoconductive device
~, фотохими́ческое photochemical device
~, электрохро́мное electrochromic device
~, энергети́ческое energy device
**уте́чка** *ж.* leakage
~ по пери́метру *(солнечного элемента)* perimeter leakage
~ то́ка current leakage
~ то́ка, межэлектро́дная interelectrode current leakage
**утилиза́ция** *ж.* utilization, recovery
~ скры́той теплоты́ конденса́ции latent heat recovery
**уча́сток** *м.* site
~ расположе́ния ветроэнергети́ческих систе́м wind-energy conversion systems site

# Ф

**фа́за** *ж.* phase
~, га́зовая vapor phase
~, жи́дкая liquid phase
~, твёрдая solid phase
**фа́ктор** *м.* factor
~ безопа́сности factor of safety
~ окружа́ющей среды́ environmental factor
U-~ *(коэффициент теплопередачи)* U-value
**фаце́т** *м.* facet
**фе́рма** *ж.* farm
~, ветрова́я wind farm
~, ветрова́я демонстрацио́нная demo wind farm
~, ветрова́я прибре́жная offshore farm
~, со́лнечная solar farm
~ с самообеспе́чением то́пливом fuel self-sufficient farm
~, энергети́ческая *(для получения энергии из биомассы)* energy farm
**фермента́ция** *ж.* fermentation
~ мета́на methane fermentation
~, микробиологи́ческая microbial fermentation
~, непреры́вная continuous fermentation
~ этано́ла ethanol fermentation
**ферри́т** *м.* ferrite
~, ли́тий-ци́нковый lithium-zinc ferrite
**фи́зика** *ж.* physics
~ прибо́ра device physics

~, со́лнечно-земна́я solar-terrestrial physics

**фильéра** *ж.* die

~, капилля́рная capillary die

**фильтр** *м.* filter

~, анаэро́бный anaerobic filter

~, возду́шный air filter

~, дихрои́чный dichroic filter

~, интерференцио́нный interference filter

~, инфракра́сный infrared filter

~, ка́пельный trickling filter

~, тка́невый fabric filter

~, узкополо́сный narrow band pass filter

~, энергети́ческий акти́вный active power filter

**фильтра́ция** *ж.* filtration

~, анаэро́бная anaerobic filtration

~, биологи́ческая biofiltration

**фла́нец** *м.* **с ше́йкой для прива́рки к трубопрово́ду** welding neck flange

**флуктуа́ция** *ж.* fluctuation

~ излучéния, вы́званная о́блачностью cloud-induced fluctuation

~ напряжéния voltage fluctuation

~, случа́йная random fluctuation

~, теплова́я thermal fluctuation

**фокли́н** *м.* compound cylindrical [nonimaging cylindrical, Winston] concentrator

~, гиперболоцилиндри́ческий compound hyperbolic concentrator

~, клинови́дный compound-wedge cylindrical [V-trough (solar), flat-sided rectilinear trough] concentrator

~, твердотéльный диэлектри́ческий solid-dielectric compound parabolic concentrator

**фоко́н** *м.* compound cone [conically-shaped compound parabolic] concentrator

~, диэлектри́ческий dielectric compound (parabolic) concentrator

~, параболотори́ческий compound parabolic concentrator

~, укоро́ченный truncated compound concentrator

**фо́кус** *м. (концентратора)* focus

~, линéйный line focus

~, то́чечный point focus

**фольга́** *ж.* foil

~, затвердева́ющая кре́мниевая solidified silicon foil

**фо́рма** *ж.* shape, form

~, спира́льная spiral shape

~, сфери́ческая spherical shape

**формирова́ние** *с.* formation, forming, shaping

~ перехо́да junction formation

**фосфи́д** *м.* phosphide

~ и́ндия indium phosphide

**фотоано́д** *м.* photoanode

**фотобиореа́ктор** *м.* photobioreactor

**фотовозбуждéние** *с.* photoexcitation

**фотогенера́ция** *ж.* photogeneration
  ~ **носи́телей заря́да** carrier photogeneration
**фотода́тчик** *м.* photosensor
**фотодете́ктор** *м.* photodetector
  ~, **встро́енный** integrated photodetector
**фотодио́д** *м.* photodiode
**фотодиссоциа́ция** *ж.* photodissociation
**фотоёмкость** *ж.* photocapacitance
**фотоизоме́р** *м.* photoisomer
**фотоинтеркали́рование** *с.* photointercalation
  ~ **слои́стых полупроводнико́в** photointercalation of lamellar semiconductors
**фотокалориметри́я** *ж.* photocalorimetry
**фотокатализа́тор** *м.* photocatalyst
  ~, **полупроводнико́вый** semiconductor photocatalyst
**фотокато́д** *м.* photocathode
**фотокорро́зия** *ж.* photocorrosion
**фото́лиз** *м.* photolysis
**фотолюминесце́нция** *ж.* photoluminescence
**фото́н** *м.* photon
  ~, **длинноволно́вый** long wavelength photon
  ~, **неиспо́льзованный** unused photon
  ~, **поглощённый** absorbed photon
  ~, **эффекти́вный** effective photon
**фотонапряже́ние** *с.* photovoltage
  ~ **Дембе́ра** Dember photovoltage
  ~, **пове́рхностное** surface photovoltage
**фотоо́тклик** *м.* photoresponse
**фотопроводи́мость** *ж.* photoconductivity
  ~, **инжекцио́нная** injection photoconductivity
  ~, **объёмная** bulk photoconductivity
  ~, **переме́нная** transient photoconductivity
**фоторазложе́ние** *с.* photodecomposition
**фоторасщепле́ние** *с.* photosplitting; *(воды)* photocleavage
**фотосенсибилиза́тор** *м.* photosensitizer (unit)
**фотоси́нтез** *м.* photosynthesis
  ~, **иску́сственный** artificial photosynthesis
**фотостимуля́ция** *ж.* photostimulation
**фотото́к** *м.* photocurrent, photogenerated current
**фотофикса́ция** *ж.* photofixation
**фотохи́мия** *ж.* photochemistry
**фотоэдс** *ж.* *(солнечного элемента)* open-circuit voltage
**фотоэлектри́чество** *с.* photovoltaics
  ~ **для зда́ний** residential photovoltaics
  ~ **для отдалённых дереве́нь** remote village photovoltaics
  ~ **для разви́тия се́льских**

**райо́нов** photovoltaics for rural development
~, **косми́ческое** space photovoltaics
~, **назе́мное** terrestrial photovoltaics
~ **с концентри́рующими систе́мами** concentrating photovoltaics

**фотоэлектро́д** *м.* photoelectrode
~ **из дисульфи́да руте́ния** ruthenium disulfide photoelectrode
~ **с покры́тием из силици́да** silicide-coated photoelectrode

**фотоэлектроката́лиз** *м.* photoelectrocatalysis

**фотоэлектро́лиз** *м.* photoelectrolysis

**фотоэлектрохи́мия** *ж.* photoelectrochemistry
~, **и́мпульсная** pulsed photoelectrochemistry
~ **пове́рхности разде́ла фаз** interfacial photoelectrochemistry

**фотоэлеме́нт** *м.* photocell

**фотоэми́ссия** *ж.* photoemission
~, **вну́тренняя** internal photoemission

**фра́кция** *ж. (нефти при перегонке)* fraction

**фрео́н** *м.* freon

**фронт** *м.* front
~ **волново́й эне́ргии** wave energy front
~ **кристаллиза́ции** crystallization front

**фталоциани́н** *м. (материал для солнечного элемента)* phthalocyanine
~ **ме́ди** copper phthalocyanine
~ **ци́нка** zinc phthalocyanine

**фтор** *м.* fluorine

**фу́нкция** *ж.* function
~, **опти́ческая переда́точная** optical transfer function
~ **пло́тности вероя́тности** probability density function
~ **собира́ния** collection function

**Фурье́-спектроскопи́я** *ж.* Fourier spectroscopy

**фут** *м.* foot
~, **куби́ческий** cubic foot

**фут-свеча́** *ж.* foot-candle

# Х

**характери́стик/а** *ж.* characteristic, performance
~ **в конце́ сро́ка слу́жбы** *(солнечного элемента)* end-of-life performance
~, **вольт-ампе́рная** voltage-current characteristic
~, **гидродинами́ческая** fluid dynamic performance
~ **горе́ния водоро́да** hydrogen combustion characteristic
~ **грани́цы разде́ла** interface characteristic
~ **зави́симости кпд от концентра́ции излуче́ния** efficiency/concentration characteristic
~, **обра́тная** reverse characteristic

~, перехо́дная transient performance, transient characteristic
~ по́ля *(солнечных батарей)* array field performance
~, поляризацио́нная polarization characteristic
~, преде́льная peak performance
~ про́филя крыла́ *(лопасти ветроустановки)* aerofoil section characteristic
~, разря́дная discharge characteristic
~, ресу́рсная long-term performance
~ сле́да *(за ветроколесом)* wake response
~ со́лнечного излуче́ния, спектра́льная solar spectral constant
~ со́лнечного элеме́нта solar cell performance
~и со́лнечной радиа́ции, микроклимати́ческие solar microclimates
~, спектра́льная spectral characteristic, spectral constant
~, стати́ческая *(солнечного элемента)* steady-state characteristic
~, темнова́я dark characteristic
~ фотото́ка, перехо́дная transient photocurrent
~, фотоэлектри́ческая photovoltaic characteristic, photovoltaic performance

**хи́мия** *ж.* chemistry
~ аккумуля́торных батаре́й chemistry of batteries
~ пове́рхности surface chemistry

**хиноли́н** *м.* quinoline

**хлори́д** *м.* **мета́лла** metal chloride

**хлори́рование** *с.* chlorination

**хлоропла́ст** *м.* chloroplast

**ход** *м.* **луче́й** ray tracing

**холоди́льник** *м.* refrigerator, chiller
~, абсорбцио́нный absorption chiller
~ на водоро́дном то́пливе, абсорбцио́нный hydrogen-fueled absorption-type refrigerator
~, парокомпрессио́нный vapor compression refrigerator
~, со́лнечный абсорбцио́нный solar absorption refrigerator
~ с фотоэлектри́ческим исто́чником пита́ния, термоэлектри́ческий photovoltaic thermoelectric refrigerator
~, фотоэлектри́ческий photovoltaic refrigerator

**холодопроизводи́тельность** *ж.* *(кондиционера)* cooling capacity

**хране́ние** *с.* storage
~ водоро́да, обрати́мое reversible hydrogen storage
~ водоро́дного то́плива hydrogen-fuel storage

**хром** *м.* chromium
~, чёрный black chromium

## Ц

**цвете́ние** *с.* **воды́** *(из-за загрязнения фосфатами)* blooming

**целлюло́за** *ж.* cellulose

**центр** *м.* center

~, **глубо́кий** deep center

~ **реа́кций фотоси́нтеза** photosynthetic reaction center

~, **рекомбинацио́нный** recombination center

**центрифу́га** *ж.* centrifuge

**цепь** *ж.* *(электрическая)* circuit

**цикл** *м.* cycle

~, **бина́рный** binary cycle

~ **Бра́йтона** Brayton cycle

~, **гибри́дный** hybrid cycle

~, **гидрологи́ческий** hydrologic cycle

~, **годово́й** annual cycle

~, **за́мкнутый** closed cycle

~ **испо́льзования теплово́й эне́ргии океа́на, за́мкнутый** ocean thermal energy closed cycle

~ **испо́льзования теплово́й эне́ргии океа́на, откры́тый** ocean thermal energy open cycle

~ **Карно́** Carnot cycle

~, **кислоро́дный** oxygen cycle

~, **коро́ткий** short cycle

~ **Кре́бса** Krebs cycle

~ **МГД, паротурби́нный** MHD bottoming cycle

~ **отго́нки лёгких фра́кций** topping cycle

~, **откры́тый** open cycle

~, **теплово́й** heat cycle

~, **тройно́й комбини́рованный** triple combined cycle

~ **экономá́йзера** *(в системе кондиционирования воздуха)* economizer cycle

~, **энергети́ческий** power cycle

**цикло́н** *м.* cyclone

**циклотурби́на** *ж.* cycloturbine

**цили́ндр** *м.* *(в механической водоподъёмной ветроустановке)* cylinder

**цинк** *м.* zinc

**циркуля́ция** *ж.* circulation

~ **во́здуха, принуди́тельная** forced air circulation

~, **есте́ственная** natural [thermosiphon] circulation

~, **принуди́тельная** forced circulation

## Ч

**час** *м.* hour

**части́ца** *ж.* particle

**частота́** *ж.* frequency

~ **поса́дки** *(напр. зубьев)* spacing

~, **углова́я** angular frequency

**часы́** *мн.*, **со́лнечные** sundials

**чередова́ние** *с.* alternation

~ **фаз** phase sequence

**чернь** *ж.* black

~, **пла́тиновая** platinum black

**чип** *м.* **из со́лнечных элеме́нтов** solar-cell chip
**число́** *с.* number, quantity
~ **Ре́йнольдса** Reynolds number
~ **степене́й свобо́ды в со́лнечной электроста́нции** degrees of freedom in solar plant
~ **часо́в незаплани́рованного отключе́ния** *(энергетического оборудования)*, **годово́е** forced outage rate
~ **часо́в рабо́ты** *(энергетической установки)* **от аккумуля́тора** hours of storage
**чувстви́тельность** *ж.* response, responsivity
~, **спектра́льная** *(характеристика элемента)* spectral response, spectral responsivity
~, **спектра́льная относи́тельная** relative spectral response
~, **уде́льная** specific response
~ **фотото́ка, спектра́льная** photocurrent spectral response
~ *p — n*-**перехо́да, спектра́льная** junction spectral response

# Ш

**шелуха́** *ж.* husk, hull
~, **ри́совая** rice hulls
**шельф** *м.* shelf
~, **континента́льный** continental shelf
**ширина́** *ж.* width; gap
~ **запрещённой зоны** energy band gap
~ **запрещённой зо́ны, опти́ческая** optical energy band gap
~ **запрещённой зо́ны, переме́нная** graded energy band gap
~ **запрещённой зо́ны, постоя́нная** constant energy band gap
~ **обеднённого сло́я** depletion-layer width
~ **о́бласти простра́нственного заря́да** space-charge region width
**широта́** *ж.* *(местности)* latitude
~, **высо́кая** high latitude
~, **ни́зкая** low latitude
**шкала́** *ж.* scale
~, **стогра́дусная** *(температур)* centigrade scale
~ **Фаренге́йта** Fahrenheit scale
~ **Це́льсия** Celsius scale
**шлак** *м.* slag
~, **распла́вленный** melting slag
**шлам** *м.*, **нетокси́чный** nontoxic solids
**шлюз** *м.* lock; sluice

# Щ

**щёлочь** *ж.* alkali

# Э

**эже́ктор** *м.* ejector
**эквивале́нт** *м.* equivalent
~ **то́плива, энергети́ческий** conversion fuel factor
~, **энергети́ческий** energy equivalent
**эко́лог** *м.* ecologist
**эколо́гия** *ж.* ecology
**экономáйзер** *м.* economizer
**эконо́мика** *ж.* economics
~ **ветровы́х ферм** wind farm economics
~ **фотоэлектри́ческих систе́м** photovoltaic power system economics
**эконо́мия** *ж.* economy, saving
~, **водоро́дная** hydrogen economy
~ **от увеличе́ния масштáбов произво́дства** economy of scale
~ **то́плива** fuel saving
~ **эне́ргии** energy conservation
**экосисте́ма** *ж.* ecosystem
~ **дере́вни** village ecosystem
**экспози́ция** *ж.*, **энергети́ческая** *(энергия излучения, поступающая на единицу площади поверхности за определённый промежуток времени)* irradiation, insolation
~ **прямо́го со́лнечного излуче́ния** direct irradiation, direct insolation
~ **рассе́янного излуче́ния** diffuse irradiation, diffuse insolation
~ **со́лнечного излуче́ния** solar irradiation, insolation
~ **суммáрного со́лнечного излуче́ния на горизонтáльной пове́рхности** global solar irradiation, global insolation
~ **суммáрного со́лнечного излуче́ния на накло́нной пове́рхности** total solar irradiation, total insolation
**экстрáкция** *ж.* extraction
~, **сверхкрити́ческая** supercritical extraction
**экстру́дер** *м.* extruder
**эксце́нтрик** *м.* eccentric
**эласти́чность** *ж.* elasticity
**электри́чество** *с.* electricity
~, **со́лнечное** *(получаемое из энергии солнца)* solar(-generated) electricity
**электро́бус** *м.* electrobus
**электровнедре́ние** *с.* electroinsertion
**электрогенерáтор** *м.* electrical generator
~, **гравитацио́нный** gravity-driven power generator
~, **термомехани́ческий** thermomechanical electrical generator
**электро́д** *м.* electrode
~ **аккумуля́тора, положи́тельный** battery positive plate
~, **активи́рованный плáтиной** platinum-catalyzed electrode
~, **биполя́рный** bipolar electrode
~, **водоро́дный газодиффузио́нный** hydrogen gas diffusion electrode

**~, волокни́стый** fiber-structured electrode
**~, враща́ющийся ди́сковый** rotating disc electrode
**~, вспомога́тельный** auxiliary electrode
**~, газовыделя́ющий** gas-evolving electrode
**~, газодиффузио́нный** gas diffusion electrode
**~, двухфункциона́льный** bifunctional electrode
**~ для батаре́и с прото́чным электроли́том, по́ристый** flow-through porous electrode
**~ для то́пливного элеме́нта** fuel cell electrode
**~, защи́тный** protective electrode
**~ из гидрокси́да ни́келя** nickel-hydroxide electrode
**~ из диокси́да свинца́** lead-dioxide electrode
**~ из полипирро́ла** polypyrrol electrode
**~, ионоселекти́вный** ion-selective electrode
**~, ионоселекти́вный на́триевый** sodium ion-selective electrode
**~, каталити́ческий** catalytic electrode
**~, като́дный** cathodic electrode
**~, квазибиполя́рный** quasi-bipolar electrode
**~, керами́ческий** ceramic electrode
**~, кислоро́дный** oxygen electrode
**~, кислородосто́йкий** oxygen-stable electrode
**~, комбини́рованный** combination electrode
**~, композі́тный** composite electrode
**~, компози́тный металлокерами́ческий** composite cermet electrode
**~, кре́мниевый** silicon electrode
**~, крупнозерни́стый прозра́чный** grained transparent electrode
**~, модифици́рованный** modified electrode
**~, модифици́рованный полиме́рный** polymer-modified electrode
**~ на осно́ве нитри́дов, неметалли́ческий** nonmetallic nitride electrode
**~, норма́льный водоро́дный** normal hydrogen electrode
**~, пассиви́рованный** passivated electrode
**~, полиацетиле́новый** polyacetylene electrode
**~, полиметилтиофе́новый** polymethylthiophene electrode
**~, полупроводнико́вый** *(для фотоэлектрического солнечного элемента)* semiconductor electrode
**~, по́ристый желе́зный** porous iron electrode
**~, по́ристый ни́келевый** porous nickel electrode
**~, порошко́вый** powder electrode
**~, прозра́чный** *(солнечного элемента)* transparent electrode

**~, разряжённый** discharged electrode
**~, рекомбинацио́нный** recombination electrode
**~, руло́нный** coiled electrode
**~ с гетеропереxо́дом, кре́мниевый** silicon heterojunction electrode
**~ с ла́тексным покры́тием** latex-coated electrode
**~ с ни́зким сопротивле́нием, то́пливный** low-resistance fuel electrode
**~ со стекля́нной мембра́ной** glass-membrane electrode
**~ с откры́тыми по́рами** porous flow-through electrode
**~, спира́льный** spiral [wound] electrode
**~, углеро́д-ли́тиевый** carbon-lithium electrode
**~ы, углеро́дно-пла́стиковые** carbon-plastic electrodes
**~, усто́йчивый к се́ре** sulfur-tolerant electrode
**~, ферроце́новый** ferrocene electrode
**~, цилиндри́ческий** cylindrical electrode
**электродиа́лиз** *м.* electrodialysis
**электроката́лиз** *м.* electrocatalysis
**электрокатализа́тор** *м.* electrocatalyst
**электро́лиз** *м.* electrolysis
**~ водяно́го па́ра** steam electrolysis
**~, высокотемперату́рный** high-temperature electrolysis
**~, газофа́зный** gas-phase electrolysis
**~, испо́льзующий волново́ю эне́ргию** wave-powered electrolysis
**~ раство́ра соле́й** brine electrolysis
**~, хлор-щелочно́й** chloralkali electrolysis
**электролизёр** *м.*, **фотоакти-ви́руемый** photoactivated electrolyzer
**электроли́т** *м.* electrolyte
**~, апрото́нный органи́ческий** aprotic organic electrolyte
**~, во́дный карбона́тный** aqueous carbonate electrolyte
**~, гелеобра́зный** gel electrolyte
**~, двухфа́зный** two-phase electrolyte
**~, загущённый** gelled electrolyte
**~, иммобилизо́ванный** immobilized electrolyte
**~, кисло́тный** acidic electrolyte
**~, компози́тный** composite electrolyte
**~ на осно́ве окси́да це́рия, твёрдый** cerium-based solid electrolyte
**~ на осно́ве полиурета́на** polyurethane electrolyte
**~, неоргани́ческий** inorganic electrolyte
**~, органи́ческий** organic electrolyte
**~ перхлора́т на́трия—полиэтиленокси́д** polyethy-

lene-sodium perchlorate electrolyte
~, **полиме́рный** polymeric electrolyte
~, **полисилика́тный** polysilica electrolyte
~, **распла́вленный карбона́тный** molten carbonate electrolyte
~, **распла́вленный солево́й** molten salt electrolyte
~ **с двухвале́нтными ио́нами** divalent electrolyte
~, **слабокисло́тный** slightly acidic electrolyte
~, **солево́й** salt electrolyte
~, **стеклови́дный** vitreous electrolyte
~, **твердооксúдный** solid oxide electrolyte
~, **твёрдый полиме́рный** solid polymer electrolyte
~, **щелочно́й** alkaline electrolyte

**электролюминесце́нция** *ж.* electronoluminescence

**электромагнети́зм** *м.* electromagnetism

**электромагни́т** *м.* electromagnet

**электромигра́ция** *ж.* electromigration

**электромоби́ль** *м.* electric car

**электро́н** *м.* electron
~, **горя́чий** hot electron
~, **фотоинжекти́рованный горя́чий** photoinjected hot electron

**электро́н-вольт** *м.* electron-volt

**электроосажде́ние** *с.* electrodeposition
~, **като́дное** cathodic electrodeposition

**электроотраже́ние** *с.* electroreflectance

**электропрово́дность** *ж.* conduction
~, **ио́нная** ionic conduction
~, **осева́я** *(в МГД-канале)* axial current conduction

**электроси́нтез** *м.* electrosynthesis

**электроста́нция** *ж.* power station, power plant
~ **ба́шенного ти́па, со́лнечная** solar tower plant
~, **ветрова́я** wind-powered generating plant
~ **ветрова́я, плаву́чая** freely-floating wind power plant
~, **газотурби́нная** gas turbine generating station
~, **геотерма́льная** geothermal generation station
~, **комбини́рованная со́лнечно-ди́зельная** solar-diesel hybrid power station
~, **модернизи́рованная** retrofit power plant
~ **на осно́ве фотоэлектри́чества и то́пливных элеме́нтов** photovoltaic-fuel cell power plant
~, **о́пытная со́лнечная** pilot solar power station
~, **паротурби́нная** steam electric plant
~ **промежу́точного ти́па** *(между базисной и пиковой электростанцией)* intermediate plant
~, **рабо́тающая на ба́зовую нагру́зку** base-load power plant

~, рабо́тающая на пи́ковую нагру́зку peak-load power plant
~ с двумя́ расшири́телями, двухко́нтурная геотерма́льная binary dual-flashing geothermal power plant
~ с испо́льзованием двухфа́зного пото́ка, геотерма́льная geothermal biphase plant
~, со́лнечная solar (power) station, solar (power) plant
~, со́лнечная косми́ческая space solar power station
~ с паротурби́нным ци́клом, со́лнечная solar thermal steam electric power system
~ с распла́вом соле́й, со́лнечная molten salt solar plant
~ сре́дней мо́щности, со́лнечная intermediate solar plant
~ с со́лнечным увеличе́нием возду́шного пото́ка, ветрова́я solar-augmented wind power station
~ с термодинами́ческим ци́клом, со́лнечная thermodynamic solar power plant
~, центра́льная central power plant

**электрохи́мия** *ж.* electrochemistry

**элеме́нт** cell; element
~ активи́руемый уда́ром, электрохими́ческий shock-activated electrochemical cell
~, бром-ци́нковый zinc/bromine cell
~, вертика́льный многопереходный vertical multiple-junction cell
~ водоро́д — во́здух, то́пливный hydrogen-air fuel cell
~ в режи́ме холосто́го хо́да, со́лнечный solar cell in open-circuit
~ второ́го поколе́ния, то́пливный second generation fuel cell
~, гальвани́ческий galvanic [voltaic] cell
~, голографи́ческий опти́ческий holographic optical element
~, двухэлектро́дный (электрохими́ческий) two-electrode cell
~, ди́сковый button cell
~ для ни́зкой интенси́вности освеще́ния, со́лнечный low-light level solar cell
~ для преобразова́ния излуче́ния высо́кой интенси́вности, со́лнечный high-intensity solar cell
~ из амо́рфного полупроводника́, со́лнечный amorphous solar cell
~ из гидрогенизи́рованного кре́мния, со́лнечный silicon-hydrogen solar cell
~, изгото́вленный ме́тодом ио́нной бомбардиро́вки, со́лнечный ion-implanted solar cell
~, изгото́вленный ме́тодом ла́зерной обрабо́тки, со́лнечный laser-processed solar cell
~, изгото́вленный ме́тодом терми́ческой диффу́зии,

со́лнечный thermally diffused solar cell
~ из пластма́ссы с барье́ром Шо́тки, со́лнечный plastic Schottky barrier solar cell
~ из поликристалли́ческого полупроводника́, со́лнечный polycrystalline solar cell
~ из полупроводника́, со́лнечный semicrystalline solar cell
~, калибро́ванный на ша́ре-зо́нде, со́лнечный balloon-calibrated solar cell
~ Кну́дсена Knudsen cell
~ компенси́рованный ли́тием, со́лнечный кре́мниевый lithium-counterdoped silicon solar cell
~ Леклanше́ Leclanché cell
~, ли́тиевый lithium cell
~ ли́тий — диокси́д ма́рганца lithium-manganese dioxide cell
~ ли́тий — диокси́д се́ры, электрохими́ческий lithium-sulfur dioxide electrochemical cell
~ ли́тий — тионилхлори́д lithium-thionil chloride cell
~, ма́гниево-политиофе́н-перхлора́тный magnesium polythiophene perchlorate cell
~ на осно́ве n-Al Ga As-p-Al Ga As с постоя́нной ширино́й запрещённой зо́ны, со́лнечный graded n-Al Ga As-p-Al Ga As solar cell
~ на осно́ве n-Al Ga As-p-Al Ga As с постоя́нным соста́вом алюми́ния, со́лнечный constant composition n-Al Ga As-p-Al Ga As solar cell
~ на осно́ве полупроводнико́вых соедине́ний, со́лнечный compound semiconductor solar cell
~ на осно́ве соедине́ний II-IY групп, со́лнечный II-IY related solar cell
~ на осно́ве трёхкомпоне́нтных соедине́ний 3-4 групп, со́лнечный каска́дный three-terminal 3-4 multicolor solar cell
~ на осно́ве фосфи́да и́ндия, со́лнечный indium phosphide-based solar cell
~, неотража́ющий nonreflective cell
~, облучённый прото́нами, со́лнечный proton-irradiated solar cell
~, оксигало́идный oxyhalide cell
~, перезаряжа́емый rechargeable cell
~ переме́нного то́ка, со́лнечный alternative current solar cell
~, пло́ский электрохими́ческий flat-type electrochemical cell
~ полиме́р — полупроводни́к, со́лнечный polymer/semiconductor solar cell
~, полу́ченный като́дным распыле́нием, со́лнечный all-sputtered solar cell
~, полу́ченный ме́тодом жи́дкостной эпита́ксии, со́лнечный liquid-phase epitaxial solar cell

~, полу́ченный ме́тодом пульвериза́ции, со́лнечный spray-deposited solar cell
~, полу́ченный электро́нно-лучевы́м осажде́нием, со́лнечный electron-beam-deposited solar cell
~, прямоуго́льный электрохими́ческий rectangular electrochemical cell
~, рабо́тающий при норма́льной освещённости, со́лнечный one-sun solar cell
~ с анизотро́пно протра́вленной пове́рхностью, со́лнечный anisotropically etched solar cell
~ с барье́ром Шо́тки, со́лнечный Schottky barrier solar cell
~ с вертика́льными конусообра́зными перехо́дами, со́лнечный ма́тричный hole matrix vertical (junction) solar cell
~ с вертика́льными перехо́дами, со́лнечный vertical (junction) solar cell
~ с высо́кой уде́льной мо́щностью, электрохими́ческий high-rate cell
~ с гетероперехо́дом на пере́дней пове́рхности, со́лнечный heterophase solar cell
~ с гетероперехо́дом, со́лнечный heterojunction solar cell
~ с глубо́кими конта́ктными кана́вками, со́лнечный burried contact solar cell
~ с дре́йфовым по́лем, со́лнечный diffused-junction [drift-field] solar cell
~ с жи́дкостным охлажде́нием, со́лнечный fluid-cooled solar cell
~ с жи́дкостным перехо́дом, со́лнечный liquid-junction solar cell
~ с инверсио́нным сло́ем, со́лнечный inversion layer solar cell
~ с индуци́рованным перехо́дом, со́лнечный induced-junction solar cell
~ с кана́вками V-обра́зного сече́ния, со́лнечный V-groove solar cell
~ с кислоро́дным дутьём, то́пливный oxygen blown fuel cell
~ с клинообра́зными кана́лами, со́лнечный wedged channel solar cell
~ с коммута́цией че́рез отве́рстия, со́лнечный through-hole contact solar cell
~ с ме́лким гомоперехо́дом, со́лнечный shallow homojunction solar cell
~ с многоперехо́дной структу́рой, со́лнечный multijunction structure solar cell
~ с многополо́сной чувстви́тельностью, со́лнечный multicolor solar cell
~ с нево́дным электроли́том nonaqueous cell
~ с нево́дным электроли́том, электрохими́ческий nonaqueous electrochemical cell
~ с непосре́дственным кре-

**пле́нием стекля́нной пласти́ны, со́лнечный** directly glassed solar cell
**~ с обёрнутым конта́ктом, со́лнечный** wrap-around solar cell
**~ со встро́енным дио́дом, со́лнечный** integral diode solar cell
**~ с одно́й рабо́чей пове́рхностью, со́лнечный** monofacial solar cell
**~ со́лнечного колле́ктора** solar collector element
**~, со́лнечный** solar cell
**~, со́лнечный ве́рхний** top solar cell
**~, со́лнечный ги́бкий** flexible solar cell
**~, со́лнечный двусторо́нний** bifacial solar cell
**~, со́лнечный двухкаска́дный** tandem solar cell
**~, со́лнечный двухперехо́дный каска́дный** two-stacked tandem solar cell
**~, со́лнечный дефе́ктный** defective solar cell
**~, со́лнечный затенённый** shadowed solar cell
**~, со́лнечный идеа́льный** ideal solar cell
**~, со́лнечный каска́дный** cascade [multicolor, stacked, tandem-type] solar cell
**~, со́лнечный косми́ческий** space(-employed) solar cell
**~, со́лнечный кре́мниевый** silicon solar cell
**~, со́лнечный лёнточный** ribbon [sheet] solar cell
**~, со́лнечный ма́тричный** matrix solar cell
**~, со́лнечный механи́чески состыко́ванный многопереxо́дный** mechanically stacked multijunction solar cell
**~, со́лнечный многозо́нный** multiband gap solar cell
**~, со́лнечный многоперехо́дный** multijunction solar cell
**~, со́лнечный многосло́йный** multilayer(ed) solar cell
**~, со́лнечный монокристалли́ческий** single-crystalline solar cell
**~, со́лнечный моноли́тный** monolithic solar cell
**~, со́лнечный моноли́тный каска́дный** monolithic cascade solar cell
**~, со́лнечный неидеа́льный** nonideal solar cell
**~, со́лнечный неоднoро́дно освеща́емый** nonhomogeneous illuminated solar cell
**~, со́лнечный одноперехо́дный** single-junction solar cell
**~, со́лнечный, освеща́емый с торца́** edge-illuminated solar cell
**~, со́лнечный, отделя́ющийся** *(от подложки)* cleft solar cell
**~, со́лнечный передне-барье́рный** front-wall solar cell
**~, со́лнечный плана́рный** planar solar cell
**~, со́лнечный плана́рный многоперехо́дный** planar multijunction solar cell

**~, со́лнечный просве́чиваемый** see-through solar cell
**~, со́лнечный радиацио́нно-сто́йкий** radiation-resistant solar cell
**~, со́лнечный решётчатый** grating-type solar cell
**~, со́лнечный сверхто́нкий** ultrathin solar cell
**~, со́лнечный сфери́ческий** spherical solar cell
**~, со́лнечный тонкоплёночный** thin-film solar cell
**~, со́лнечный трёхперехо́дный** triple-junction solar cell
**~, со́лнечный узкозо́нный** low-band gap solar cell
**~, со́лнечный фаце́тный** faceted solar cell
**~, со́лнечный фиоле́товый** violet solar cell
**~, со́лнечный фотоэлектри́ческий синтети́ческий** photoelectrosynthetic solar cell
**~, со́лнечный четырёхэлектро́дный каска́дный** four-terminal tandem solar cell
**~, со́лнечный широкозо́нный** high[wide]-band gap solar cell
**~, со́лнечный эпитаксиа́льный** epitaxial solar cell
**~, со́лнечный эталóнный** reference solar cell
**~ с органи́ческим электроли́том** organic electrolyte cell
**~ со структу́рой мета́лл — диэле́ктрик — полупроводни́к, со́лнечный** metal-insulator-semiconductor solar cell
**~ с пассиви́рованной пове́рхностью, со́лнечный** surface-passivated solar cell
**~ с пассиви́рованными эми́ттерной и ты́льной пове́рхностями, со́лнечный** passivated emitter and rear surface solar cell
**~ с переме́нной ширино́й запрещённой зо́ны, со́лнечный** graded band gap solar cell
**~ с перехо́дом полупроводни́к — электроли́т, со́лнечный** semiconductor-electrolyte junction solar cell
**~ с перфори́рованной пове́рхностью, со́лнечный** polka-dot solar cell
**~ с** *p* **—** *i* **—** *n***-структу́рой, со́лнечный** *p* — *i* — *n* solar cell
**~ с** *p* **—** *n***-перехо́дом, со́лнечный** junction solar cell
**~ с повы́шенной радиацио́нной сто́йкостью, со́лнечный** radiation-hardened solar cell
**~ с по́лем на ты́льной пове́рхности, индуци́рованным заря́дом в окси́де, со́лнечный** oxide-charge-induced back-surface-field solar cell
**~ с прото́чным электроли́том** flow cell
**~ с прото́чным электроли́том, окисли́тельно-восстанови́тельный** redox-flow cell
**~ с разделе́нием спе́ктра (излуче́ния), со́лнечный** split-spectrum cell
**~ с распла́вленным карбо-**

на́тным электроли́том, то́пливный molten carbonate fuel cell
~ с рифо́рмером приро́дного га́за, то́пливный natural gas reformed fuel cell
~, стаби́льный каска́дный со́лнечный stable tandem cell
~ с твёрдым полиме́рным электроли́том solid polymer electrolyte cell
~ с твёрдым полиме́рным электроли́том, то́пливный solid polymer electrolyte fuel cell
~ с то́чечными конта́ктами, со́лнечный point-contact solar cell
~ с тремя́ перехо́дами, со́лнечный triple-multijunction solar cell
~ с ты́льным конта́ктом из череду́ющихся поло́с *(к легированному слою и базе)*, со́лнечный interdigitated back-contact solar cell
~ сульфи́д ка́дмия — сульфи́д ме́ди, со́лнечный cadmium sulfide-copper sulfide solar cell
~, сухо́й dry cell
~ с электри́ческим по́лем на пере́дней пове́рхности, со́лнечный front-surface-field solar cell
~ с электри́ческим по́лем на ты́льной пове́рхности, со́лнечный back-surface-field solar cell
~ с эми́ттером, име́ющим о́бласти си́льного и сла́бого леги́рования, со́лнечный high-low emitter cell
~, твердоте́льный solid-state cell
~, теплопоглоща́ющий heat-absorbing element
~, термогальвани́ческий thermal galvanic cell
~, термоэлектри́ческий thermoelectric element
~, термоэлектрохими́ческий thermoelectrochemical cell
~, то́пливный fuel cell
~, то́пливный алюми́ний-возду́шный aluminum-air fuel cell
~, то́пливный гибри́дный регенерати́вный hybrid regenerative fuel cell
~, то́пливный метано́л-возду́шный methanol-air fuel cell
~, то́пливный регенерати́вный regenerative fuel cell
~, то́пливный регенерати́вный водоро́дно-кислоро́дный regenerative hydrogen/oxygen fuel cell
~, то́пливный твердоокси́дный solid oxide fuel cell
~, то́пливный терморегенерати́вный thermally regenerative fuel cell
~, то́пливный щелочно́й alkaline fuel cell
~ углеро́д — цинк, гальвани́ческий zinc-carbon galvanic cell
~, усто́йчивый к шунти́рованию, фотоэлектри́ческий fault-tolerant photovoltaic cell
~, фиоле́товый violet cell
~, фотогальвани́ческий photogalvanic cell

~, **фотоинтеркали́рованный** photointercalation cell

~, **фотокаталити́ческий** photocatalytic cell

~, **фотоэлектри́ческий** photoelectric [photovoltaic] cell, photovoltaic element

~, **фотоэлектри́ческий и термоэлектри́ческий комбини́рованный** combined photovoltaic thermoelectric solar cell

~, **фотоэлектролити́ческий** photoelectrolytic(al) cell

~, **фотоэлектрохими́ческий** photoelectrochemical cell

~, **хими́чески неизменя́емый** chemically invariant cell

~, **щелочно́й ма́рганцево-ци́нковый** alkaline manganese dioxide-zinc cell

~, **электролити́ческий** electrolytic cell

~, **электрохими́ческий** electrochemical cell

~, **я́дерный термоэмиссио́нный** thermionic fuel element

**эллипсометри́я** *ж.* ellipsometry

**эми́ссия** *ж.* emission

~ **окси́да углеро́да** carbon monoxide emission

**эми́ттер** *м.* emitter

~, **полу́ченный диффу́зией фо́сфора** diffused phosphorus emitter

~, **промежу́точный** intermediate emitter

~, **сильнолеги́рованный** heavily doped [high] emitter

~, **слаболеги́рованный** low emitter

~ **с V-обра́зными кана́вками** V-grooved emitter

~, **термоэмиссио́нный** thermionic emitter

**энерге́тика** *ж.*, **перезаряжа́емая** rechargeables

**эне́ргия** *ж.* energy, power

~, **альтернати́вная** alternative energy

~ **без загрязне́ния** power without pollution

~, **безопа́сная** safe energy

~, **биологи́ческая** biological energy

~ **вале́нтной зо́ны** valence energy

~, **ветрова́я** wind energy, wind power

~, **ветрова́я пи́ковая** peak wind power

~, **водоро́дная** hydrogen energy

~, **возобновля́емая** renewable energy

~ **волн** wave energy, wave power

~ **в прибре́жных во́дах, ветрова́я** offshore wind power

~, **вспомога́тельная** auxiliary energy

~, **высо́кая** high energy

~, **геотерма́льная** geothermal energy

~, **гидравли́ческая** hydroelectric power

~, **гравитацио́нная** gravitational energy

~ **диссоциа́ции** dissociation energy

~ **для до́ма** household power

~ **за счёт ра́зности температу́р на пове́рхности мо́ря и в глубине́** solar sea power

~ **ионизáции** ionization energy

~, **кинети́ческая** kinetic energy

~, **комфóртная** comfort energy

~, **лучи́стая** radiant energy

~ **мáгмы** magma energy

~, **микроволнóвая** microwave energy

~ **мóря** sea energy

~, **несконцентри́рованная сóлнечная** unconcentrated solar power

~, **низкопотенциáльная** low energy

~ **океáна** ocean energy

~ **океáна, тепловáя** ocean thermal power

~ **окружáющей среды́** ambient energy

~, **пáдающая** incident energy

~ **повéрхности раздéла** *(различных фазовых состояний)* interfacial energy

~, **пóлная** total energy

~, **получáемая на центрáльной стáнции** central station power

~ **потенциáльного барьéра** barrier energy

~ **прили́ва (и отли́ва)** tidal power

~, **распределённая** distributed power

~, **световáя** light energy

~, **свобóдная** free energy

~, **сóлнечная** solar energy

~, **сóлнечная пáдающая** incident solar energy

~ **сóлнечного излучéния в я́сный день** clear day insolation

~ **сóлнечного свéта** sunlight energy

~ **фотóна** photon energy

~ **фотóна, срéдняя** average photon energy

~, **чи́стая** clean energy

~, **электри́ческая** electric(al) energy

**энергопроизводи́тельность** *ж. (солнечной установки)* energy delivery

~, **годовáя** yearly energy delivery

~, **максимáльная су́точная механи́ческая** maximum daily gross mechanical energy delivery

~ **сóлнечного мóдуля** solar module energy delivery

**энергосистéма** *ж.* power system

~ **из ди́зельных электростáнций** diesel power grids

~, **изоли́рованная** isolated power system

~ **мегавáттного у́ровня** MW-sized power system

~, **океáнская** ocean bottom power system

~, **промы́шленная сóлнечная** industrial solar energy system

~, **сóлнечная динами́ческая** solar dynamic power system

~, **сóлнечная тепловáя** solar thermal power system

~, **сóлнечно-водорóдная**

solar-hydrogen energy system

**энергоустано́вка** *ж.* power supply apparatus

~, **волнова́я** wave-activated power-generating apparatus

~, **ма́лая** energy microstation

~ **на осно́ве систе́мы со́лнечная батаре́я — аккуму́лятор** integrated solar cell and battery

~ **на осно́ве со́лнечных элеме́нтов** fuel cell power plant

**энзи́м** *м. (в биотехнологии)* enzyme

**энтальпи́я** *ж.* enthalpy

**энтропи́я** *ж.* entropy

**эпита́ксия** *ж.* epitaxy

~, **жидкофа́зная** liquid-phase epitaxy

~ **из га́зовой [парово́й] фа́зы** vapor-phase epitaxy

~ **из молекуля́рного пучка́** molecular beam epitaxy

~ **ме́тодом горя́чих сте́нок** hot-wall epitaxy

**эро́зия** *ж.* erosion

~, **ветрова́я** wind erosion

**эта́нол** *м.* ethanol

~, **обезво́женный** anhydrous ethanol

~, **полу́ченный фермента́цией** *(из органических веществ)* fermentation ethanol

**этанолами́н** *м.* ethanolamine

**этиле́н** *м.* ethylene

**этиленвинилацета́т** *м.* ethylene vinyl acetate

**эффе́кт** *м.* effect

~, **вихрево́й** swirling effect

~ **возде́йствия землетрясе́ния** earthquake action effect

~ **второ́го поря́дка** second-order effect

~ **Дембе́ра** Dember effect

~ **затене́ния** shading effect

~ **Зе́ебека** Seeback effect

~, **индуци́рованный све́том** light-induced effect

~ **Ко́мптона** *(упругого рассеяния фотонов электронами)* Compton effect

~ **лока́льного перегре́ва** *(воздуха)* heat island effect

~ **Ме́йснера** Meissner effect

~, **объёмный фотоэлектри́ческий** bulk photovoltaic effect

~ **па́мяти** memory effect

~, **парнико́вый** greenhouse effect

~, **полный охлажда́ющий** total cooling effect

~, **присте́ночный** *(в МГД-генераторе)* wall effect

~ **си́льного леги́рования** heavy doping effect

~ **си́льного (электри́ческого) по́ля** high-field effect

~ **со́лнечного отопле́ния** sun heating effect

~, **теплово́й** heating effect

~ **увлажне́ния** humidifying effect

~, **фотоэлектри́ческий** photovoltaic effect

~, **фотоэлектромагни́тный** photoelectromagnetic effect

~ **Хо́лла** Hall effect

~, **экрани́рующий** screening effect

~ **электри́ческого по́ля** field effect

~, **электростати́ческий** electrostatic effect

**эффекти́вность** *ж.* efficiency, performance

~, **аэродинами́ческая** aerodynamic efficiency

~ **биога́зовой устано́вки** biogas plant performance

~, **вне́шняя ква́нтовая** external quantum efficiency

~, **вну́тренняя ква́нтовая** internal quantum efficiency

~, **дифракцио́нная** *(голографического концентратора)* diffraction efficiency

~, **ква́нтовая** quantum efficiency

~ **колле́ктора** collector efficiency

~ **котла́** boiler efficiency

~, **максима́льная практи́ческая** maximum practical efficiency

~, **по́лная** overall efficiency

~ **по́лного собира́ния носи́телей** *(заряда)* total collection efficiency

~ **преобразова́ния** conversion efficiency

~ **преобразова́ния эне́ргии** turnaround efficiency

~ **сгора́ния** combustion efficiency

~ **сгора́ния то́плива** fuel efficiency

~ **собира́ния (носи́телей)** collection efficiency

~ **собира́ния (носи́телей), ква́нтовая** quantum collection efficiency

~ **со́лнечного опресни́теля** solar still performance

~ **фотоэлектри́ческих устано́вок** photovoltaic efficiency

# Ю

**юг** *м.* south

~, **географи́ческий** true south

# Я

**явле́ни/е** *с.* phenomenon *pl* phenomena

~ **дугообразова́ния** arcing phenomenon

~**я, нестациона́рные** unsteady phenomena

~ **пассива́ции** passivation phenomenon

~ **фотоэми́ссии** photoemission phenomenon

**я́м/а** *ж.* pit

~**ы, многоква́нтовые потенциа́льные** *(в полупроводнике)* multiquantum well structures

**я́ркость** *ж.* brilliance

~ **све́та** luminosity

~ **со́лнечного све́та** solar luminosity

**яче́йка** *ж.* cell

~, **мо́дульная теплоаккумули́рующая** modular heat storage cabinet

~, **параллелепи́педная электрохими́ческая** parallelepipedic cell